多源卫星云遥感

麻金继　王春林　洪　津　李正强　著

科学出版社

北京

内 容 简 介

云是大气中的主要组成部分之一，云通过辐射强迫、潜热强迫和对流强迫等影响大气环境和气候变化，在大气能量分配、辐射传输及水循环中起着不可忽视的作用；同时，对基于遥感图像的定量化反演地面和空中目标也有重要的影响。近些年众多卫星的发射，为空基云遥感提供了数据条件，同时也促进了云遥感技术的发展。本书首先介绍云的分类和特征；然后基于辐射传输理论给出云的检测原理和方法，并基于 A-Train 系列卫星和 GF 系列卫星数据，构建基于单传感器数据和多源卫星数据云参量反演的最新算法；最后基于 GF-5 卫星上的 DPC 数据，首次给出 DPC 动态阈值云检测算法及其污染云识别新方法。

本书可供地理学、大气科学、遥感、环境科学与工程等相关专业的本科生、研究生及相关科研人员参考阅读。对于本科生和研究生来说，本书既可以作为教材，也可以作为教学参考书和课外阅读书使用；对于科研人员来说，本书可以作为科研参考书。

审图号：GS（2021）33 号

图书在版编目（CIP）数据

多源卫星云遥感 / 麻金继等著. —北京：科学出版社，2021.1
ISBN 978-7-03-063330-9

Ⅰ. ①多… Ⅱ. ①麻… Ⅲ. ①卫星遥感－遥感数据－数据处理－研究 Ⅳ. ①TP72

中国版本图书馆 CIP 数据核字（2019）第 255970 号

责任编辑：王腾飞　石宏杰 / 责任校对：杨聪敏
责任印制：师艳茹 / 封面设计：许　瑞

科　学　出　版　社 出版
北京东黄城根北街 16 号
邮政编码：100717
http://www.sciencep.com

北京九天鸿程印刷有限责任公司 印刷
科学出版社发行　各地新华书店经销

*

2021 年 1 月第　一　版　　开本：720 × 1000　1/16
2021 年 1 月第一次印刷　　印张：28 1/4
字数：570 000

定价：289.00 元
（如有印装质量问题，我社负责调换）

前　　言

云是由大气中水滴、冰晶遇冷凝结聚集而形成的，地球表面 50%～70%的区域被云覆盖。大量存在的云，会直接影响遥感影像数据的质量，降低数据的可用率；同时云也影响着全球大气辐射，主要通过与太阳辐射的相互作用，对地球大气辐射平衡及气候变化产生重要的影响，是地球辐射收支平衡的重要组成部分；此外云参量是气候变化、环境监测和气象预报中的重要输入数据，云参量的准确反演将直接影响上述应用结果的可信度。

本书共分 7 章，第 1 章介绍云的定义、云分类、云的微观物理特性和光学特性及其具体的参量表达。第 2 章结合云的光学特性，从平台分类的角度简单介绍传感器的云探测特性及其探测原理和方法。第 3 章根据空基传感器的探测原理，详细介绍目前常用的一些传感器及云检测算法，被动传感器主要有 MODIS、POLDER、GF1 和 GF2 的高分辨率相机、GF5 搭载的 DPC；并结合实例给出各传感器的云识别结果和精度评价。第 4 章详细介绍单个传感器的云相态反演算法的原理，并结合实例给出各个传感器云相态反演算法的优缺点。第 5 章结合各类传感器探测云特征的优缺点，提出多源卫星数据协同反演云参量算法的理念；并结合 A-Train 系列卫星数据给出实际协同反演示例的结论，通过分析协同反演的结果，构建多源卫星数据协同反演云参量模型。第 6 章基于辐射传输模型，利用 DPC 传感器数据，构建云光学厚度的反演算法，并给出了实际示例；同时给出了最新 GF-5 DPC 反演云光学厚度的算法和实例，通过与 MODIS 和 CALIPSO 的对比说明算法的可信度。第 7 章利用偏振数据对小粒子的敏感性，给出基于 POLDER 和 DPC 数据识别污染气团的遥感方法，并基于 CALIPSO 和地基监测的实例验证，简单介绍 AI 技术在云检测及其云参量反演中的应用。

本书相关内容的研究得到了国家自然科学基金"多源卫星数据仿真模型及其云/气溶胶参量反演算法研究"（41671352）、"多源卫星数据协同反演云参量的模型研究"（41271377），"中国科学院王宽诚率先人才计划"（GJTD-2018-15），安徽省自然科学基金"基于 A-Train 系列卫星数据协同反演云参量的方法研究"（1208085MD58）及中国科学院通用光学定标与表征技术重点实验室开放基金的资助，在此表示衷心感谢。

本书的部分成果得益于参与研究的硕士研究生李锡祥、梁晓芳、魏轶男、徐飞飞、许丹丹、吴时超、李超、余海啸等的辛苦工作；特别感谢课题组研究生余海啸同学对本书文字修改和统稿付出的艰辛劳动，感谢课题组王宇瑶、曹媛、侯梦雨等同学的文字校对工作。此外在本书的撰写过程中，还参考了国内外大量优秀研究成果，在此对其作者表示衷心的感谢。虽然作者试图在参考文献中全部列出并在文中标明出处，但难免有疏漏之处，在此诚恳地希望得到同行专家的谅解和支持。

　　本书作者力求系统全面，但由于受时间和作者水平的限制，书中难免存在不足之处，敬请各位专家、同行批评指正，以便修改。

2019 年 8 月 8 日于花津河畔

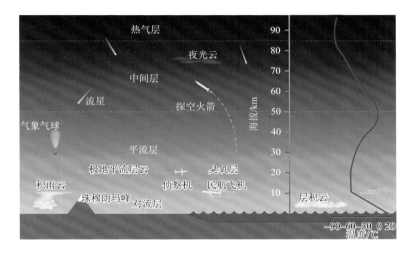

图 1.2 大气垂直结构剖面图

因此了解和考虑云的有关参数，并按照不同的特征进行分类，再针对云的类型进行相应的处理，对于遥感学的各个领域都具有重要意义。

1.2 云 分 类

不同类型的云在能量交换过程中起到不同的作用，它们作为一种重要的气象要素，在短时间内的形态变化多端，同时在辐射传输等过程中起着不可忽视的作用。因此本节从不同的研究角度对云进行分类。

1.2.1 按形态分类

云的形态特征包含了云的生成过程信息，其对于研究云的物理学本质具有重要意义，因此通常根据云的形态特征将云划分为积状云和层状云。

1. 积状云

积状云又称对流云，是孤立、分散而又垂直发展的云块。其是由于地面局部升温，形成浮升热柱，热柱上升过程中不断推开上层空气，同时又不断补偿下沉气流，而下沉气流温度较低，将浮升热柱截断，使热柱形成热力湍流气泡，此时地面仍在持续升温，热柱不断生成，上升过程中的热力湍流气泡到达凝结高度形成的。积状云具有底部水平、顶部突起、边缘清晰的宏观结构特征，如图 1.3 所示。

由于积状云在上升过程中存在夹卷、湍流和蒸发作用，一般会先形成较为破碎的碎积云，碎积云会不断发生漂移和蒸发，使得云体变得更加湿润，进而形成更为稳定的淡积云。

图 1.3　积状云[3]

淡积云上部通常由单个或者少数几个热力湍流气泡组成，具有中心突起的显著特征。同时下沉气流抑制了云体周围其他热柱的上升发展，使周围其他热柱逐渐并入积云的上升气流中。热柱的不断发展，使得对流维持平衡，云体的垂直厚度不断增大，达到甚至超过水平尺度时，就形成了浓积云。与淡积云不同的是其具有多个重叠状顶部突起，形态臃肿高耸，如花椰菜一般。当浓积云中含水量较大，且垂直方向上对流较弱时，会形成阵雨。浓积云进一步发展成熟，其外部轮廓会逐渐变得模糊，云层顶部开始出现白色丝状的冰晶，呈现出砧状或马鬃状，形成积雨云。积雨云的云体浓厚庞大，垂直发展极盛。云底阴沉混乱，起伏变化较大，含液态水的量可达 $1.5 \sim 4.5 \mathrm{g \cdot m^{-3}}$ 或者更大。

2. 层状云

层状云是指大气中的稳定气层受大中尺度的辐合、锋面抬升以及地形抬升影响，造成大范围沿着一定坡度大规模斜升运动，而形成的一种均匀幕状、无明显起伏的连续云层，如图 1.4 所示。这种云的水平范围一般都较为宽广，通常在垂直方向上仅为 $10^{-1} \sim 1 \mathrm{km}$，而水平方向上可达 $10 \sim 10^3 \mathrm{km}$。广义上，除积状云以外的其他所有云都可以称作层状云。当层状云很厚时，一般会带来大范围的雨雪天气。其主要类型为卷层云、高层云、层云和雨层云。

图 1.4 层状云[3]

    锋面活动常会造成空气大规模的斜升运动。当温暖潮湿的空气从寒冷干燥的空气上逐渐滑升上去时，由于绝热冷却作用的存在，其很快就能达到饱和状态，进而发生凝结或凝华。在这个过程中，云层底部沿着锋面逐渐上升，所以云底高度是不断变化的。并且由于暖湿空气的整层上升，云层顶部一般较为平坦，云顶高度大致相同。因此距离锋面的不同位置，云层的厚度也存在很大的不同。

    沿着暖锋的前进方向观测，首先可以观测到卷云有系统地侵入天空，并且会不断增多。渐渐地就会形成卷层云，一般来说，卷层云厚度较薄，一般在几百米到 2000m 不等，主要由冰晶构成，云体呈现亮白色。随后卷层云的高度不断下降，云体的厚度不断上升。这就演变成了高层云，其厚度一般为 1000～3000m，云层的顶部仍然由冰晶构成，云体部分由过冷水滴和冰晶混合而成，云体呈现灰白或灰蓝色。随着暖锋的持续运动，云底高度持续下降，此时就形成了雨层云，其厚度一般为 3000～6000m，云层的顶部是冰晶，云层的底部是水滴，云体中部则是水滴和冰晶的混合体。云体呈现黑灰色，通常会带来连续降雨。下落的雨滴，跨过锋面，落入冷空气中，巨大的温差导致雨滴迅速蒸发，冷空气水汽增多，并达到过饱和。在暖锋面下的冷空气上部形成碎雨云。碎雨云的形态随着雨滴下落的均匀程度及冷空气中风速的变化而变化。

    层状云通常是由于锋面滑升形成的，但是当暖湿气流越过高耸的山脉时，在山脉迎风坡一侧，由于山体对于整层大气的抬升，也会形成层状云。

1.2.2 按高度分类

    云是气象观测的主要项目之一，世界气象组织根据云所处的高度把云大致分为四族：直展云族、低云族、中云族和高云族，云的分类如图 1.5 所示。

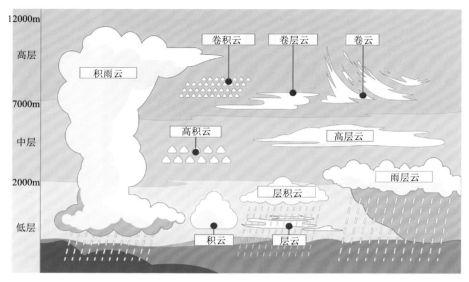

图 1.5 云分类高度示意图（根据文献[4]修改）

直展云族：其由于对流效应，较其他的云而言，云体垂直发展迅速，云体的垂直高度与水平宽度大体相同。一般从底部凝结，然后逐渐向上积累增厚，因此称为直展云族。它包括了积云和积雨云两个属，云的顶部一般由水滴或者过冷水滴组成，积雨云的顶部可能会由一部分的冰晶构成。它们的云层底部较为平坦，距离地面也较近，几百米至一两千米，但它们的顶部发展较高。在晴朗天气情况下，积云一般呈现出棉花絮状形态，蔓延至中高空就称为浓积云，进一步发展就形成了积雨云。在高空中水滴会凝结成冰晶，出现云砧现象，并且常常会带来闪电、暴雨和冰雹等极端天气。因此云砧和雷电的出现也是积雨云的明显标志。

低云族：其云层通常较低，云体主要由水滴构成。其主要包括层云、层积云和雨层云三个属。层云一般结构均匀，云层较薄，一般为 400～500m。高度最高不会超过 2000m，最低与地面相接，形成雾。因此雾和云之间是互相转换的。层积云平均高度一般为 2000～3000m，呈条、片和块状分布，通常会大片聚集，而不是零星分布。雨层云一般云层较厚，呈现出蓝灰色，结构均匀，且一般会带来较强的降水。

中云族：其高度介于低云族和高云族中间，高度一般为 2000～4000m，且高度随纬度升高逐渐降低。其包括高积云和高层云两个属。高积云主要是在冷空气饱和条件下，由水滴、过冷水滴和冰晶混合组成，常常以瓦片状、鱼鳞状和水波状出现。其存在时常会伴随日华和月华一类光学现象的出现。高层云一般由均匀的层状云幕组成，分布较为广泛。颜色一般呈现灰白色或者灰蓝色。云层较薄时，犹如毛玻璃一般。云层较厚时，则遮蔽日、月光，看不出日、月轮廓。

高云族：其大都由冰晶组成，高度一般在 4000m 以上，因此一般呈丝带状，颜色洁白，形态纤细。其分为卷云、卷积云和卷层云三个属。卷云最为纤细，如丝缕一般，通常不会遮蔽日、月的光辉。卷积云一般呈现小块鳞片状，并排列成行或成群，云块较薄，能透过日、月光及较亮的星光。卷层云一般较薄，日、月光透过时轮廓分明，常伴有"晕"现象出现。

1.2.3　按相态分类

云相态是指云所处的热力学状态，根据云粒子在天空中的不同热力学状态可以将云分为水相态云、冰相态云和混合相态云等类型。不同相态类型的云具有不同的吸收和散射特性，对地球辐射收支平衡影响不同，其中水相态云反射短波辐射，冰相态云则可以吸收或反射地表辐射；云相态的变化也伴随着热动力学过程，直接影响各种尺度天气系统的形成与演变。

1. 水相态云

水相态云是指主要由球形水滴构成的云，如图 1.6 所示。它覆盖了地球 20%～30%的表面空间[5]，其位于大气对流层的中下层，内部温度较高。大气中经常出现的中低层云一般都是水相态云，是陆地大气太阳辐射通量的主要调节者之一。水相态云会影响大气的散射特性，因此对陆地的气候模式，以及大气的太阳辐射传输都具有重要的调节作用[6]。水相态云将大部分可见光波段的辐射反射回地球外部空间，而被云滴吸收的能量对大气有加热作用。一般来讲，中低海拔水相态云对太阳辐射的反射对地面降温的效应要大于其对长波吸收再辐射的温室效应，而位于高空的冰晶云则具有很强的温室效应。

图 1.6　水相态云[3]

水相态云粒子的谱分布具有明显的形状特征，其散射具有强前向衍射特征，相函数在散射角约 100° 处取得极小值，在 140° 附近有峰值，即虹效应[7]，如图 1.7 所示。与水相态云的相函数相比，偏振相函数的虹效应则更加明显，详见 4.1 节中被动传感器的云相态反演原理部分。

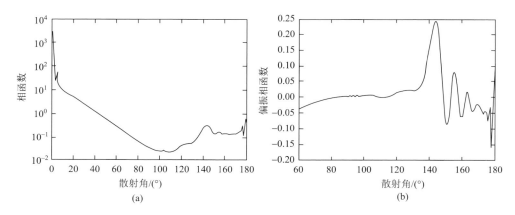

图 1.7   水相态云的相函数和偏振相函数随散射角的变化（根据文献[7]修改）

2. 冰相态云

冰相态云，又常使用卷云代称。典型的冰相态云多是由非球形粒子（冰晶）组成的。它主要出现在对流层上部和平流层下部，在温带地区分布的高度为 5.5km 左右，在热带地区分布的高度为 6.5km 左右，在全球的覆盖率大约为 30%[8, 9]，如图 1.8 所示。冰相态云的温度低于 0℃，如卷云、卷积云、卷层云和高纬度地区冬季的高层云等中均含有冰相态云粒子。由于冰的吸收系数明显大于水，因此在相同的光学厚度和高度条件下，冰相态云的亮度和温度低于水相态云[8]。冰相态云一般不

图 1.8   冰相态云[3]

会形成降水，因为一般冰相态云的位置比较高，而且不是很厚，水汽不充足，凝华增长的速度很慢，粒子相互碰撞的概率很小；即便引起降水，也往往在下降途中被蒸发掉，很少会掉到地面。

构成冰相态云云体的主要成分是冰晶粒子。云体中的冰晶粒子不再由单一形态的粒子构成，其主要由聚合物（aggregate）粒子、子弹玫瑰花（bullet rosette）粒子、柱状（column）粒子、空心柱（hollow column）粒子、板状（plate）粒子、椭球体（spheroid）粒子和球形（sphere）粒子等混合组成，如图 1.9 所示。

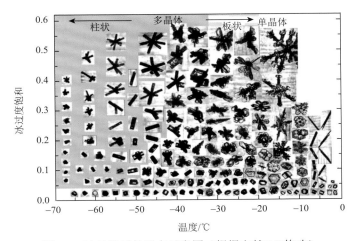

图 1.9　冰晶粒子的形态示意图（根据文献[10]修改）

如图 1.10 所示，冰相态云的相函数在散射角 22°、46° 和 155° 附近具有明显的峰值，在散射角为 140° 水相态云出现明显虹效应处，冰相态云的偏振相函数未有明显变化[7]。

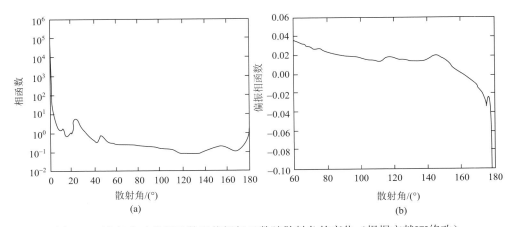

图 1.10　冰相态云的相函数和偏振相函数随散射角的变化（根据文献[7]修改）

3. 混合相态云

混合相态云是一种既能吸收地表向上的长波辐射，又能向下发射长波辐射的，兼具冰相态云和水相态云特性的云，如图 1.11[11]所示。

图 1.11   混合相态云[3]

当云顶温度大于 0℃时，可以断定该云层中所有粒子的温度都大于 0℃，该云层被确定为由水组成，故该云层为水相态；当云底温度小于-40℃时，可以断定该云层中所有粒子的温度都低于-40℃，该云层被确定为由冰组成，故该云层为冰相态；当云顶温度和云底温度处于两者之间时，需要测量云层内每个粒子的温度来确定该粒子所处的相态，当粒子的温度大于 0℃时，该粒子被判定为水相态，当粒子的温度小于-40℃时，该粒子被判定为冰相态，若温度为-40～0℃，则该粒子被判定为混合相态。

混合相态云由于其特殊的物理过程，目前对于这种云的特性研究尚未取得突破，因此在本书中也不作探讨。

4. 特殊相态云

由于大气层中复杂的理化条件，除了上述几种常见的相态云，还有一些特殊相态云的存在，其中具有代表性的就是过冷水相态云，如图 1.12 所示。

过冷水相态云作为一种特殊的相态云，以液态的形式存在，但温度却比 0℃低。它在垂直方向上并非连续分布，且其存在的温度跨度范围较大，通常认为是-40～0℃，在这段范围内，它的含量与温度成正比，分布的范围与温度也成正比。在大气层中，过冷水相态云能够以薄层的形式出现，由于其粒径较小，过冷水滴的浓度和光学特性与冰晶粒子有很大不同，比具有相同含水量的冰相态云产生的辐射影响要大很多，因此会对云中冰粒特性的反演造成很大的干扰。

图 1.12 过冷水相态云[3]

过冷水相态云的探测具有重大意义，一方面，飞行器在穿越包含过冷水滴的云团时极易产生表面积冰，使飞行器气动性能改变，造成飞行器毁伤等重大事故。云相态的准确判定有利于过冷水滴云团的检测，从而避免飞行器空中积冰的危险，因此云相态还是研判飞机结冰事件发生的要素之一，获取云的相态分布信息对于飞机积冰的预报和研究工作有着十分现实的意义。另一方面，中国西北等很多地区都有着严重的干旱问题，如今，人工降雨技术的出现对这一严峻问题起到了很好的缓解作用，在人工降雨技术中，云层中过冷水滴的含量、当地的水汽含量，以及云层中的自然冰晶含量是人工降雨作业成功与否的重要条件[12]。

从基于不同背景下云的分类可以看出，大气中不同类型的云具有不同的辐射特性。它们各自在能量交换中发挥着不同的作用，而为了表征它们在大气辐射能量平衡中起到的作用，人们常用云的宏观物理特性、微观物理特性及光学特性来描述它们。

1.3 云 特 性

1.3.1 云的物理特性

云的宏观物理特性一般指的是云层的高度，包括云顶高度、云底高度。云顶高度指的是大气中云在垂直方向上能够达到的最大高度。云底高度指的是云在垂直方向上距离地面观测点的垂直距离。云顶高度和云底高度作为云的宏观物理特性的主要表征参数，两者的差值即云层厚度，差值越大表示云层的厚度越厚，反之则表示云层的厚度越薄。通常来说,根据云所处的高度,将高度最高不超过2km的大气中形成的云称为低云,位于2~4km高空的云称为中云,而云底高度高于6km的云则称为高云。

卷云、卷层云和卷积云都属于高云一类。卷云主要或全部由冰晶组成,水平范围可达几百千米到上千千米,云底一般为4.5~10km,在该高度范围内,空气温度很低且水汽很少,云由细小且稀疏的冰晶组成,故比较薄且透光性较好,洁白而亮泽,常具丝缕结构,可透过日、月光。只有云体厚密部分,才使日、月光显著减弱,甚至看不清日、月轮廓。高云中卷积云可由卷云、卷层云演变而成。有时中云中的高积云也可演变为卷积云。

中云一般分为高层云和高积云两种。其多由直径5~20μm的水滴、过冷水滴和冰晶、雪晶(柱状、六角形、片状等)混合组成,云层较厚,云底在1.5~3.5km。云底结构呈均匀幕状,并伴有瓦片状条纹或类似的纤缕结构,分布范围较广,常遮蔽全部天空,颜色灰白或灰蓝。云层非常薄时,可在太阳或月亮周围形成白色或彩色的"冕"或"华";云层较薄时,隔观日、月轮廓模糊,如隔一层毛玻璃;云层较厚时,完全看不出日、月位置。

积云、积雨云、层积云和雨层云的云底高度一般小于2km,均属于低云。一般由水滴组成,有时伴有冰晶,是一种垂直向上发展的云块。通常轮廓分明,由于其中具有上升气流,故顶部凸起,呈现馒头状乃至铁砧状或马鬃状。云底具有较为清晰的轮廓,呈现水平状。颜色从亮白至蓝灰。云体呈均匀幕状,水平分布范围很广,遮蔽全部天空,不能看出日、月位置。更为详细的不同类型云的垂直高度分布见表1.1。

表 1.1   不同类型云的垂直高度分布

薄云	中等厚度云	厚云
卷云:6~6.5km	卷层云:7~7.5km	深对流层云:0.5~6.5km
高积云:5~6km	高层云:4~5km	碎雨云:0.5~5km
积云:0.3~1km	层积云:2~3km	层云:0.5~2km

如图1.13所示,宏观物理上不同外观和高度的云,相对应的内部特征也有很大的不同,进而体现在云的微观物理特性和光学特性上。

云的微观物理特性与宏观物理特性是相互关联的,它们对气候变化、天气变化、人工影响天气和飞行安全等很多方面都有着很重要的影响。其中微观物理特性通常包括水相态云滴尺度谱、水相态云滴有效半径、云液态水含量、冰晶的尺度、形状和云粒的折射指数等。

表 1.3　水相态云主要云参量均值

云参量	陆地上空	海洋上空	均值
$r_e / \mu m$	6.0	9.0	7.5
$C / \%$	44.0	43.0	43.5
N / cm^{-3}	254.0	91.0	172.5
LWC $/ (g \cdot m^{-3})$	0.200	0.170	0.185
$a_0 / \mu m$	0.4	6.0	5.0
μ	7.0	8.0	7.5
$a_m / \mu m$	4.0	6.0	5.5
a	0.4	0.4	0.4

4. 冰晶的尺度和形状[13]

1）混合粒子谱

在真实的大气中，冰晶的尺寸形状各异，有板状、柱状、星状及子弹玫瑰状等。因此，使用单一的粒子谱分布来表示冰相态云粒子的微观物理特性显然是不科学的。所以通常会使用混合粒子谱来表征冰晶粒子的特性。其中冰晶的数密度随着海拔的升高不断增加，最多可达到 50000 个·cm^{-3}，冰晶的数密度写为

$$C_i = N\langle W \rangle \tag{1.23}$$

式中，$\langle W \rangle$ 为冰晶平均质量；C_i 为冰晶的数密度。由于冰粒内有气泡和杂质，它较纯冰的密度（0.3～0.9g·cm^{-3}）要小。

对于冰晶的粒子谱分布特征可由如下函数表示：

$$f(a,b) = \sum_{r=1}^{N} c_r f_r(a) + \sum_{i=1}^{M} c_i f_i(b) \tag{1.24}$$

式中，$f_r(a)$ 为规则冰晶粒子的谱分布；$f_i(b)$ 为不规则冰晶粒子的谱分布；c_r 和 c_i 分别为两种形状冰晶粒子的浓度。

2）冰晶粒子的有效大小和冰水含量

冰晶是非球形粒子，基于冰晶的光散射正比于非球形粒子的截面积，类似于非球形水相态云滴的平均有效半径的定义，定义冰晶的有效大小 D_e 为

$$D_e = \frac{\int_{L_{\min}}^{L_{\max}} D^2 Ln(L) \mathrm{d}L}{\int_{L_{\min}}^{L_{\max}} DLn(L) \mathrm{d}L} \tag{1.25}$$

式中，D 为冰晶的宽度；$n(L)$ 为冰晶尺度的谱分布；$L_{\max}$、$L_{\min}$ 分别为冰晶最大和最小长度。

冰水含量（IWC）可以写为

$$\text{IWC} = \frac{3\sqrt{3}}{8} \rho_{\text{ice}} \int_{L_{\min}}^{L_{\max}} D^2 Ln(L)\mathrm{d}L \qquad (1.26)$$

式中，ρ_{ice} 为冰晶的密度；$\frac{3\sqrt{3}}{8} D^2 L$ 为六角形冰晶的体积。冰晶的尺度也可用球形粒子的半径（r）来表示：

$$r = \frac{A}{4\pi} \cdot 0.5 = \frac{A}{8\pi} \qquad (1.27)$$

式中，A 为冰晶的表面积。

5. 云粒的折射指数

由 1.2.3 节可知，根据云粒子在天空中的不同热力学状态（液态和固态）可以将云分为水相态云、冰相态云和混合相态云等类型，其云粒子状态的判别过程称为云相态识别。水相态云和冰相态云对地球辐射收支平衡影响不同，水相态云反射短波辐射，冰相态云则可以吸收或反射地表辐射。云的辐射信息通常可以利用云粒子的几何形状及粒子单次散射来表征，单次散射特征通常用复折射指数、粒子谱分布和形状等参数来表示。冰晶粒子和液滴的散射和吸收存在一定差异，故可以通过研究云粒子的复折射指数在特定波段的差异来识别相态。还可以利用几何光学的方法，研究光线在冰晶粒子和液滴内反射和折射过程中表现出的不同偏振特性来识别云相态。

云的复折射指数（$m = m_{\text{r}} + \mathrm{i} \cdot m_{\text{i}}$）表示云粒子对电磁波辐射的吸收和散射的能力，是一个随着波长而变化的无量纲常量。在云场中，在冰、水粒子具有相同形状、相同的粒子有效半径和密度的情况下，冰相态云和水相态云反射太阳辐射的大小只取决于冰、水粒子的复折射指数。因为冰、水粒子复折射指数的实部在可见光和近红外波段非常相似，而虚部在有些特定的波长处的差异非常大，所以最后会影响云反射太阳辐射的大小。图 1.14 显示了冰、水粒子在 0～5 μm 波段范围复折射指数实部和虚部的变化情况，冰、水粒子由于分子间平均作用力的不同，它们的吸收峰出现在不同位置，在近红外波段复折射指数虚部有几个具有显著差异的区域。其中，冰相态云和水相态云粒子在波长 $\lambda = 1.55$ μm 左右时，水相态云的吸收带向更大的波长方向移动。上述的这些特性可以被用来反演云的相态[14-16]。

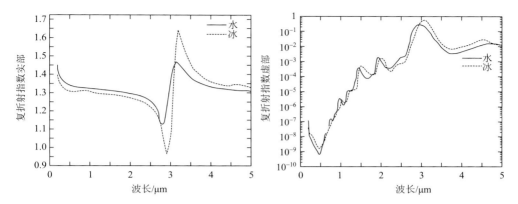

图 1.14　冰、水粒子在 0～5μm 波段范围复折射指数实部和虚部的变化（根据文献[16]修改）

1.3.2　云的光学特性

云的光学特性和微观物理特性一样，共同作用于云的辐射特性，它也是描述云辐射特性的重要参数，通常从散射、辐射、反射、吸收、偏振五个方面进行云光学特性的表征。光学特性通常使用大气遥感数据进行反演获得。

1. 水相态云的光学特性

1）水相态云的散射特征[13]

利用米氏散射的计算方法，可以有效地求解水相态云的单次散射性质。根据米氏散射理论，对于单个粒径为 a、折射指数为 m 的有关散射参量方程如下：

$$Q_{\text{ex}}(m,x) = \frac{2}{x^2}\sum_{n=1}^{\infty}(2n+1)\text{Re}(a_n + b_n) \tag{1.28}$$

$$Q_{\text{x}}(m,x) = \frac{2}{x^2}\sum_{n=1}^{\infty}(2n+1)\left(|a_n|^2 + |b_n|^2\right) \tag{1.29}$$

式中，$Q_{\text{ex}}(m,x)$ 和 $Q_{\text{x}}(m,x)$ 分别为消光效率因子和散射效率因子；$x = \dfrac{2\pi a}{\lambda} = ka$，为云滴的尺度参数，$k = \dfrac{2\pi}{\lambda}$；Re 表示取实部；$a_n$、$b_n$ 是米氏系数。a_n、b_n 可以表示为

$$a_n = \frac{\psi_n'(mka)\psi_n(ka) - m\psi_n'(ka)\psi_n(mka)}{\psi_n'(mka)\xi_n(ka) - m\xi_n'(ka)\psi_n(mka)} \tag{1.30}$$

$$b_n = \frac{m\psi_n'(mka)\psi_n(ka) - \psi_n(mka)\psi_n'(ka)}{m\psi_n'(mka)\xi_n(ka) - \psi_n(mka)\xi_n'(ka)} \tag{1.31}$$

式中，复折射指数 $m = m_{\text{r}} + \text{i}\cdot m_{\text{i}}$，采用 Hale 和 Querry[17]在 1973 年提出的水相态云

常量，见附录；ψ_n 和 ξ_n 为相应的黎卡提-贝塞尔方程，ψ_n' 和 ξ_n' 为对应的一阶导数。

此外根据米氏散射理论，单个粒子的不对称因子为

$$g = \frac{4}{x^2 Q_{sc}} \left[\sum_{n=1}^{\infty} \frac{n(n+2)}{n+1} \text{Re}(a_n a_{n+1}^* + b_n b_{n+1}^*) + \sum_{n=1}^{\infty} \frac{2n+1}{n+1} \text{Re}(a_n b_n^*) \right] \quad (1.32)$$

式中，Q_{sc} 为散射截面。

图 1.15 中给出了在取不同的不对称因子时，有效粒子半径 r_e 随着波长变化的规律，可以看出随着粒子尺度的不断加大，不对称因子的差异增大。

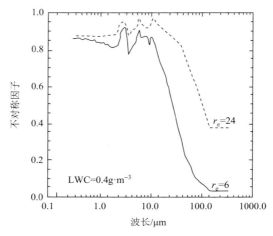

图 1.15 对于给定的有效粒子半径和液态水含量（LWC）的水相态云不对称因子
（根据文献[13]修改）

一般来说，大气中的云都由不同粒径的小云滴混合而成，那么为了更加准确地表述云的辐射特性，就需要引入云滴谱 $n(a)$。所以对于由球形水滴组成的云衰减截面可以写作

$$\sigma_{ext} = \int_0^{\infty} n(a) Q_{ext}(x, m) \pi a^2 \mathrm{d}a \quad (1.33)$$

式中，$n(a)$ 为云滴谱；$Q_{ext}(x, m)$ 为单个云滴的消光系数。

那么云的光学厚度 τ_c 表示为

$$\tau_c = \int_{\Delta z}^{\infty} \int_0^{\infty} n(a) Q_{ext}(x, m_c) \pi a^2 \mathrm{d}a \mathrm{d}z \quad (1.34)$$

式中，m_c 为云粒子的折射指数；Δz 为云的厚度。

云滴的散射相函数表征了水相态云散射的空间分布特性，其不随云的谱分布而变，但随着尺度参数 $x = \frac{2\pi r_e}{\lambda}$ 而变。当粒子的有效半径增大，越来越朝前向集中，相函数的前向半宽度与 x^{-1} 成正比，且对折射指数 m_r、m_i 相对不敏感，对于大多数应用来说，云的散射相函数采用 Henyey-Greenstein（H-G）相函数表示

$$P_{(\tau,\cos\theta)} = \frac{1-g^2}{(1+g^2-2g\cos\theta)^{\frac{3}{2}}} \tag{1.35}$$

式中，θ 为散射角；g 为不对称因子。图 1.16 是不同类型水相态云的散射、偏振相函数和不对称因子结果。表 1.4 是厚度为 2km 的层云的光学特性。

图 1.16 展示的是 5 种类型水相态云的散射特性结果，观察水相态云的散射相函数，水相态云粒子的前向散射，在散射角为 0°～10°散射效应强烈，随后迅速降低；在散射角大于 90°的后向散射空间内，散射角 142°和 125°附近出现了两个极值。从光学的角度上分析，这两个位置分别对应主虹和副虹效应（霓效应）。观察水相态云的偏振相函数，水相态云粒子在散射角 142°附近出现极高的峰值，这一偏振辐射特性为水相态云偏振识别提供了理论依据。在可见光到近红外波段范围内随着入射光波长的增加，5 种不同类型水相态云的不对称因子差距逐渐增大，在近红外 1.8μm 处达到最大值，1.8μm 后又呈现减小的趋势。

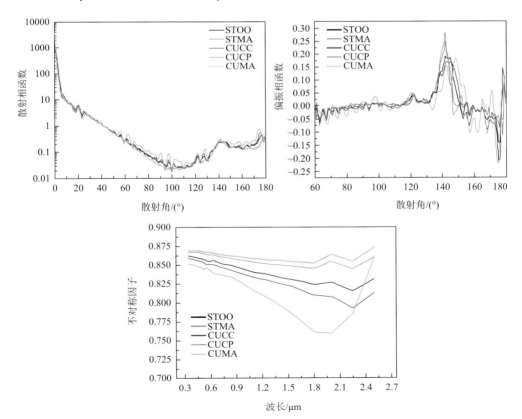

图 1.16 不同类型水相态云的散射、偏振相函数和不对称因子结果图

STOO 为大陆层云；STMA 为海洋层云；CUCC 为大陆清洁积云；CUCP 为大陆污染积云；CUMA 为海洋积云

表 1.4 厚度为 2km 的层云的光学特性[18]

波长/μm	吸收/%	散射/%	
		大气顶	大气底
0.550	0.2	79.8	20.0
0.765	0.5	80.6	18.9
0.950	8.1	76.3	15.5
1.150	17.9	70.4	11.7
1.400	47.4	49.9	2.7
1.800	61.9	37.6	0.5
2.800	99.6	0.4	0.0
3.350	99.4	0.6	0.0

2）水相态云的辐射特性[13]

针对水相态云粒子的发射谱对光的强弱敏感这一特点，可以用来计算云的光学厚度，那么由式（1.34）可得

$$\tau^* = -\mu \ln \left[\frac{I_{obs} - B(T_c)}{I_{clr} - B(T_c)} \right] \qquad (1.36)$$

式中，τ^* 为光学厚度；I_{clr} 为晴空辐射强度；I_{obs} 为观测辐射强度；T_c 为云顶亮温值。

如图 1.17 所示，T_c 约等于 x 轴与 ΔT 函数的交点，可以使用遥感数据估算得到。I_{clr} 则是相当于不同波长函数曲线的右交点，可由云的晴空临近像元估算得到。那么这里波长为 12.6μm 和 10.8μm 的 τ^* 比值 γ 为

$$\gamma = \frac{\tau_{12.6}^*}{\tau_{10.8}^*} \qquad (1.37)$$

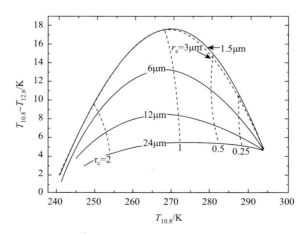

图 1.17 以 10.8μm 亮温值为 x 轴的 10.8μm 和 12.6μm 亮温差函数[13]

由图 1.17 可以看出，γ 的值由粒子的波长决定。那么在不考虑散射和吸收的情况下，假定云是由均匀分布的球形粒子构成的，则厚度为 Δz 的光学厚度可用式（1.38）表示：

$$\tau^* = \pi \int Q_{abs} n(r) r^2 dr \Delta z \qquad (1.38)$$

假设该均匀分布的球形粒子半径为 a、粒子数目为 N_0，则此时的光学厚度为

$$\tau^* = \pi N_0 a^2 Q_{abs} \Delta z \qquad (1.39)$$

那么 τ^* 的比值为

$$\gamma = \frac{Q_{abs,1}}{Q_{abs,2}} \qquad (1.40)$$

式（1.38）中，

$$Q_{abs} = c[2K(4v) - h^2 K(4av)] \qquad (1.41)$$

$$v = 2xk, \quad x = \frac{2\pi a}{\lambda}$$

$$h = \frac{(n^2 - 1)^{\frac{1}{2}}}{n}, \quad c = n^2$$

式（1.40）可变为

$$\gamma = \frac{K\left[n_1^2 \left(1 - c_1^3\right) v_1\right]}{K\left[n_2^2 \left(1 - c_2^3\right) v_2\right]} \qquad (1.42)$$

式（1.42）中，

$$c_\lambda = \frac{\left(n_\lambda^2 - 1\right)^{\frac{1}{2}}}{n_\lambda} \qquad (1.43)$$

式中，n_λ 为折射指数的实部；λ 为波长，λ 等于 1 或 2。

3）水相态云的反射特征[13]

由双光谱发射函数原理可知，云粒子在非水汽吸收的可见光弱吸收波段，反射函数主要是云光学厚度的函数，在水汽或冰粒吸收的近红外波段，反射函数主要是云粒子大小的函数。为了描述云粒子的反射特征，引入了单次反照率的概念，它是体积散射特征和总的衰减特性的比值。云粒子的单次反照率通常写为

$$\tilde{\omega}_{0c} = \frac{Q_{\text{sca}}}{Q_{\text{ext}}} = \frac{\sigma_{\text{sca}}}{\sigma_{\text{ext}}} = \int_0^{2\pi}\int_{-1}^{1} p(\cos\theta)\mathrm{d}\mu\mathrm{d}\varphi \tag{1.44}$$

式中，Q_{sca} 为有效散射因子；Q_{ext} 为有效消光因子；σ_{sca} 为散射截面；σ_{ext} 为消光截面。

引入云粒子的谱分布后，可写为

$$\tilde{\omega}_{0c} = \frac{\int_0^{\infty} a^2 Q_{\text{sca}}\left(\dfrac{2\pi a_{\text{ef}}}{\lambda}\right) n(a)\mathrm{d}a}{\int_0^{\infty} a^2 Q_{\text{ext}}\left(\dfrac{2\pi a_{\text{ef}}}{\lambda}\right) n(a)\mathrm{d}a} \tag{1.45}$$

式中，$n(a)$ 为云粒子的谱分布。

云的单次反照率与云的光学厚度关系为

$$\tilde{\omega}_{0c} = 0.9989 - 0.0004\exp(-0.15\tau) \tag{1.46}$$

图 1.18 显示了对于不同尺度粒子的水相态云的单次反照率，显然在近红外波段的单次反照率近似为 1。

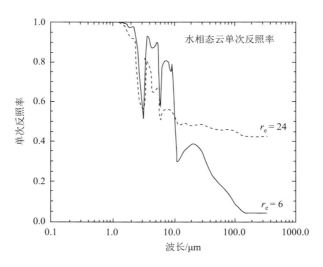

图 1.18　对于给定的有效粒径和液态水含量的水相态云的单次反照率（LWC=0.4g·m^{-3}）[13]

云粒子的单次反照率具有以下几个特点。

（1）$\tilde{\omega}_{0c}$ 在波长小于 1.5μm 时，$\tilde{\omega}_{0c} \geqslant 0.99$，而在近红外波段，由于受到了水汽的影响，$\tilde{\omega}_{0c}$ 的值会出现波动。

（2）云粒子的单次反照率 $\tilde{\omega}_{0c}$ 对云粒子的尺度敏感，在长波端与短波端的 λ

与 $\tilde{\omega}_{0c}$ 和尺度参数 x 都成反比。而球形冰相态云粒子和水相态云粒子在长波端不同，冰粒是以散射辐射为主，$\tilde{\omega}_{0c} \rightarrow 1$，而水滴云则 $\tilde{\omega}_{0c} < 0.5$。

（3）球形冰相态云粒子和球形水相态云滴在近红外波段（1.6μm 左右）存在明显差异，并且在 $\lambda = 10\mu m$ 处，球形冰粒子冰相态云 $\tilde{\omega}_{0c}$ 随波长 λ 的增加要比球形水滴 $\tilde{\omega}_{0c}$ 随波长 λ 的降低更明显。

对于所有 $r_e \geq 1$，当粒子有效半径增加时，粒子的吸收单调增加。因而，一般在近红外的反射率减少。另外，在可见光弱吸收通道的反射函数影响了总的光学厚度，反射函数增加，光学厚度也随之增加，如图 1.19 所示。

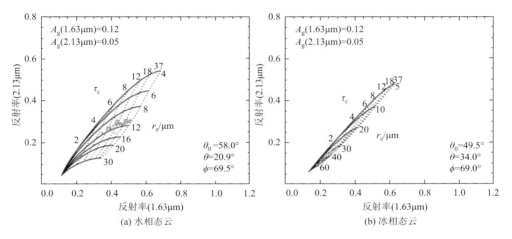

图 1.19 MODIS 1.63μm 和 2.13μm 通道辐射值与有效粒子半径（实线）和光学厚度（虚线）间的函数关系（根据文献[19]修改）

4）水相态云的吸收特性[13]

电磁波在云和降水中传播时，能量被云和降水粒子吸收是造成微波在云和降水中传播衰减的主要原因之一。电磁波作用在粒子上时，一部分能量被散射向四方，另一部分能量被吸收而转化成粒子的内能。在波长较大和粒子较小时，粒子对微波的散射作用很小，主要起吸收作用，而当波长较小和粒子较大时，除了要考虑粒子对微波的吸收作用，还要考虑散射作用。例如，微波穿过较强的降水时，就要同时考虑吸收和散射作用。

根据球形粒子对电磁辐射的散射和吸收的米氏理论，若定义粒子吸收的有效截面为 σ_{ab}，其是粒子对入射辐射的吸收功率 P_{ab} 与入射辐射通量密度 S_{in} 的比值，粒子的米氏吸收效率因子 Q_{ab} 为有效截面除以几何截面，如下所示。

$$\sigma_{ab} = \frac{P_{ab}}{S_{in}} \tag{1.47a}$$

$$Q_{ab} = \frac{\sigma_{ab}}{\pi a^2} \qquad\qquad （1.47b）$$

若 σ_{ex} 为消光有效截面，σ_{sc} 为散射有效截面，则

$$\sigma_{ab} = \sigma_{ex} - \sigma_{sc} \qquad\qquad （1.48a）$$

$$Q_{ex} = Q_{ab} + Q_{sc} \qquad\qquad （1.48b）$$

King 等[20]使用辐射计测量得到的与利用公式计算的 50km 海洋层积云的云吸收中各相似参数计算结果如图 1.20 所示。

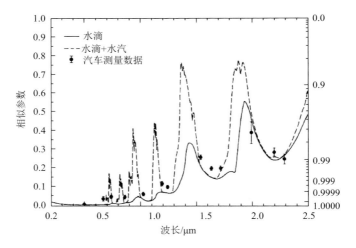

图 1.20　水滴（实线）和水滴加上 10.3℃饱和水汽（虚线）作为波长函数的相似参数
计算结果（根据文献[20]修改）

5）水相态云的偏振特性

在几何光学模拟中，水相态云除了具有散射光的强度信息，它还具有散射光的偏振信息。特别在非偏振（如太阳光源下）光照条件下，散射光的偏振度如下：

$$P_l = \frac{i_1^G - i_2^G}{i_1^G + i_2^G} \qquad\qquad （1.49）$$

式中，P_l 在复折射指数虚部 $n = 1.33$ 与散射角 θ 相关，其关联性如图 1.21 所示。米氏散射的结果也在图 1.21 中展示。

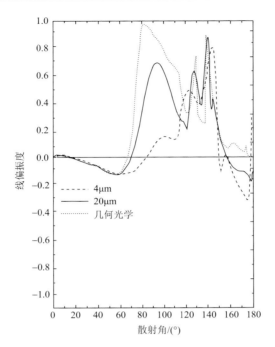

图 1.21　波长 $\lambda = 0.55\mu m$ 的水相态云滴粒子在伽马分布粒子谱分布（$\mu = 6$，$a_{ef} = 4\mu m$ 和 $20\mu m$）
　　　　条件下的线偏振度函数图（米氏散射）和几何光学结果（根据文献[21]修改）

Muller 矩阵 $\widehat{M}$ 在任何光照条件下求得的散射光斯托克斯矢量为

$$\vec{I} = \frac{1}{k^2 r^2} \widehat{M} \vec{I}_0 \tag{1.50}$$

对于球形水相态云粒子中的非零因子，公式如下：

$$
\begin{aligned}
M_{11} = M_{22} &= \frac{1}{2}\left(\left|S_{11}\right|^2 + \left|S_{22}\right|^2\right) \\
M_{12} = M_{21} &= \frac{1}{2}\left(\left|S_{11}\right|^2 - \left|S_{22}\right|^2\right) \\
M_{33} = M_{44} &= \frac{1}{2}\operatorname{Re}(S_{11}S_{22}^*) \\
M_{34} = -M_{43} &= \operatorname{Im}(S_{11}S_{22}^*)
\end{aligned}
\tag{1.51}
$$

式中，S_{11} 为散射相函数。

考虑 $\left|S_{11}\right|^2 = i^D + i_2^G$，$\left|S_{22}\right|^2 = i^D + i_1^G$，$\operatorname{Re}(S_{11}S_{22}^*) = i^D + \sqrt{i_1^G i_2^G}$，$\operatorname{Im}(S_{11}S_{22}^*) = 0$
当忽略干涉和相移的影响，可以获得

$$\widehat{M} = \begin{bmatrix} \dfrac{i_1^G + i_2^G}{2} & \dfrac{i_2^G - i_1^G}{2} & 0 & 0 \\ \dfrac{i_2^G - i_1^G}{2} & \dfrac{i_1^G + i_2^G}{2} & 0 & 0 \\ 0 & 0 & \sqrt{i_1^G i_2^G} & 0 \\ 0 & 0 & 0 & \sqrt{i_1^G i_2^G} \end{bmatrix} + i^D \widehat{E} \qquad (1.52)$$

式中，$\widehat{E}$ 为 4×4 矩阵单位。

对上述的 Muller 矩阵 $\widehat{M}$ 进行归一化处理，公式如下：

$$\widehat{m} = \frac{\widehat{M}}{M_{11}} \begin{bmatrix} 1 & -P_1 & 0 & 0 \\ -P_1 & 1 & 0 & 0 \\ 0 & 0 & P_{\rm c} & 0 \\ 0 & 0 & 0 & P_{\rm c} \end{bmatrix} \qquad (1.53)$$

式中，$P_1 = \left(i_1^G - i_2^G\right) \big/ \left(i_1^G + i_2^G\right)$，$P_{\rm c} = 2\sqrt{i_1^G i_2^G} \big/ \left(i_1^G + i_2^G\right)$，忽略了衍射对于式（1.53）的贡献，其中衍射也仅仅在散射角 θ 趋向于 0°时影响比较明显。如上所述，函数 $P_{\rm c}$ 说明了右旋圆偏振光伴随着圆偏振度减小而减弱。$P_1(\theta)$ 描述了入射非偏振光的散射光偏振度。函数 $P_1(\theta)$ 和 $P_{\rm c}(\theta)$ 在图 1.22（相函数 P_{34}）和图 1.23（相函数 P_{44}）中给出。

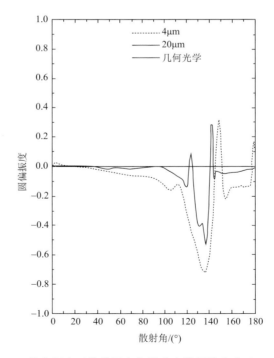

图 1.22　波长 $\lambda = 0.55\mu{\rm m}$ 的水相态云滴粒子在伽马分布粒子谱分布（$\mu = 6$，$a_{\rm ef} = 4\mu{\rm m}$ 和 $20\mu{\rm m}$）条件下的圆偏振度函数图（米氏散射）和相函数 P_{34} 的几何光学结果（根据文献[21]修改）

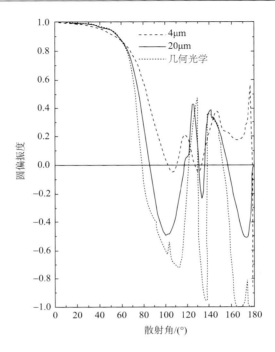

图 1.23　波长 $\lambda = 0.55\mu m$ 的水相态云滴粒子在伽马分布粒子谱分布（$\mu = 6$, $a_{ef} = 4\mu m$ 和 $20\mu m$）条件下的圆偏振度函数图（米氏散射）和相函数 P_{44} 的几何光学结果（根据文献[21]修改）

2. 冰相态云的光学特性[22]

卫星传感器自空间观测大气，当有云时，首先观测到上层卷云。大气中的卷云由冰晶组成，因此卷云中的大气辐射传输受到构成卷云的冰晶粒子形状、浓度和尺度等的影响。冰晶的形状十分复杂，有六角形、圆柱形和针形等，这对太阳和地球大气的辐射传输有重要影响。

1）冰相态云的散射特性

冰相态云的散射性质主要由其消光效率因子、单次反照率和相函数决定。首先求得单个粒子的光学性质，再根据冰相态云的粒子谱分布进行积分就可以得到卷云的平均散射特性[23, 24]。其中平均吸收效率因子为

$$\bar{Q}_{abs} = \frac{\int_{D_{min}}^{D_{max}} \left[\sum_{h=1}^{M} f_h(D) Q_{ah}(D) A_h(D) \right] n(D) \mathrm{d}D}{\int_{D_{min}}^{D_{max}} \left[\sum_{h=1}^{M} f_h(D) A_h(D) \right] n(D) \mathrm{d}D} \quad (1.54)$$

式中，Q_{ah} 表示云粒子的吸收截面。

平均消光效率因子：

$$\overline{Q}_{\text{ext}} = \frac{\int_{D_{\min}}^{D_{\max}} \left[\sum_{h=1}^{M} f_h(D) Q_{\text{eh}}(D) A_h(D) \right] n(D)\mathrm{d}D}{\int_{D_{\min}}^{D_{\max}} \left[\sum_{h=1}^{M} f_h(D) A_h(D) \right] n(D)\mathrm{d}D} \quad (1.55)$$

平均单次反照率：

$$\overline{\omega} = \frac{\int_{D_{\min}}^{D_{\max}} \left[\sum_{h=1}^{M} f_h(D) Q_{\text{sh}}(D) A_h(D) \right] n(D)\mathrm{d}D}{\int_{D_{\min}}^{D_{\max}} \left[\sum_{h=1}^{M} f_h(D) Q_{\text{eh}}(D) A_h(D) \right] n(D)\mathrm{d}D} \quad (1.56)$$

平均不对称因子：

$$\overline{g} = \frac{\int_{D_{\min}}^{D_{\max}} \left[\sum_{h=1}^{M} f_h(D) g_h(D) Q_{\text{sh}}(D) A_h(D) \right] n(D)\mathrm{d}D}{\int_{D_{\min}}^{D_{\max}} \left[\sum_{h=1}^{M} f_h(D) Q_{\text{sh}}(D) A_h(D) \right] n(D)\mathrm{d}D} \quad (1.57)$$

式（1.54）～式（1.57）中，Q_{ah}、Q_{eh}、Q_{sh} 分别为云粒子的吸收截面、消光截面和散射截面；M 为冰相态云非球形粒子种类数目；A 为粒子等效投影面积；$n(D)$ 为冰相态云的粒子谱分布；$A_h(D)$ 为散射截面。

利用冰晶粒子散射性质数据库[25]，计算波长为 0.55μm 时卷云散射特性随有效半径的变化，如图 1.24 所示，可知当散射体尺度增大或者折射率增加时，消光效率因子将趋近于 2[26]。

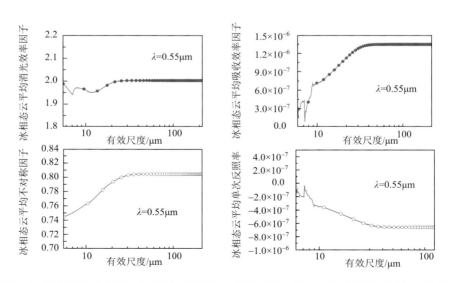

图 1.24 冰相态云平均消光效率因子、平均吸收效率因子、平均不对称因子和平均单次反照率随有效尺度变化关系（$\lambda = 0.55\mu m$）（根据文献[27]修改）

冰晶的衰减系数定义为

$$\beta_{ic} = \int_{L_{min}}^{L_{max}} \sigma(D,L)n(L)dL \qquad (1.62)$$

式中，σ 为单个冰晶的衰减截面。在几何光学范围内，六角形冰晶在空间是随机取向的，这时衰减截面表示为

$$\beta(D,L) = \frac{3}{2}D\left(\frac{\sqrt{3}}{2}D + L\right) \qquad (1.63)$$

这时冰晶的衰减系数表示为

$$\beta_{ic} = IWC\left[\frac{\int_{L_{min}}^{L_{max}} D^2 n(L)dL}{\rho_i \int_{L_{min}}^{L_{max}} D^2 L n(L)dL} + \frac{4}{\sqrt{3}D_e}\right] \qquad (1.64)$$

由于 $D < L$，式（1.64）中右边第一项比第二项小得多，根据 D 与 L 的关系，第一项用 $a + \frac{b'}{D_e}$ 表示，近似 $b' \ll \frac{4}{\sqrt{3}D_e}$，$a$ 是确定的常数，ρ_i 是非球形粒子（冰晶）的消光系数，则可得

$$\beta_{ic} = IWC\left(a + \frac{b}{D_e}\right) \qquad (1.65)$$

式中，$b = b' + \frac{4}{\sqrt{3}\rho_i}$。

本章从云的宏观物理特性、微观物理特性及光学特性等多个角度对云进行了描述，获取这些准确的参量将有助于进行大气辐射能量平衡、气候模型及数值天气预报等研究。而这些参量主要通过地基观测、空基观测和星载观测的方式获取。第 2 章将介绍常见可用于获取云参量的传感器和设备。

参 考 文 献

[1]　陈渭民. 卫星气象学[M]. 北京：气象出版社，2003.

[2]　Trenberth K E，Fasullo J T，Kiehl J. Earth's global energy budget[J]. Bulletin of the American Meteorological Society，2009，90（3）：311-324.

[3]　The Cloud Appreciation Society. Cloud Appreciation Society[EB/OL]. https://cloudappreciationsociety.org/ [2019-1-3].

[4]　Wikipedia. Tiposy clasificación de las nubes troposféricas[EB/OL].https://es.wikipedia.org/wiki/Nube[2019-1-5].

[5]　程天海，顾行发，余涛，等. 水云多角度偏振辐射特性研究[J]. 红外与毫米波学报，2009，28（4）：267-271.

[6]　刘强，陈秀红，何晓雄，等. 水云从紫外到远红外波段的平均单次散射特性[J]. 激光与红外，2010，40（1）：51-56.

[7]　程天海，陈良富，顾行发，等. 基于多角度偏振特性的云相态识别及验证[J]. 光学学报，2008，28（10）：1849-1855.

[8]　卢乃锰，方翔，刘健，等. 气象卫星的云观测[J]. 气象，2017，（3）：257-267.

[9]　Borduas N，Donahue N M. The Natural Atmosphere[M]. Amsterdam：Green Chemistry，2017：131-150.

[10]　Bailey M P，Hallett J. A comprehensive habit diagram for atmospheric ice crystals：Confirmation from the laboratory，AIRS II，and other field studies[J]. Journal of the Atmospheric Sciences，2009，66（9）：2888-2899.

[11]　Garrett T J，Zhao C. Increased Arctic cloud longwave emissivity associated with pollution from mid-latitudes[J]. Nature，2006，440（7085）：787.

[12]　洪延超，李宏宇. 一次锋面层状云云系结构，降水机制及人工增雨条件研究[J]. 高原气象，2011，30（5）：1308-1323.

[13]　陈渭民，陶国庆，邱新法. 全球气候系统卫星遥感导论——气象卫星资料的多学科应用[M]. 北京：气象出版社，2012.

[14]　Warren S G，Brandt R E. Optical constants of ice from the ultraviolet to the microwave：A revised compilation[J]. Journal of Geophysical Research：Atmospheres，2008，113（D14）：1-10.

[15]　Dvoryashin S V. Remote determination of the ratio between the volume coefficients of water and ice absorption in clouds in the 2.15-2.35-μm spectral range[J]. Izvestiya，Atmospheric and Oceanic Physics，2002，38（4）：465-469.

[16]　Knap W H，Stammes P，Koelemeijer R B A. Cloud thermodynamic-phase determination from near-infrared spectra of reflected sunlight[J]. Journal of the Atmospheric Sciences，2002，59（1）：83-96.

[17]　Hale G M，Querry M R. Optical constants of water in the 200-nm to 200-μm wavelength region[J]. Applied Optics，1973，12（3）：555-563.

[18]　Welch R M，Cox S K，Davis J M. Solar radiation and clouds[J]. Meteorological Monographs，1980，17（39）：1.

[19]　Nakajima T，King M D. Determination of the optical thickness and effective particle radius of clouds from reflected solar radiation measurements. Part I：Theory[J]. Journal of the Atmospheric Sciences，1990，47（15）：1878-1893.

[20]　King M D，Radke L F，Hobbs P V. Determination of the spectral absorption of solar radiation by marine stratocumulus clouds from airborne measurements within clouds[J]. Journal of the Atmospheric Sciences，1990，47（7）：894-908.

[21]　Kokhanovsky A A. Light Scattering Reviews 10：Light Scattering and Radiative Transfer[M]. Berlin：Springer，2016.

[22]　Yang P，Wei H，Huang H L，et al. Scattering and absorption property database for nonspherical ice particles in the near-through far-infrared spectral region[J]. Applied Optics，2005，44（26）：5512-5523.

[23]　Baum B A，Yang P，Nasiri S，et al. Bulk scattering properties for the remote sensing of ice clouds. Part III：High-resolution spectral models from 100 to 3250 cm^{-1}[J]. Journal of Applied Meteorology and Climatology，2007，46（4）：423-434.

[24]　Hong G. Parameterization of scattering and absorption properties of nonspherical ice crystals at microwave frequencies[J]. Journal of Geophysical Research：Atmospheres，2007，112（D11）：D11208.

[25]　Liao Z J，Yang C P. Creating of the scattering and absorption properties database of ice crystals[C]. 2011 International Conference on Remote Sensing，Environment and Transportation Engineering（RSETE），IEEE，Nanjing，2011：2059-2062.

[26]　吴健，杨春平，刘建斌. 大气中的光传输理论[M]. 北京：北京邮电大学出版社，2005.

[27]　张琳. 卷云的辐射传输与散射特性研究[D]. 西安：西安电子科技大学，2010.

[28]　Dozier J. Spectral signature of alpine snow cover from the landsat thematic mapper[J]. Remote Sensing of Environment，1989，28（73）：9-22.

[29]　廖国男. 大气辐射导论[M]. 北京：气象出版社，1985.

第 2 章　云探测平台

由于云的属性复杂及对气候变化的巨大影响，亟须开展对其的探测，当前对云的探测主要有地基测云、空基测云和星载测云三种，它们各有优势，互相补充，为研究云的特性提供数据来源，进而为分析气候变化和地球辐射能量平衡提供理论支撑。

2.1　地基平台云探测

尽管卫星遥感可以获得全球分布、昼夜连续的云探测资料，但其仍受空间分辨率和对复杂云结构探测能力不足的限制，不能满足大气科学研究的需要，因此有必要开展地基测云的研究。

地基测云通过常规人工探测以及地基遥感技术来实现对云的探测，其中地基遥感技术手段包括全天空成像辐射仪测云、地基激光雷达遥感和地基微波雷达遥感等，数据质量高，局部时空分辨率高。但是也存在一定的缺点，如观测仪器和费用昂贵、不能进行全球监测等。

2.1.1　地基探测平台

1. 全天空成像辐射仪测云

全天空测云法是利用大气和云在可见光与近红外波段成像性质的不同，通过记录各个波段的遥感成像，来实现对大气的观测与记录，并提取有效的大气信息，为研究大气提供一种新的观测方法与手段，其总目标是实现全天空云的自动化观测。在测云方法方面，一般有可见光波段测云方法（用照相机直接对天空进行拍摄，根据天空亮度的变化来区分晴空和云，但无法进行夜间观测）、双波段测云方法（通过测量到的辐射值来确定云量，但昼夜算法的差异会使其数据不具备一致性，且仪器价格偏高，工程设计复杂）、单元式红外辐射测云法、面阵列式红外辐射测云法等。

2. 地基激光雷达遥感

目前利用雷达等探测仪器研究云参数的技术已经较为成熟，在区分层状云、对流云方面已有相当多的研究。20 世纪 50 年代毫米波雷达开始应用于大气研究，气象学者重点用此雷达研究了云底、云顶高度，在与卫星探测结果对比后，认为在云层较多、大气温度和湿度较高的情况下，毫米波雷达会在高处失真，得出的云顶高度低于卫星探测高度。激光雷达能够探测多层云，简单便携。最初激光雷达测云是测定云的垂直分布结构、云底和云顶高度，根据回波信号，很容易分辨云在空气中的界面。利用毫米波雷达、激光雷达对云顶边界进行定点观测也是获得云顶高度的一个有效途径，并且可以弥补卫星观测空间分辨率不够高、时间不连续的缺点，对卫星结果进行补充与验证。偏振雷达则对于识别云粒子相态及变化非常有效。

3. 地基微波雷达遥感

地基微波雷达遥感于20世纪80年代开始应用于云物理研究。微波遥感的原理是根据微波辐射计探测到的大气自身发射信号及传输规律，反演大气温、湿度等廓线，反演云中液、气态水汽含量等天气要素，通过微波辐射计的角扫描观测，来研究云的垂直结构等。目前这种探测理论和技术已相当成熟，所以地基微波辐射计是目前探测大气中水粒子的有效工具之一。地基微波辐射计具有测量云中液态水垂直分量及分布和大气水汽的能力，可对水汽和液态水的含量进行实时探测，从而为云降水物理的研究提供了有力的监测手段。

2.1.2　地基传感器简介

1. 全天空成像辐射仪器

全天空测云法是通过对全天空云的自动化观测来研究大气的一种新的观测方法。目前的全天空成像辐射仪器包括全天空成像仪（total sky imager，TSI）和红外测云仪（infrared cloud imager，ICI）等[1]。

1）可见光波段测云仪器

可见光波段测云法直接采用照相机对天空进行拍摄，获取天空可见光亮度（辐射）分布，当天空某部分视野内有云时，天空亮度（辐射）减少，从而区分云和晴空。该方法的核心主要集中在两个部分：一是全天空图像采集技术；二是高速有效影像云识别技术。典型的方法是将一种可见光波段全天空成像系统的电荷耦合器件（charge coupled device，CCD）相机安装在顶部，向下对准底部有加热装置的曲面镜进行全天空镜像拍摄，可以给出白天半球天空的连续图像；该波段全天空成像系统也可以加装鱼眼变焦透镜的商用彩色CCD镜头。这类仪器无法获得夜间的云量信息，不利于实现云量的自动连续测量；而白天受到大气能见度的影响，测量准确度难以保证。

Bradbury等曾经利用模拟式相机研究云的观测问题，指出利用这样的系统可以确定云底高度和云底运动，并用于卫星反演云参量的验证；欧洲的 Gardiner 等曾采用鱼眼照相机拍摄照片来测量云量；美国 Yankee 环境系统公司（Yankee Environmental System Inc.，简称 YES 公司）研制出了全天空成像仪（TSI），它将 CCD 相机安装在仪器的顶部，向下对准底部有加热装置的曲面镜进行全天空镜像拍摄[2, 3]，其外观及结构如图 2.1 所示。

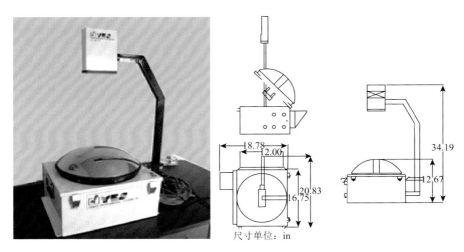

图 2.1　全天空成像仪（TSI）外观及仪器结构图

1in=2.54cm

　　该系统利用镜面反射原理，结合 CCD 数字成像技术实现全天空 180°视场的成像，如图 2.2 所示。TSI 实现了地基天空宏观自动化观测，同时利用所获取的图像资料进行天空云的检测和识别，分析云量，并对云在大气辐射传输中的作用做了初步的分析工作[4, 5]。

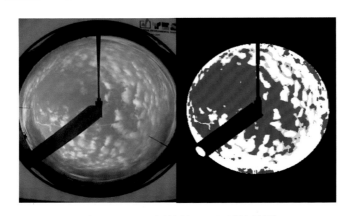

图 2.2　TSI 观测结果及云识别结果图

以 YES 公司出品的 TSI-880 全天空成像仪为例，其是一款全自动、全色天空成像系统，可实时处理和显示白天的天空状态。

在许多现场，准确确定天空状态是非常重要的，但很难实现。由观测人员采用传统人工观测方法报告天气状况，会造成很大的主观误差。TSI-880 可以替代观测人员，实现对天空的全天候实时观测。它既能够计算云量和日照时数，又可存储观测数据并通过 TCP/IP（10/100 Base-T）或电话调制解调器（PPP）网络传输，用户通过网络即可方便查看。这种设计非常适合于航空和军方等带有危险性质的应用。捕获的图像为标准的 JPEG 文件，分析可以得到云量。

TSI-880 全天空成像仪通过固态 CCD 成像镜头，向下通过加热的旋转球面镜捕获天空图像。安装在镜面上的遮光带能够有效阻挡强烈的太阳直接辐射，从而保护成像仪的光学系统。TSI-880 全天空成像仪内置图像处理运算法则，当太阳升至用户选择的最小太阳天顶角时，仪器自动开始采集图像。成像仪通过网络服务器提交计算结果，其捕获的图像是静态的，但能观看全景视图和动画效果。

全天空成像仪在进行图像分析时会模糊化遮挡物——镜头、镜头臂和遮阳带，以减少其对观测的影响。这里以美国 TSI-880 全天空成像仪为例，其云量的确定是通过内置的运算法则来实现的。系统既可独立工作，也可采用网络模式接入观测网络。在独立工作时，可以通过 RS-232 接口与已有的地面气象系统连接。而网络模式则是通过 10/100Base-T 或 PPP 接口连接。采用网络模式时，用户可以在当地或远端通过网络浏览器看到实时获得的图像。TSI 主要性能参数如表 2.1 所示。

表 2.1　TSI 主要性能参数

图像解析度	352×288 色彩，24bit，JPEG 格式
采样速度	可调，最快 30s
工作温度	−40~44℃
数据通信	以太网（TCP/IP），电话调制解调器（PPP）或可选的数据存储模块（用于无网络地区）
软件	即时数据显示无须软件，如采用网络浏览，可选用 DVE/YESDAQ 软件包，用于数据存储、显示，动画模拟和数据再处理
供电	115/230 VAC；镜面加热器功率根据气温而变化，560W（加热运行时）或 60W（加热停止时）
尺寸	53.0cm（L）×47.8cm（W）×86.9cm（H）
重量	32kg

TSI 仪器由 Long 等于 1999 年研发成功并投入使用，在云遥感的应用方面，其相较于人工目测和卫星观测云量大大提高了精度，此外，Calbo 和 Sabbury[6]证明了 TSI 仪器在识别云的形状方面也有很好的效果，他们使用 TSI 与全天空相机

同时拍摄天空，通过对比、统计和分析，对云的形态进行分类。而 Kassianov 等[7]则使用 TSI 和半球天空成像仪（hemispheric sky imager，HIS），利用两座基站测量云高差值的方法，得到了云高计算方法，并与脉冲激光雷达测量的结果进行对比，证明了可靠性。

2）地基双波段测云仪器

地基双波段测云仪是由中国气象科学研究院开发的一款全天空地基多波段云测量仪，主要由红外波段的测温传感器及可见光波段的数字相机构成，可用于同时对较大云层下方大气的辐射亮温和天顶的云图像进行观测，其中红外传感器每秒钟测得 1 个天顶红外辐射亮温，而可见光波段的数字相机可以实时获得云的纹理和云量信息。可用于地面环境参数的检测和分析、云层底亮温的实时修正及其他地基仪器的联合观测和反演。地基双波段测云仪外观及结构如图 2.3 所示。

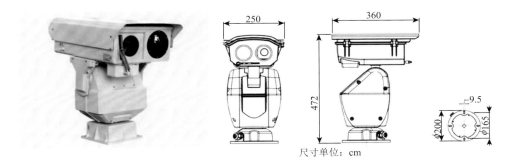

尺寸单位：cm

图 2.3　地基双波段测云仪外观及结构图

图 2.3 中，两台摄像机云台及红外传感器位于同一基线上，并且两个相机的光轴与基线平行，三者同时对准天顶方向[8]。地基双波段测云仪主要性能参数如表 2.2 所示。

表 2.2　地基双波段测云仪主要性能参数

仪器	技术参数	技术指标
红外测温传感器	通道区间/μm	8～14
	响应时间/ms	120
	精度/℃	优于 1
	视场	$D:S=34:1$
可见光相机	视场角/(°)	54
	图像分辨率	440000 像素

注：D 为传感器头部到被测物的距离；S 为测量点直径的大小。

3）地基多波段测云仪器

多波段测云法通过测量两个或多个窄波段辐射值的方法来确定天空是否有云，从而确定云量。在图像获取过程中根据太阳和月亮的位置、地月距离以及照明条件（日光、月光和星光）等不同天空条件采用相应的中性滤光片获取图像。在进行云识别时，白天和夜间采用了不同的算法。白天依靠可见光波段获取图像的红蓝对比阈值确定有无云点；夜间则使用所测得的星场图像与计算的星象图做比较，确定哪些已知的明亮星星被云遮挡，从而识别云。目前比较典型的全天空180°视场的多波段成像仪有美国加利福尼亚大学圣迭戈分校研制的全天空成像仪（WSI）系列，其示意图如图 2.4 所示，观测结果如图 2.5 所示。

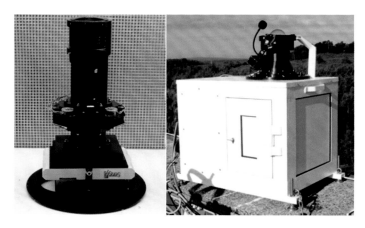

图 2.4　WSI 示意图

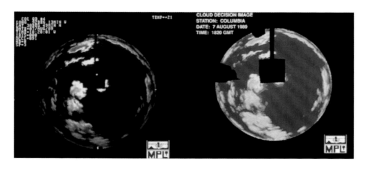

图 2.5　WSI 观测结果图

WSI 轮换使用滤光片直接测量多个窄波段的天空辐射亮度信息，并以此实现对天空云的检测及云量的估算等。WSI 具有较好的环境控制装置及良好的镜头滤光片组，是一套性能较好但价格昂贵的系统[9]，其主要参数如表 2.3 所示。

表 2.3　WSI 仪器参数

技术参数	上滤波器轮	下滤波器轮
全色波段	1	1
红波段	2	1
蓝波段	3	1
偏振波段	4	1
垂直偏振波段	1	2
蓝光波段	1	3
近红外长波波段	11	4

4）红外辐射测云仪器

红外辐射测云法通过测量云的红外辐射强度得到云的亮温，结合云的辐射率，可以得到云的实际温度，从而得到云信息。红外辐射测云主要有两种方法，一种是单元式，另外一种是面阵列式。单元式（单点或多点红外辐射计）测云法是利用 8～14μm 波段的一个或多个红外传感器测量云层温度，通过扫描来测量全天空红外辐射，通过分析红外辐射数据得到总云量、分云量和云底高。面阵列式红外辐射测云法采用智能红外面阵列相机，可同时实现昼夜的连续测量，其成像探测空间、时间分辨率高，可以通过获得天空红外辐射分布来反演云族、云量和云分布信息[10]。

地基红外辐射探测仪器主要是由红外测温传感器、电源、制热装置、传输装置、避雷器及镜头组成。下面以解放军理工大学（现为中国人民解放军陆军工程大学）研发的单元式地基红外探测仪（WSIRCMS）为例，它可以不分昼夜，同时实现云高、云量（高、中、低和总云量）和云分布的连续探测（图 2.6）。单元式地基红外探测仪仪器参数如表 2.4 所示。

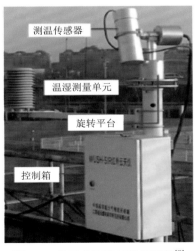

图 2.6　单元式地基红外探测仪[8]

表 2.4　单元式地基红外探测仪仪器参数

传感器参数	指标
测温范围/℃	−100～500
响应波段范围/μm	8～14
响应时间/ms	25
视场角	25∶1
使用环境温度/℃	−20～60
数据接口	RS232C
测温精度	±0.5℃或（目标温度−环境温度）×0.7%
温度分辨率	典型值为±0.06℃

如图 2.7 所示，面阵列式地基红外探测仪的光学测量单元由红外辐射测量机构、伺服机构、散射机构、镜头防护机构和密闭腔组成。光学测量单元的核心部件是非制冷红外焦平面阵列，用于感应 8～14μm 波段的大气向下红外辐射。探测像元数 320×240，可工作于−40～60℃环境条件下，在环境温度为 26.85℃（300K）时，其响应率大于 4mV/K，热响应时间为 4ms，噪声等效温差 NETD 小于 100mK。物镜采用视场大于 45°×60°的红外光学镜头，空间角分辨率为 0.1875°，满足云的空间分辨率要求，又降低了全天空扫描时间。

图 2.7　面阵列式地基红外探测仪

红外测温传感器在旋转平台控制下定时对全天空进行扫描，拼接全天空红外辐射亮温图像。利用云在红外波段中表现出的不同特性，考虑不同仰角方向云点与非云点的温度差异，结合地面环境参数，实时拟合天顶到水平区间的温度阈值函数，利用分割方式得出全天空云分布及云量信息。该方法有效地减少了地面环境参数及太阳光照对云图的影响，能够全天实时运行。

系统设计了内定标机构以保证获得天空红外辐射绝对值。由于红外光学镜头

表 2.9　TP-WVP3000 型地基微波辐射计技术参数[19]

技术参数	技术指标
校准亮温准确度/K	0.5
长期稳定性/(K/a)	<1.0
亮温范围/K	0~400
22~30GHz	4.9°~6.3°，−24dB
51~59GHz	2.4°~2.5°，−27dB
水汽带/GHz	22~30
氧气带/GHz	51~59
光谱分析模式	>40 通道
标准通道	12
检波前通道带宽/MHz	300
温度(−50~50℃)/℃	0.5（在 25℃时）
相对湿度(0~100%)/%	2
气压(800~1060mbar)/mbar	0.3
IRT($\Delta T = T_{环境} - T_{云}$)/℃	$0.5 + 0.007 \cdot \Delta T$

2）毫米波测云雷达

通常为了提高厘米波雷达对云滴粒子的探测能力，除了雷达接收机应达到相应的灵敏度范围，最直接的方法是增大接收到的云滴粒子的后向散射功率。在瑞利散射条件下，对于小粒子，较短波长的毫米波后向散射截面积较大，相比于厘米波能产生较大的后向散射功率，故毫米波雷达测云具有优势[24, 25]。这里以中国气象科学研究院于 2008 年成功研制的一款毫米波测云雷达 HMBQ 为例。该雷达可以有效地探测到云的水平和垂直结构。该雷达的系统流程框图如图 2.13 所示。

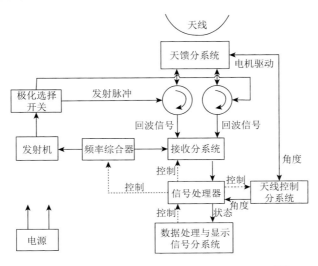

图 2.13　HMBQ 毫米波测云雷达系统流程框图[26]

　　HMBQ 毫米波测云雷达通常采用垂直固定模式进行观测，在不同脉冲宽度条件下对于冰相态云和水相态云的探测能力见表 2.10。HMBQ 毫米波测云雷达性能参数见表 2.11。

表 2.10　HMBQ 毫米波测云雷达探测冰相态云、水相态云能力[26]　　（单位：dBz）

距离	云型	脉冲宽度（0.3μs）	脉冲宽度（1.5μs）	脉冲宽度（20μs）
5km	水相态云	−27.0	−33.6	−46.6
	冰相态云	−19.8	−24.3	−37.3
10km	水相态云	−21.7	−26.6	−39.6
	冰相态云	−12.8	−19.4	−32.4

表 2.11　HMBQ 毫米波测云雷达性能参数[26]

技术参数	技术指标
工作频率、波长	33.44GHz、$\lambda = 8.6$mm
最大探测距离/km	30
天线直径/m	1.3
天线增益/dB	50
波束宽度	0.44°±0.01°
极化方式	线性水平、垂直极化
天线转动范围	方位：0°～360°、仰角：0°～90°
脉冲重复频率/Hz	5000
峰值功率/W	600
脉冲宽度/μs	0.3、1.5、20、40
接收机噪声系数	水平通道：小于 5.6dB、垂直通道：小于 4.9dB
A/D 速度/MHz	80
A/D 位数/bit	12
信号处理方式	PPP、FFT
FFT 采样数	128、256、512

　　地基平台虽然具有准确性高、长时间序列等特点，但是由于其只能提供固定站点的数据，可提供数据范围小，并且由此带来的高昂成本使得研究者开始发展空基搭载平台，来解决地基在观测范围上的不足。

2.2　空基平台云探测

云是全球水文循环中的一个关键要素,其通过对大气辐射预算的影响在全球能源收支平衡中发挥着重要作用。尽管云层在气候中扮演着至关重要的角色,但是仍存在许多未得到解决的细节。为了更好地了解云对气候系统的辐射影响,必须全面地了解云的物理尺寸、垂直和横向空间分布、详细的微观物理特征,以及产生这些云的动力过程。正是由于缺乏精细尺度的云数据,空基平台的探测显得尤为重要。

2.2.1　空基探测平台

1. 多角度偏振测云

机载多角度偏振仪器(research scanning polarimeter,RSP)是一种多通道偏振探测仪器,用于云和气溶胶特性研究,针对云的研究包括云微观物理和光学特性的研究,主要有云顶高度反演、云光学厚度反演、云滴的大小分布反演、云粒子形状、云的维度信息、过冷水相态云的识别等[27-32],其中 RSP 在进行云识别时对每一个观测角的数据进行亮温阈值的判识,云判识结果准确性可靠。

2. 激光雷达测云

云物理激光雷达(cloud physics lidar,CPL)是一种后向散射激光雷达,其设计目标是提供高时空分辨率的卷云、气溶胶等的多光谱波长测量。它可以对云进行微观物理和光学特性的观测,包括云的边界层观测、云的光学厚度反演(云的消光廓线)、云相态反演(激光的退偏比反演获得)、云顶信息反演、冰相态云粒子的形状参数等,同时可用于大气化学成分反演、对流云顶部卷云对流过程研究,以及对于 MODIS、CALIPSO 和 CloudSat 数据的仿真和云反演结果的地基验证等。CPL 在云反演方面的应用比较广泛,研究领域也在不断扩展和深入[33-42]。

3. 微波雷达测云

机载微波雷达(cloud radar system,CRS)是一种完全相干偏振多普勒雷达,它能够提供云中反射率和多普勒频移的高分辨率剖面图,在大气研究中有着重要的应用。雷达具有敏感度高、空间分辨率高等特点,特别适合卷云的研究。CRS主要用于对云的微观物理和光学特性进行探测,主要包括冰水相态云光学厚度反演(卷云光学厚度)、云水路径反演、冰水路径反演、云顶高度、云滴大小分布(有效粒径和有效方差)反演、云顶和云底信息反演、云和雨水沉降关联研究等,为揭示云和雨水沉降的关联特性提供信息支持。同时目前也有研究将 CRS 仪器的观测结果与卫星、地基数据进行云特性的联合反演，以及通过 CRS 数据对卫星云反演结果进行验证。机载微波雷达 CRS 在云反演方面的应用比较广泛，研究领域也在不断扩展和深入[35,37, 43-56]。

2.2.2 空基传感器简介

1. 机载多角度偏振仪器

本书介绍的机载多角度偏振仪器 RSP 是美国 SpecTIR 公司研制的星载偏振遥感探测器（aerosol polarimetery sensor，APS）的原型样机，其瞬时视场角为 14mrad，可在沿轨方向上进行 ±60° 共计 152 个角度的扫描，能够测量 410nm、470nm、555nm、670nm、865nm、960nm、1590nm、1880nm 和 2260nm 9 个波段的 Stokes 参量中的 I、Q 和 U 分量。航空机载仪器 RSP 进行偏振测量的精度可以得到较高保证，其绝对辐射不确定度为 3.5%，偏振测量的不确定度为 0.2%。通过采用一个偏振补偿扫描镜装置（即非起偏的装置）来扫描 6 个精确瞄准的视镜组，其扫描范围为 ±60°。每组视镜都由一对视镜组成，能够测量 3 个波段。每组视镜中的一个视镜测量与仪器子午面成 0° 和 90° 的线偏振强度，而另一个视镜则测量与仪器子午面成 45° 和 135° 的线偏振强度。这样可以保证测量时对同一目标同时进行偏振测量。每次测量都会计算出 9 个波段的光强、偏振度、偏振方位角信息。一般的光学系统自身会有起偏效应，RSP 通过采用双镜系统（其中一块反射镜会对另一个反射镜产生的偏振进行偏振补偿，即 RSP 的扫描系统是偏振中性的）避免了本身的偏振因素对偏振测量的影响[57, 58]。仪器外观及搭载平台如图 2.14 所示。

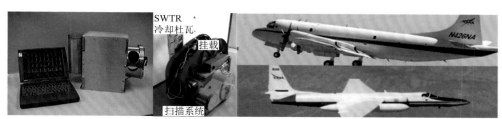

(a) 航空机载仪器RSP样机图片 (b) 航空机载RSP样机结构图　(c) 搭载RSP的飞机平台

图 2.14　航空机载仪器 RSP 样机图片、航空机载 RSP 样机结构图及搭载 RSP 的飞机平台
（c）图中上图为 P-3Orion-WFF；下图为 ER-2-AFRC[57, 59]

探测器运动时对地物进行连续探测，经过聚集配准可以获得目标物的多角度能量反射值。聚集配准算法通常有：①根据探测对象的灰度值对比进行配准，如云和背景；②根据仪器飞行时姿态信息进行配准（高程、速度、倾斜角、航偏角）[57, 60]，如图 2.15 所示。

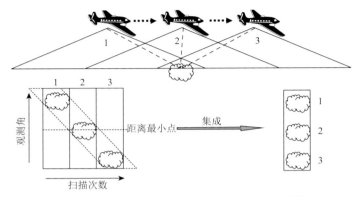

图 2.15 航空机载 RSP 云观测方法和原理图[27]

RSP 数据用于表征地表反射能量的初始基础物理量为归一化辐射亮度 I_0 及相应 Stokes 参量的 Q、U 分量的归一化辐射亮度，定义如下：

$$I_0 = \frac{I\pi}{F_0}, \quad Q_0 = \frac{Q\pi}{F_0}, \quad U_0 = \frac{U\pi}{F_0}$$

式中，I、Q、U 为相应 Stokes 参量的辐射亮度；F_0 为太阳常数。基础物理量可转化为常用的总反射率 R_I 和偏振反射率 R_p：

$$R_I = \frac{l_0 r^2}{\cos\theta}, \quad R_p = \frac{\sqrt{Q_0^2 + U_0^2}\, r^2}{\cos\theta}$$

式中，r 为日地距离因子；θ 为太阳天顶角。观测结果如图 2.16 和图 2.17 所示。

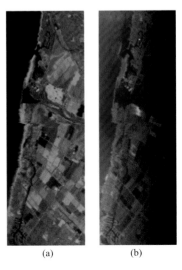

(a)　　　　　(b)

图 2.16 机载 RSP 在 1999 年 10 月观测结果假彩色图像（a）及偏振图像
（410nm、865nm 和 2250nm）（b）

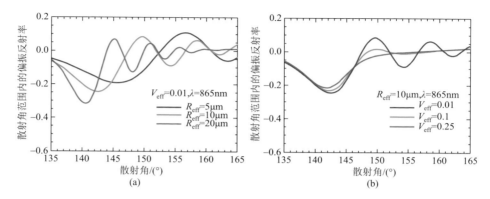

图 2.17　机载 RSP 偏振 865nm 波段虹区偏振反射率与云粒子有效半径（a）和有效方差（b）的关系图[27]

航空机载仪器 RSP 的仪器参量信息如表 2.12 所示。

表 2.12　航空机载仪器 RSP 的仪器参量信息

仪器规格	规格信息
光谱波段	RSP 仪器具有 9 个偏振光谱通道，分别为 410（30）nm、470（20）nm、550（20）nm、670（20）nm、865（20）nm 和 960（20）nm 的可见/近红外（VNIR）波段和 1590（60）nm、1880（90）nm 的短波红外（SWIR）波段，以及 2250（120）nm，其中括号中的信息为每个光谱带的最大的 FWHM
扫描系统	RSP 仪器的偏振不敏感扫描功能是通过使用定向反射镜的双镜系统实现的，保证在第一处观测反射出引入的任何偏振信息都被第二处反射所补偿
光学系统	通过简单的折射望远镜实现光学功能，定义了 14mrad 视场，其中二向色分束器用于光谱选择，干扰滤波器定义光谱带宽，而 Wollaston 棱镜用于将正交偏振空间分离到探测器观测上
探测系统	VNIR 波长探测器是一对紫外增强硅光电二极管，SWIR 波长探测器是一对 2.5μm 的 HgCdTe 光电二极管，最低冷却温度为 163K（−110℃）
电子器件	除了位于每个探测器对附近的双前置放大器，RSP 电子设备包含在三个相互关联的叠加模块中。该电子装置提供由 36 个检测器通道检测到的信号放大、结果信号的采样和 14 位模拟-数字转换、扫描器旋转的伺服控制和 SWIR 探测器的温度
冷却系统	在地面和控制操作中，都适用液氮来冷却 SWIR 探测器，一般温度控制在 163K
仪器重量	24kg
仪器尺寸	48cm×28cm×34cm（长×宽×高）
电源信息	18W（峰值：27W）

　　由于能够大范围观测的机载传感器仍然存在不能长时间观测的缺陷，因此星载传感器就显得尤为重要，同时当前大多数机载传感器都是星载传感器的航空试验仪器，它们的性能及仪器设置参数将为星载传感器的在轨运行提供宝贵的参考信息，为下一步星载传感器的设计与改进提供方向。

2. 机载激光雷达

本书介绍的云物理激光雷达 CPL 是由美国国家航空航天局（NASA）开发的一种机载后向散射激光雷达，主要用于对地观测和对云、气溶胶辐射强迫及光学特性的观测，确定云和气溶胶对地球-大气系统辐射收支的影响。CPL 可同时进行 3 个波段的观测，分别为 1064nm、532nm 和 355nm。CPL 具有高重复频率、低脉冲能量激光和光子计数检测等优点；其测量的垂直分辨率固定在 30m，水平分辨率在 200m 上下变动。CPL 可以通过测量后向散射系数反演云、气溶胶产品，其中包括时间-高度横截面图像，云和气溶胶层边界，云层、气溶胶层和行星边界层（PBL）的光学厚度和消光剖面信息等。CPL 是被搭载在 NASA 的 ER-2 飞机上进行飞行试验的，通常在约 19.8km 的高空中飞行，可观测到地球大气层的 94% 以上的信息，使得该仪器可以充当星载仪器的模拟器。特别是对于激光雷达等主动遥感载荷而言，CPL 为大气剖面测量提供更好的数据来源，这使得对云层垂直方向的测量更加准确[61]。CPL 仪器的结构及搭载平台如图 2.18 所示。

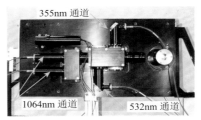

(a) 机载CPL仪器样机图　　　　　　　　(b) 内部结构图

(c) 搭载平台图

图 2.18　机载 CPL 仪器样机图、内部结构图、搭载平台图[61]

（c）图中从上到下分别为 ER-2-AFEC，Global Hawk-AFRC，WB-57-JSC

从图 2.19 中可以看出云的高度和内部结构，以及边界层气溶胶信息，图 2.20 是该传感器在 532nm 波段区分云的相态情况, 具体的机载 CPL 仪器参量信息见表 2.13。

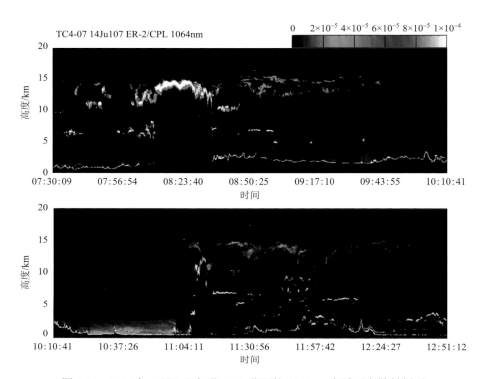

图 2.19 2014 年 7 月 7 日机载 CPL 获取的 1064nm 衰减后向散射剖面

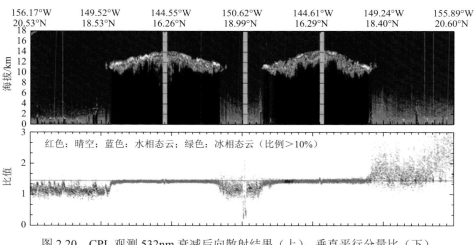

图 2.20 CPL 观测 532nm 衰减后向散射结果（上）、垂直平行分量比（下）
（区分出水相态云和冰相态云）[39]

表 2.13　机载 CPL 仪器参量信息[61]

仪器参量	参量信息
光谱波段	1064nm、532nm 和 355nm
激光类型	固态 Nd：YVO$_4$
激光重复频率	5kHz
激光输出功率	1064nm：50μJ
	532nm：25μJ
	355nm：50μJ
镜管直径	8in
镜管类型	离轴抛物面
镜管视场	100μrad，全角度
有效滤波器带宽（全宽，半高）	1064nm：240pm①
	532nm：120pm
	355nm：150pm
过滤效率	1064nm：81%
	532nm：60%
	355nm：45%
探测效率（所有探测器均光纤耦合）	1064nm：3%
	532nm：60%
	355nm：10%
原始数据分辨率	1/10s（垂直方向：30m；水平方向：20m）
处理后数据分辨率	1s（垂直方向：30m；水平方向：200m）

①1pm=10^{-12}m。

3. 94GHz 机载微波雷达

本书介绍的 94GHz 机载微波雷达 CRS 是由 NASA 及美国国家海洋和大气管理局（NOAA）共同开发的一种 94GHz（W 波段，3mm 波长）完全相干偏振多普勒雷达，用于支撑 2005 年 7 月在哥斯达黎加开展的热带云系统和过程项目（TCSP）。CRS 被设计成与云激光雷达（CLS）一起飞行。CRS 有两种基本的工作方式：一是具有反射率、多普勒和线性偏振测量的 ER-2 模式；二是具有全偏振能力的地面观测模式。其中 CRS 由发射机、接收机、天线、处理器、雷达控制器和磁盘数据存储器等子系统组成[43]。结构及搭载平台如图 2.21 所示。其可以更好地了解云对气候系统的辐射影响，更全面地了解云的物理尺寸、垂直和横向空间分布、详细的微观物理特征以及产生这些云的动力过程，提高云数据的精细尺度。它能够提供云中反射率和多普勒频移的高分辨率剖面图，在大气研究中有着重要的应用。

(a) 94GHz机载微波雷达
仪器CRS样机图

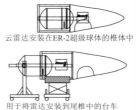
云雷达安装在ER-2超级球体的椎体中

用于将雷达安装到尾椎中的台车
(b) 平台装载示意图

(c) 搭载CPL仪器飞机平台图

图 2.21　94GHz 机载微波雷达仪器 CRS 样机图、平台装载示意图
以及搭载 CPL 仪器飞机平台图
（c）图中上图为 ER-2-AFEC；下图为 WB-57-JSC

　　图 2.22 是 2002 年 07 月 09 日 CRS 仪器测量获得砧卷云图像，其中图 2.22（a）
是等效雷达反射率图；图 2.22（b）是飞机拍摄移动的多普勒速度修正结果图（负
值向下）。其中高度值为 0 时的强信号是海面反射回的信号强度[43]。具体的机载
微波雷达仪器 CRS 参量信息见表 2.14。

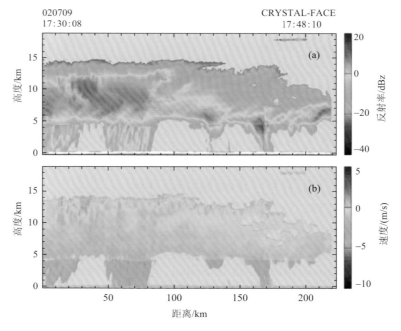

图 2.22　CRS 仪器测量结果图

续表

参数		1m 分辨率全色/4m 分辨率 多光谱相机
空间分辨率/m	全色	1
	多光谱	4
幅宽/km		45（2 台相机组合）
重访周期(侧摆时)/d		5
覆盖周期(不侧摆)/d		69

若要针对 **GF-1** 和 **GF-2** 搭载的传感器获取到的影像进行云检测算法的构建，那么就需要了解它们的通道响应函数，如图 2.28～图 2.31 所示。

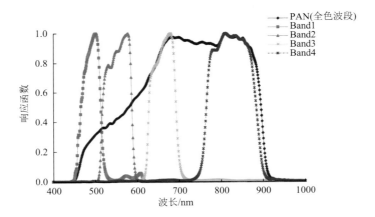

图 2.28　GF-1-2m 全色 8m 多光谱相机通道响应函数

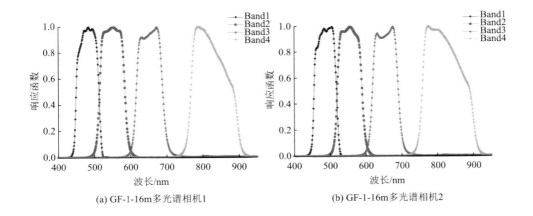

(a) GF-1-16m多光谱相机1　　　　　　　　　　(b) GF-1-16m多光谱相机2

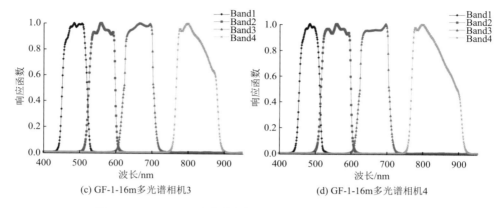

(c) GF-1-16m多光谱相机3   (d) GF-1-16m多光谱相机4

图 2.29   GF-1-16m 多光谱相机 1、2、3 和 4 的通道响应函数

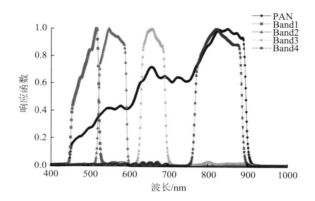

图 2.30   GF-2-PMS-1 通道响应函数

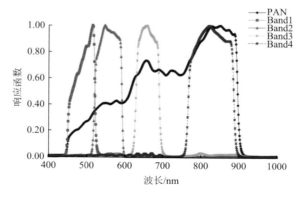

图 2.31   GF-2-PMS-2 通道响应函数

4. OLI 和 TIRS 传感器

陆地成像仪（operational land imager，OLI）和热红外传感器（thermal infrared sensor，TIRS）搭载于 NASA 和美国地质勘探局（USGS）合作的 Landsat-8 卫星上，于 2013 年 2 月 11 日发射升空，其结构如图 2.32 所示。

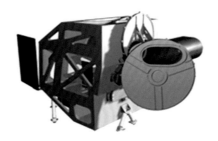

图 2.32　OLI 和 TIRS 传感器结构示意图

Landsat-8 卫星的波段范围涵盖了短波红外波段至热红外波段，其中 OLI 包含 9 个波段，成像宽幅为 185km，Band 1～Band 7 和 Band 9 的星下点空间分辨率为 30m，Band 8 为全色波段，空间分辨率达 15m；TIRS 包含 2 个波段，空间分辨率为 100m，具体通道光谱范围及分辨率见表 2.24。

表 2.24　OLI 和 TIRS 波段参数

载荷	波段序号	波段名	光谱范围/μm	分辨率/m
OLI	Band1	海岸波段	0.433～0.453	30
	Band2	蓝波段	0.450～0.515	30
	Band3	绿波段	0.525～0.600	30
	Band4	红波段	0.630～0.680	30
	Band5	近红外波段	0.845～0.885	30
	Band6	短波红外 1	1.560～1.660	30
	Band7	短波红外 2	2.100～2.300	30
	Band8	全色波段	0.500～0.680	15
	Band9	卷云波段	1.360～1.390	30
TIRS	Band10	热红外 1	10.60～11.19	100
	Band11	热红外 2	11.50～12.51	100

Landsat-8 对像元亮度（DN）值使用 16bit 进行量化区分，使得不同目标在遥感影像上表现出的差异更加明显，其新增的卷云波段 Band9，能够进行水汽强吸收特征的反演，可以用于云检测。根据 NASA 官方对于该卫星数据及产品的描述，可以将 Landsat-8 数据分为如表 2.25 所示的几个等级。

表 2.25　OLI 和 TIRS 数据分级

级别	描述	格式
L0Rp	经过分景、编目处理，以地面参考网格为单位分割的数据集	HDF5
L1G	经过辐射校正和系统级几何校正的产品	GeoTIFF
L1Gt	经过辐射校正和使用数字高程模型的系统级几何校正产品	GeoTIFF
L1T	经过辐射校正和使用地面控制点及数字高程模型的几何精校正产品	GeoTIFF

5. POLDER 传感器

地球反射偏振测量仪（polarization and directionality of the earth's reflectance，POLDER）是由法国空间研究中心（CNES）研制，搭载在日本 ADEOS 卫星上，在 797km 的高空运行，其星下点分辨率为 6km×7km。POLDER 系列共有三颗星，分别为 1996 年 8 月 17 日搭载在日本 ADEOS-1 上发射的 POLDER1，2002 年 12 月 14 日搭载在 ADEOS-2 上发射的 POLDER2，2004 年 12 月 18 日搭载在 PARASOL 上发射的 POLDER3。目前 POLDER1 和 POLDER2 分别于 1997 年 6 月、2003 年 10 月停止运行，PARASOL 卫星运行时间较长，但也于 2013 年 10 月结束观测任务，其主要仪器参数见表 2.26。

表 2.26　POLDER 的仪器参数

技术参数	技术指标
平均焦距/mm	3.57
f 数	f/4.6
镜头视场/(°)	112
像元尺寸	32pm×23pm
沿轨分辨率/km	6
跨轨分辨率/km	7.1
偏振波段/nm	443、670、865
非偏振波段/nm	490、565、763、765、910
偏振检测方向/(°)	0、60、120

续表

技术参数	技术指标
偏振探测精度/%	2
质量/kg	32
功耗/W	50

　　POLDER 卫星具有多光谱多角度偏振特性,可以从多达 16 个角度对同一目标进行观测。其含有 9 个波段,从可见光到近红外,其中的 3 个为偏振波段,其结构及多角度观测示意图如图 2.33 所示。PARASOL 将原来的 443nm 的偏振通道改为 490nm,避免 443nm 受分子散射的影响。同时为了与 CALIPSO 的 1064nm 通道进行协同观测,把原来 490nm 波段的非偏振通道改为 1020nm 波段。表 2.27 给出的是 PARASOL 的光谱通道和主要观测任务[70]。

表 2.27　PARASOL 的光谱通道和主要观测任务

波段/nm	中心波长/nm	带宽/nm	是否偏振	主要任务
443	443.9	13.5	否	海色
490	491.5	16.5	是	海色、气溶胶和地球辐射收支
565	563.9	15.5	否	海色
670	669.9	15.0	是	植被、气溶胶和地球辐射收支
763	762.8	11.0	否	云顶气压
765	762.5	38.0	否	气溶胶和云顶气压
865	863.4	33.5	是	植被、气溶胶和地球辐射收支
910	906.9	21.0	否	水汽含量
1020	1019.4	17.0	否	气溶胶和地球辐射收支

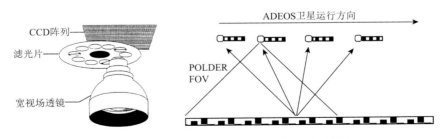

图 2.33　POLDER 载荷结构及多角度观测示意图

　　POLDER 是第一个可以获取偏振光观测的星载对地探测器,它实现了对地表及大气辐射方向及偏振度的全球观测。其独特的结构使其具有以下特点[71](图 2.33)。

（1）可以实现可见光和近红外波段的偏振反射率观测。

（2）沿着轨道方向，对于同一地面目标，可以获取最多 16 个角度的观测信息。

要想针对 PARASOL 搭载的 POLDER 传感器影像进行云检测算法的构建，就需要了解其通道响应函数，如图 2.34 所示。

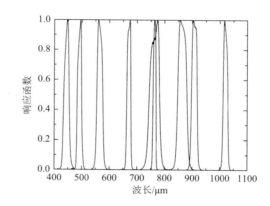

图 2.34　POLDER 传感器通道响应函数

6. DPC 传感器

大气气溶胶多角度偏振探测仪（directional polarimetric camera，DPC）是高分五号搭载的四台先进大气类观测载荷之一，于 2018 年 5 月 9 日发射升空。它由安光所研制，具有偏振和多光谱的双优势，观测光谱涵盖可见光到近红外波段，可以有效提供云和气溶胶的观测信息[72]。DPC 结构如图 2.35 所示。

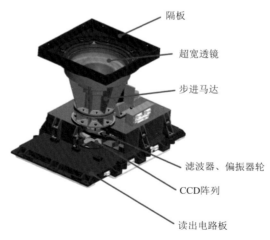

图 2.35　DPC 结构示意图[73]

高分五号搭载的 DPC 主要任务与功能是获取地球大气多角度多光谱偏振辐射数据，用于大气气溶胶和云的观测，获取全球大气气溶胶和云的时空分布信息，满足全球气候变化研究、大气环境监测、遥感数据高精度大气校正等应用需求。DPC 主要指标参数见表 2.28。

表 2.28 DPC 主要指标参数

技术参数	技术指标
工作谱段	433nm、490nm（P）、565nm、670nm（P）、763nm、765nm、865nm（P）、910nm
信噪比	陆地模式优于 500
多角度观测	≥9
星下点空间分辨率/km	3.3
辐射定标/%	≤5
偏振定标/%	≤2
FOV	±50（跨轨/沿轨）
成像宽幅/km	1850
像元个数	512×512
偏振角度/(°)	0、60、120
Stokes 参数	I、Q、U
通道宽度/nm	20、20、20、20、10、40、40、20

DPC 也可以对同一目标提供多于 9 个视角的测量，多角度偏振观测原理如图 2.36 所示。其中 490nm、670nm 和 865nm 为偏振通道，其余 5 个为非偏振通道。一般来说 443nm 和 565nm 通道可以与偏振通道反演气溶胶。910nm 处于水汽吸收通道，可以用于反演水汽，而对于云遥感来说，763nm 和 765nm 可以利用氧 A 通道的特点反演云顶氧压[73]。

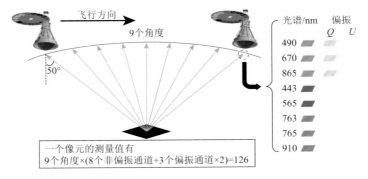

图 2.36 DPC 多角度观测示意图[73]

要想针对 GF-5 搭载的 DPC 传感器影像进行云检测算法的构建，就需要了解其通道响应函数，如图 2.37 所示。

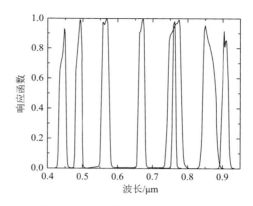

图 2.37　DPC 传感器通道响应函数

7. CALIPSO 传感器

云和气溶胶正交偏振激光雷达（the cloud-aerosol lidar and infrared pathfinder satellite observation CALIPSO）可以提供气溶胶和云的高分辨率垂直剖面信息，其搭载于 CALIPSO 卫星，在 2006 年 4 月 28 日升空，CALIPSO 也是 A-Train 系列卫星星座的成员，由于 CloudSat 卫星故障而降低轨道，为了继续保持两者的联合测量，CALIPSO 卫星于 2018 年 9 月 13 日退出 A-Train，并于 9 月 20 日加入 CloudSat 轨道。CALIPSO 卫星的外观结构如图 2.38 所示。

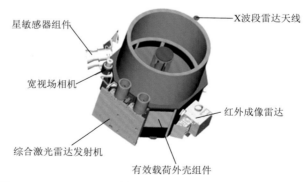

图 2.38　CALIPSO 卫星的外观结构图（根据文献[74]修改）

CALIPSO 使用三个接收器通道，一个通道测量 1064nm 的后向散射信号，另外两个通道分别测量 532nm 后向散射信号的正交偏振分量。其雷达的主要性能指标见表 2.29。

表 2.29　CALIPSO 雷达主要性能指标[74]

技术参数	技术指标
激光雷达类型	Nd：YAG 二极管泵浦，倍频
波长/nm	532，1064
脉冲能量	110 mJ channel diameter
重复率/Hz	20.25
接收望远镜孔径（直径）	1.0m
偏振/nm	532
步长	100m/130μrad
垂直分辨率/m	30～60
动态范围/bit	22
数据率/(kbit·s⁻¹)	316

根据用户的需求，CALIPSO 官方也提供了三个级别的数据。

（1）0 级数据：原始数据不公开。

（2）1 级数据：CALIPSO 532nm/1064nm 消光后向散射信号廓线，水平分辨率为 333m，垂直分为 583 个 bin，每个 bin 的具体厚度称为垂直分辨率。

（3）2 级数据。①CALIPSO 云/气溶胶层数据产品：层积分消光后向散射、层高、层积分退偏比、柱反射比等。云产品水平分辨率分别为 333m、1km、5km，气溶胶产品为 5km。②CALIPSO 云/气溶胶廓线数据产品：特征层的后向散射系数、消光系数及退偏比的垂直廓线信息。水平分辨率 5km。③CALIPSO 垂直特征层分布数据产品：云/气溶胶类型、云相、IIR8.65μm/ 10.6μm/12.05μm 的亮温、最上层云或气溶胶的有效发射率、冰相态云粒子形状指数、冰水路径等。

8. CPR 传感器

云剖面雷达（cloud profiling radar，CPR）是由美国国家航空航天局喷气推进实验室（NASA/JPL）和加拿大国家航天局（CSA）合作开发的载荷，于 2006 年 4 月 28 日搭载于 CloudSat 卫星发射升空，它是 NASA"地球观测系统"计划中的一颗地球观测卫星，也是第一部专用的空基测云雷达。它提供云垂直结构的观测数据（云内冰水和液态水的垂直廓线），可用于改进云层成分和结构的研究，深入对云的内部结构及演变规律的了解，并指示天气变化。该雷达在飞行过程中每 0.16s 发射一次脉冲，飞行 1.1km 后接收返回脉冲，共探测 30km 厚度 125 层的大气（垂直方向上的分辨率为 240m），能探测到全球范围内云的时空变化、云系内部结构等[74]。在云相态的区分上，CloudSat 卫星结合星载激光雷达共同完成对相态进行区分的任务，其基本原理是利用 CPR 和激光雷达不同的工作频率及波长来区分。如果云顶温度高于 0℃，则为液相；如果云顶温度低于–40℃，则为冰相；而介于两温度之间的，利用星载雷达对不同粒子后向散射特征的不同来划分。

如图 2.39 所示，CloudSat 卫星搭载的主要载荷是云剖面雷达 CPR，该雷达为 94GHz 雷达，它的灵敏度是标准天气雷达的 1000 倍，云剖面雷达向地球发射能量并按距离函数计算由云返回的能量。CPR 是由 NASA/JPL 和 CSA 联合开发研制的，该雷达具体参数如表 2.30 所示。

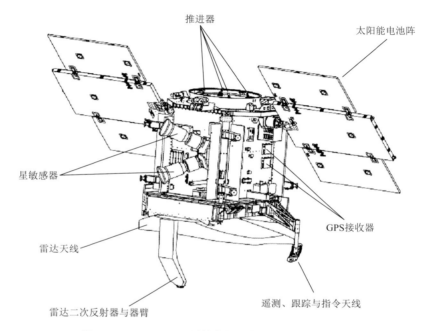

图 2.39　CloudSat 卫星载荷图（根据文献[75]修改）

表 2.30　CPR 雷达性能指标[75]

技术参数	技术指标
工作频率/GHz	94
脉冲宽度/μs	3.3
脉冲重复频率/Hz	4300
最小可探测反射率*/dBz	–29
探测数据窗口/km	0～25
天线尺寸(直径)/m	1.85
动态范围/dB	70

35（3）：487-506.

[52]　Kollias P，Clothiaux E E，Miller M A，et al. Millimeter-wavelength radars：New frontier in atmospheric cloud and precipitation research[J]. Bulletin of the American Meteorological Society，2007，88（10）：1608-1624.

[53]　Tian L，Srivastava R，Heymsfield G，et al. Estimation of raindrop size distribution in stratiform rain from dual-wavelength airborne Doppler radars[C]. Process Second TRMM Internal Science Conference，Nara，2004.

[54]　Sayres D S，Smith J B，Pittman J V，et al. Validation and determination of ice water content-radar reflectivity relationships during CRYSTAL-FACE：Flight requirements for future comparisons[J]. Journal of Geophysical Research Atmospheres，2007，113（D5）：1-10.

[55]　Evans S J，Franklin W K，McGrath W R，et al. Submillimeter-wave radiometric measurements of ice clouds[C]. IUGG Meeting，Boulder，1995.

[56]　Wang Z，Heymsfield G M，Li L H，et al. Ice cloud microphysical property retrieval using airborne two-frequency radars[J]. Proceedings of SPIE-The International Society for Optical Engineering，2004，5654：48-56.

[57]　焦健楠，赵海盟，杨彬，等. 基于 RSP 的植被多角度偏振特性研究[J]. 光谱学与光谱分析，2016，36（2）：454-458.

[58]　Jian X，Zhang C，Zhao B. Polarization detection with polarization interference imaging spectrometer[J]. Optik-International Journal for Light and Electron Optics，2011，122（8）：677-680.

[59]　Dubovik O，Li Z，Mishchenko M I，et al. Polarimetric remote sensing of atmospheric aerosols：Instruments，methodologies，results，and perspectives[J]. Journal of Quantitative Spectroscopy and Radiative Transfer，2019，224：474-511.

[60]　Cairns B，Russell E E，Travis L D. Research scanning polarimeter：Calibration and ground-based measurements[J].Polarization：Measurement，Analysis，and Remote Sensing Ⅱ. International Society for Optics and Photonics，1999，3754：186-197.

[61]　McGill M，Hlavka D，Hart W，et al. Cloud physics lidar: Instrument description and initial measurement results[J]. Applied Optics，2002，41（18）：3725-3734.

[62]　Components[EB/OL]. https://MODIS.gsfc.nasa.gov/about/components.php[2019-1-1].

[63]　Specifications[EB/OL]. https://MODIS.gsfc.nasa.gov/about/specifications.php[2019-1-4].

[64]　Data products[EB/OL]. https://MODIS.gsfc.nasa.gov/data/dataprod/[2019-1-8].

[65]　MISR instrument[EB/OL]. https://misr.jpl.nasa.gov/Mission/misrInstrument/[2019-1-1].

[66]　MISR data system processing the data obtained from MISR' [EB/OL]. https://misr.jpl.nasa.gov/getData/ misrDataSystem/[2019-3-13].

[67]　Seiz G，Poli D，Gruen A. Stereo cloud-top heights from MISR and AATSR for validation of Eumetsat cloud-top height products[C]. Eumetsat Users' Conference，Prague，2004.

[68]　高分一号 [EB/OL].http://www.cresda.com/CN/Satellite/3076.shtml[2019-1-1].

[69]　高分二号 [EB/OL].http://www.cresda.com/CN/Satellite/3128.shtml[2019-4-12].

[70]　Andre Y，Laherrere J M，Bret-Dibat T，et al. Instrumental concept and performances of the POLDER instrument[J]. Remote Sensing and Reconstruction for Three-Dimensional Objects and Scenes. International Society for Optics and Photonics，1995，2572：79-91.

[71]　陈洪滨，范学花，韩志刚. POLDER 多角度、多通道偏振探测器对地遥感观测研究进展[J].遥感技术与应用，2006，（2）：83-92.

[72]　Li Z，Zhang Y，Hong J. Polarimetric remote sensing of atmospheric particulate pollutants[C]. The ISPRS Technical Commission Ⅲ Midterm Symposium on Developments，Technologies and Applications in Remote Sensing，Riva del Garda，2018：981-984.

[73]　Li Z, Hou W, Hong J, et al. Directional Polarimetric Camera(DPC): Monitoring aerosol spectral optical properties over land from satellite observation[J]. Journal of Quantitative Spectroscopy and Radiative Transfer, 2018, 218: 21-37.

[74]　La mission CALIPSO [EB/OL]. http://www.icare.univ-lille1.fr/calipso/mission[2019-1-1].

[75]　CPR system characteristics[EB/OL]. http://CloudSat.atmos.colostate.edu/instrument[2019-1-1].

第3章 云 检 测

3.1 被动光学数据云检测

3.1.1 被动光学检测原理

光学遥感识别云是利用大气本身发射的辐射或其他自然辐射源发射的辐射同大气相互作用的物理效应，进行云探测的方法与技术。光学遥感云识别的主要方法有非偏振光学检测方法和偏振光学检测方法。

1. 非偏振光学检测方法

非偏振光学检测方法主要有 ISCCP 方法、APOLLO 方法、CLAVR 方法、CO_2 薄片法等。

1）ISCCP 方法

ISCCP（the international satellite cloud climatology project）云检测方法是由 Rossow 等[1]提出的。该检测方法首先假设观测辐射只来自晴空和云两种情况，两者互相独立且不重叠，然后对比每个像元的可见光波段 0.6 μm 和红外窗口 11 μm 观测辐射值和晴空辐射值，当差值大于晴空辐射值的变化时，认为该像元为云像元。该方法的云检测阈值来源于晴空辐射值的变化，所以该算法的不确定性来源于对晴空估计的不确定性。当云像元和晴空像元相互独立，没有覆盖情况时，算法准确率高，但是若晴空像元部分被云覆盖，仍然被视作晴空像元构建阈值，将会大大降低算法精度。ISCCP 算法通常包括五个部分，单一红外影像的空间对比试验、三个连续红外影像时间对比试验、可见光和红外影像的时空累计统计试验、5天的晴空可见光和红外辐射晴空合成试验、逐像元的可见光和红外辐射阈值确定[2]。

2）APOLLO 方法

APOLLO（the AVHRR processing scheme over cloud land and ocean）云检测方法主要由 Saunders 和 Kriebel[3]提出。这套算法基于 AVHRR 5 个通道（通道 1：可见光 0.58～0.68μm；通道 2：近红外 0.72～1.10μm；通道 3：中红外 3.55～3.93μm；通道 4：热红外 10.3～11.3μm；通道 5：11.5～12.5μm）数据构建。首先进行海陆区分，然后对陆地上空像元逐个进行检测，当像元满足反射率高于假定阈值或亮温低于假定阈值且通道 2 与通道 1 的比值介于 0.7 和 1.1 之间，通道 4 和通道 5 的亮度温度差大于所设定的阈值条件时，认为其为云像元。海洋上空则在陆地检测的基础上，增加空间均一性大于假定阈值这一条件[4]。该方法判断条件设置更加具体，精度相较于 ISCCP 方法有所提高，通过设定阈值还可以对不同程度的云覆盖像元进行检测。

3）CLAVR 方法

CLAVR（the NOAA cloud advanced very high resolution radiometer）云检测方法由 Stowe 等[4]提出。其同样利用 AVHRR 5 个通道数据，它与 APOLLO 方法的差异在于其采用 2 像元×2 像元作为云判识单位。首先通过一系列阈值判断进行云检测，当 2 像元×2 像元判识单位中有 4 个均识别为晴空时，则认为是纯晴空单位；当有 1～3 个像元通过云判识时，则认为是混合单位；当 4 个像元为有云像元时，则认为该判识单位是云。然后对云或混合单位进行晴空条件检测，通过则被判断为纯晴空像元，反之则为云像元。该算法根据下垫面性质和观测时间不同，分为白天海洋、白天陆地和夜晚海洋、夜晚陆地四种方案。

4）CO_2 薄片法

CO_2 薄片法是由 Wylie 和 Menzel 提出的，利用 HIRS 的多光谱数据的 CO_2 吸收通道进行红外辐射检测，通过云和晴空在此通道透明度的差异将它们区分开。CO_2 吸收通道对不同高度的云有不同的反应。其中 15μm 中心波段对高层云更加敏感。通道两翼则对低层云更加敏感。CO_2 薄片法对薄卷云的探测具有独特的优势，但也存在云和晴空辐射差异较小时，效果较差的劣势[5]。

2. 偏振光学检测方法

偏振光学检测方法在进行云检测时，通常会针对不同下垫面进行不同的算法设计。在针对陆地像元进行云检测算法模型的构建时，主要是通过蓝光波段检测、表观压强检测和近红外波段的偏振反射率检测构建。而针对海洋像元的云检测算法模型，主要是通过表观压强检测、近红外波段反射率检测、近红外波段偏振反射率检测和蓝光波段的偏振检测进行构建。

完成构建的云检测模型，可以用于具有偏振多角度特性的卫星影像中的云像元和非云像元的识别，通常为了提高算法的精度，还会在云检测算法模型中，增加基于该初始云检测结果的冰、雪覆盖表面的订正，以去除冰雪下垫面被误检为云像元的情况。

3.1.2　高分一号、二号数据云检测

1. 高分一号、二号卫星影像云检测算法模型

1）算法流程

基于高分一号、二号卫星影像的云检测也分为陆地和海洋两个部分分别进行，

云检测算法流程如图 3.1 所示。陆地上空的云检测，经过简单的色彩变化和二值化图像处理，通过归一化植被指数、霾优化测试、近红外波段测试等将图像中的云识别出来。海洋上空的云检测，由于下垫面比较单一，只需要使用对水体不敏感的红色波段的反射率测试即可检测出图像中的云。

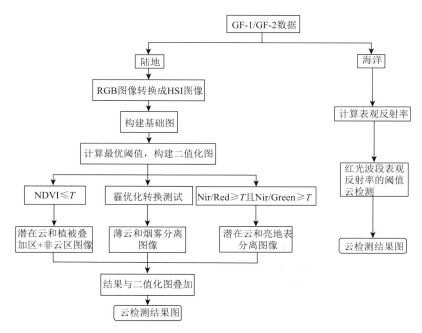

图 3.1　基于高分一号、二号卫星影像的云检测算法流程图

首先，对获取的数据进行预处理，主要是进行辐射定标和大气校正，以获得高分一号、二号卫星影像的大气表观（TOA）反射率和地表反射率。

由于所得数据为单幅影像，可以人为地进行判断是陆地上空的影像还是海洋上空的影像，进而对不同下垫面选择不同的算法进行云检测。陆地上空的云检测主要是通过 RGB 图像转换为 HSI 图像，再通过公式将 HSI 图像转换为基础图，然后通过 Otsu 阈值方法将基础图转换为二值图像，将二值图像与图像的归一化植被指数（NDVI）、归一化水指数（NDWI）、霾优化转换测试等结果合并，最终可以将有云区域展现在图像中。海洋上空的云检测算法较为简单，只使用简单的红光波段阈值法即可判识出影像中的云。

然后，将以上的云检测算法用于不同下垫面情况的云检测。高分一号、二号数据的分辨率较高，将此处得到的云检测结果与原始的云检测结果进行目视对比，对比结果较好。

2）高分一号、二号卫星数据预处理

对高分一号、二号卫星数据进行预处理，是为了得到算法中需要使用的 TOA 反射率和地表反射率值。

（1）辐射定标。全色图像不适合进行大气校正，所以一般在定量遥感中不使用全色图像；这里也仅对多光谱数据进行辐射定标。根据中国资源卫星应用中心提供的绝对辐射定标系数（表 3.1 和表 3.2）和辐射定标公式[6]［式（3.1）］，可将高分一号、二号卫星图像的像元亮度值转换为辐射亮度值。

$$L = \text{Gain} \times \text{DN} + \text{Offset} \tag{3.1}$$

式中，L 为转换后的辐射亮度值，单位为 $\text{W} \cdot \text{m}^{-2} \cdot \text{sr}^{-1} \cdot \mu\text{m}^{-1}$；DN 为遥感影像像元亮度值；Gain 为定标斜率，单位为 $\text{W} \cdot \text{m}^{-2} \cdot \text{sr}^{-1} \cdot \mu\text{m}^{-1}$；Offset 为绝对定标系数偏移量，单位为 $\text{W} \cdot \text{m}^{-2} \cdot \text{sr}^{-1} \cdot \mu\text{m}^{-1}$。

表 3.1　2015 年高分一号、二号卫星绝对辐射定标系数（单位：$\text{W} \cdot \text{m}^{-2} \cdot \text{sr}^{-1} \cdot \mu\text{m}^{-1}$）

卫星	PAN	Band1		Band2		Band3		Band4	
		Gain	Offset	Gain	Offset	Gain	Offset	Gain	Offset
GF1-WFV1	0	0.1816	0	0.1560	0	0.1412	0	0.1368	0
GF1-WFV2	0	0.1684	0	0.1527	0	0.1373	0	0.1263	0
GF1-WFV3	0	0.1770	0	0.1589	0	0.1385	0	0.1344	0
GF1-WFV4	0	0.1886	0	0.1645	0	0.1467	0	0.1378	0
GF1-PMS1	0.1956	0.2110	0	0.1802	0	0.1806	0	0.1870	0
GF1-PMS2	0.2018	0.2242	0	0.1887	0	0.1882	0	0.1963	0
GF2-PMS1	0.1538	0.1457	0	0.1604	0	0.1550	0	0.1731	0
GF2-PMS2	0	0.1761	0	0.1843	0	0.1677	0	0.1830	0

表 3.2　2016 年高分一号、二号卫星绝对辐射定标系数（单位：$\text{W} \cdot \text{m}^{-2} \cdot \text{sr}^{-1} \cdot \mu\text{m}^{-1}$）

卫星	PAN	Band1		Band2		Band3		Band4	
		Gain	Offset	Gain	Offset	Gain	Offset	Gain	Offset
GF1-WFV1	0	0.1843	0	0.1477	0	0.1220	0	0.1365	0
GF1-WFV2	0	0.1929	0	0.1540	0	0.1349	0	0.1359	0
GF1-WFV3	0	0.1753	0	0.1565	0	0.1480	0	0.1322	0
GF1-WFV4	0	0.1973	0	0.1714	0	0.1500	0	0.1572	0
GF1-PMS1	0.1982	0.2320	0	0.1870	0	0.1795	0	0.1960	0
GF1-PMS2	0.1979	0.2240	0	0.1851	0	0.1793	0	0.1863	0
GF2-PMS1	0.1501	0.1322	0	0.1550	0	0.1477	0	0.1613	0
GF2-PMS2	0.1863	0.1762	0	0.1856	0	0.1754	0	0.1980	0

（2）大气校正。获取地物真实的光谱信息是遥感反演的前提。大气校正可消除大气影响，还原地物的真实信息，是定量遥感数据预处理中必不可少的环节。

FLAASH 是基于像素级的校正,能消除大气和光照等因素对地物反射的影响，从而获得较为准确的地物反射率[7]。

ENVI/IDL 自带的 FLAASH 大气校正模块可以进行高分一号、二号卫星的大气校正。使用的太阳辐照度及中心波长数据如表 3.3 和表 3.4 所示。

表 3.3 高分一号、二号卫星大气层外波段太阳辐照度　　（单位：W·m^{-2}）

卫星	PAN	Band1	Band2	Band3	Band4
GF1-WFV1	0	1968.66	1849.43	1570.88	1078.97
GF1-WFV2	0	1955.02	1847.56	1568.89	1087.96
GF1-WFV3	0	1956.54	1840.78	1540.95	1083.98
GF1-WFV4	0	1968.12	1841.69	1540.30	1069.53
GF1-PMS1	1371.53	1944.98	1854.42	1542.63	1080.81
GF1-PMS2	1376.10	1945.34	1854.15	1543.62	1081.93
GF2-PMS1	1364.03	1941.53	1854.15	1541.48	1086.43
GF2-PMS2	1361.93	1940.93	1853.99	1541.39	1086.51

表 3.4 高分一号、二号卫星各波段对应中心波长　　（单位：nm）

卫星	Band1	Band2	Band3	Band4
GF1-WFV1	485	555	675	789
GF1-WFV2	506	557	676	774
GF1-WFV3	484	560	665	800
GF1-WFV4	485	560	696	797
GF1-PMS1	502	576	680	810
GF1-PMS2	501	579	680	810
GF2-PMS1	514	546	656	822
GF2-PMS2	514	546	656	822

2. 高分一号、二号卫星影像云检测算法构建

1）基础图构建

RGB 色彩模式通过红、绿、蓝三个颜色通道的变化及它们的叠加得到各种不同的颜色，是较为常用的颜色模式。HSI 色彩空间是从人的感知能力出发，用色度、亮度、饱和度来描述人对颜色的感受。由于人的视觉对亮度更为敏感，为了

便于色彩处理和识别，常采用 HSI 色彩模式，它比 RGB 色彩模式更适合人的视觉习惯[8-10]。由 RGB 色彩空间转换为 HSI 色彩空间可使用以下关系式转换[10, 11]：

$$H = \begin{cases} \theta, & G \geqslant B \\ 2\pi - \theta, & G < B \end{cases} \tag{3.2}$$

$$\theta = \arccos\left[\frac{(R-G)+(R-B)}{2\sqrt{(R-G)^2+(R-B)(G-B)}}\right] \tag{3.3}$$

$$S = 1 - \frac{3\min(R,G,B)}{R+G+B} \tag{3.4}$$

$$I = \frac{R+G+B}{3} \tag{3.5}$$

式（3.2）～式（3.5）中，H 为色调（hue）；S 为饱和度（saturation）；I 为亮度（intensity）；R、G、B 分别为红、绿、蓝三个颜色通道的 DN 值。

通过原始的 RGB 图像转换后的 HSI 色彩图经过式（3.6）转换为基础图。

$$M_{\text{basic}} = \frac{(1-\varepsilon)\text{Nir} + \varepsilon I_I}{I_H} \tag{3.6}$$

式中，M_{basic} 表示构建的基础图；I_I 和 I_H 分别为归一化的亮度值和色调值；Nir 为 GF-1/GF-2 近红外波段归一化的 TOA 反射率；ε 为比例因子，值为 0.36。

通过构建基础图，可以将有云区域和非云区域划分出来[12]。

2）二值化图构建

在上述基础图的基础上，通过 Otsu 阈值方法[13]可以将基础图中的云区和潜在云区分隔开来，该图像为二值化图。Otsu 阈值方法又名最大类间方差阈值选择法，它是按图像的灰度特性，将图像分成背景和目标两部分[14, 15]。Otsu 阈值方法就是将原始图像分为两个部分，这两个部分可以通过变换的最大值来划分[16]，即得到云区和潜在云区的划分结果。Otsu 阈值方法中变化的最大值可使用式（3.7）求解。

$$T_{\text{optimal}} = \max\left\{\theta_1(T) \times \theta_2(T)[\mu_1(T) - \mu_2(T)]^2\right\} \tag{3.7}$$

将原始图像划分为 256 个灰度级，因此，T 的变化范围为[0, 255]。$\theta_1(T) = \sum\limits_{i=0}^{T} P_i$，$\theta_2(T) = \sum\limits_{i=T+1}^{255} P_i$，$\mu_1(T) = \sum\limits_{i=0}^{T} i \cdot P_i$，$\mu_2(T) = \sum\limits_{i=T+1}^{T} i \cdot P_i$。$P_i$ 为灰度 i 所对应的灰度概率。式（3.7）求得的最大值即 Otsu 的最优解，也就是划分云和潜在云区的最优阈值。将大于 Otsu 阈值方法计算出的阈值像元标记为云像元，小于该阈值的像元标记为潜在的云像元。

3）多光谱算法测试

经过上述针对图像的物理处理后，并不能完全地识别出卫星影像中的云，还需要通过卫星光谱条件进行云检测。

NDVI 用于检测植被的生长状态、植被覆盖程度和消除部分辐射误差等。采用区域直方图统计的方法,利用 NDVI 的阈值差异可识别水体、土壤上空的云像元。此外,为了更好地去除遥感影像上水体对云检测的影响,增加 NDWI 用于去除水体的影响[17]。增加近红外波段与红光波段及蓝光波段的反射率之比,用于去除像元中的沙漠和裸地像元。

$$NDVI = \frac{Nir - Red}{Nir + Red} \tag{3.8}$$

$$NDWI = \frac{Green - Nir}{Green + Nir} \tag{3.9}$$

式(3.8)和式(3.9)中,Green、Red、Nir 分别表示绿光波段、红光波段、近红外波段的地表反射率。

NDVI 和 NDWI 的使用,可以很好地去除水体和植被对云检测结果的影响。但是经过多次计算和统计发现,使用 NDVI 和 NDWI 去除水体和植被的取值范围是不固定的。在进行云检测处理时,该范围要经过图像自身的数值统计,方能得到适用于某一影像的阈值。根据数值统计的结果折线图可以得到程序所需的阈值。

霾优化转换测试(haze optimized transformation test,HOT Test),基于晴空区域的不同地物红蓝光波段 DN 值具有高度相关性,但是受薄云或气溶胶的影响时,红蓝光波段的 DN 值都会升高的原理,其中蓝色波段对云干涉更敏感,DN 值升幅更大[18-20],因此,可使用 HOT 测试区分薄云和薄霾。

$$HOT = B\sin\theta - R\cos\theta - |I|\cos\theta \tag{3.10}$$

式中,θ 为晴空线与蓝光波段的倾角;B 为遥感影像蓝光波段的像元亮度值;R 为红光波段的 DN 值;I 为晴空截距。

由于晴空区域的不同地物的红光和蓝光波段的像元亮度值的相关性较高,晴空线可由蓝光波段和红光波段的 DN 值统计得到,如图 3.2 所示。

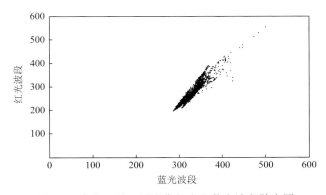

图 3.2 高分一号卫星影像红光和蓝光波段散点图

将以上多光谱算法测试的结果与3.1.2节第2部分中的二值化图构建结果进行合并，得到的结果即云检测结果。

4）红光波段检测

水的光谱特征主要是由水本身所含的元素组成决定的。水体反射率较低，在蓝光和绿光波段的反射较强，其他可见光波段吸收较强。纯净的水体在蓝光波段反射率最高，随波长增加反射率有所降低[21]，在近红外波段反射率为0。

如图 3.3 所示，云在可见光和近红外通道反射率相近，而水体或者植被在可见光和近红外波段的差异较大。确定了下垫面是海洋，为单一的水体。因此，可以直接使用红光波段单一波段的反射率进行海洋区域上空的云检测。

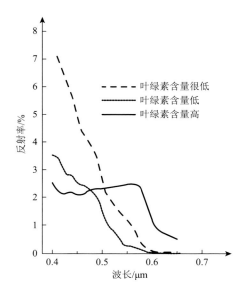

图 3.3　具有不同叶绿素浓度的海水的波谱曲线[20]

在对高分一号、二号卫星影像进行辐射定标后，将辐射定标后的数据按照式（3.11）进行 TOA 反射率的转换。

$$\rho = \frac{\pi \cdot L \cdot D^2}{E_{\text{sun}} \cdot \cos\theta} \tag{3.11}$$

式中，ρ 为 TOA 反射率；L 为大气顶层进入卫星传感器的光谱辐射亮度，即高分一号、二号卫星影像经过辐射定标后的结果；D 为日地距离；E_{sun} 为大气顶层的平均太阳光谱辐照度；θ 为太阳天顶角。

如图 3.4 所示，利用红光波段 TOA 反射率阈值的方法判断海洋上空的云。由红光波段 TOA 反射率阈值统计图可知，该阈值不超过 0.1。

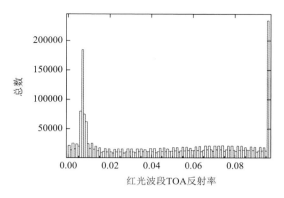

图 3.4　红光波段 TOA 反射率阈值统计图

3. 高分一号、二号卫星影像云检测算法验证

根据上述的高分一号、二号卫星影像云检测算法，本书选取不同下垫面进行高分一号、二号卫星影像云检测算法的结果展示。选取的下垫面如表 3.5 所示。

表 3.5　高分一号、二号卫星影像对应不同下垫面经纬度信息

区域	卫星	中心纬度	中心经度	下垫面类型
合肥区域	GF-1_WFV1	31.08°N	118.97°E	水体
	GF-1_WFV1	31.06°N	118.28°E	森林
	GF-1_WFV1	31.42°N	118.77°E	农田
	GF-1_PMS1	31.80°N	117.31°E	城市
芜湖区域	GF-2_PMS2	31.26°N	118.29°E	水体
	GF-2_PMS2	31.11°N	118.27°E	森林
	GF-2_PMS2	31.32°N	118.52°E	农田
	GF-2_PMS2	31.35°N	118.01°E	城市
东海海域	GF-1_WFV3	33.31°N	121.76°E	海洋

图 3.5 是下垫面为水体的高分一号卫星影像的云检测结果。图 3.5（a）为原始的 RGB 图像，图 3.5（b）为经过色彩转换的 HSI 色彩图像，图 3.5（c）为基础图，图 3.5（d）为二值化图像，图 3.5（e）为 NDVI 图像，图 3.5（f）为 NDWI 图像，图 3.5（g）为 HOT 测试图像，图 3.5（h）为近红外波段与红光波段及绿光波段测试结果的合并图像，图 3.5（i）为云检测结果图像。通过图 3.5（a）与图 3.5（i）的对比可以看出，当下垫面为水体时，上述云检测算法可以用于高分

一号卫星影像的云检测，且检测的结果较好，能够有效地将遥感影像中的水体去除，识别影像中的云像元。

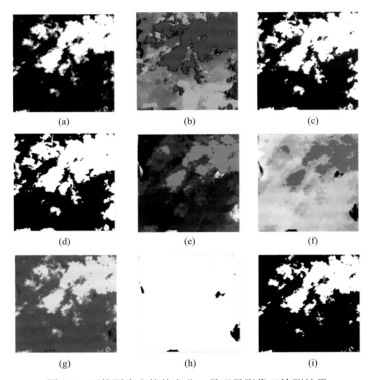

图 3.5　下垫面为水体的高分一号卫星影像云检测结果

图 3.6 是下垫面为森林的高分一号卫星影像的云检测结果。通过图 3.6（a）与图 3.6（i）的对比可以看出，当下垫面为森林时，上述云检测算法不仅可以有效地将影像中的植被去除，而且能够识别出厚云和部分薄云及边缘地带的云像元。

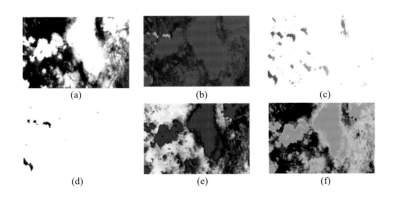

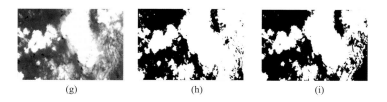

图 3.6 下垫面为森林的高分一号卫星影像云检测结果

图 3.7 是下垫面为农田的高分一号卫星影像的云检测结果。农田受人为因素的影响较多，季节性变化较大。图 3.7 所示的高分一号卫星影像为 2016 年 8 月 9 日的影像，多数农田存在绿色植物。因此，该套算法也适用于这个季节的农田下垫面上空的云检测。

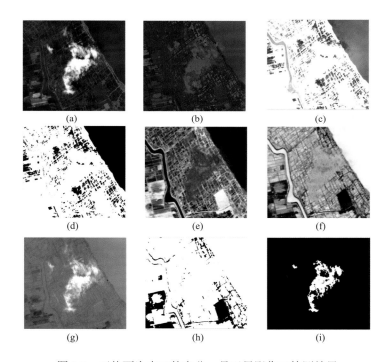

图 3.7 下垫面为农田的高分一号卫星影像云检测结果

图 3.8 是下垫面为城市的高分一号卫星影像的云检测结果。由于该地区的云层较厚，遮挡了部分下垫面，因此，在进行云检测时，受反射率较高的建筑影响较小，因而检测结果更好。

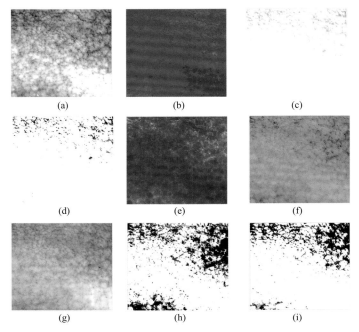

图 3.8　下垫面为城市的高分一号卫星影像云检测结果

图 3.9～图 3.12 分别是下垫面为水体、森林、农田和城市的高分二号卫星影像云检测结果。与高分一号云检测结果成图方式相同，（a）为原始的 RGB 图像，（b）为经过色彩转换的 HSI 色彩图像，（c）为基础图，（d）为二值化图像，（e）为 NDVI 图像，（f）为 NDWI 图像，（g）为 HOT 测试图像，（h）为近红外波段与红光波段及绿光波段测试结果的合并图像，（i）为云检测结果图像。通过 RGB 图像与云检测结果图像的对比可以看出，当下垫面为水体、森林、农田时，检测的结果较好，上述云检测算法可以用于高分二号卫星影像的云检测。当下垫面为城市时，由于受地表建筑物及部分高反射率地物的影响，因此云检测结果不如厚云的检测结果好。

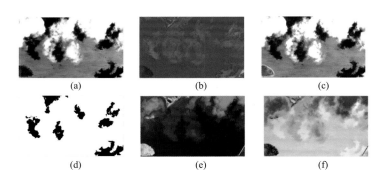

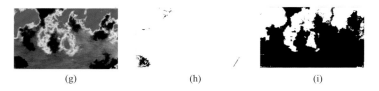

(g)   (h)   (i)

图 3.9 下垫面为水体的高分二号卫星影像云检测结果

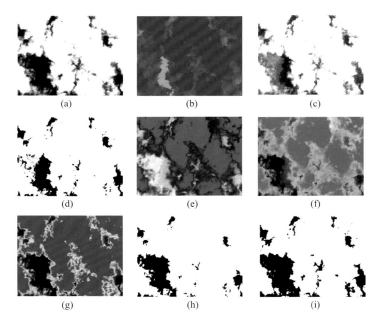

(a)   (b)   (c)

(d)   (e)   (f)

(g)   (h)   (i)

图 3.10 下垫面为森林的高分二号卫星影像云检测结果

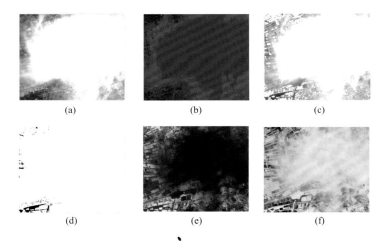

(a)   (b)   (c)

(d)   (e)   (f)

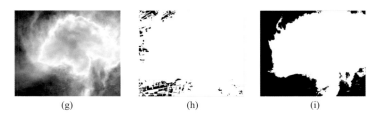

| (g) | (h) | (i) |

图 3.11　下垫面为农田的高分二号卫星影像云检测结果

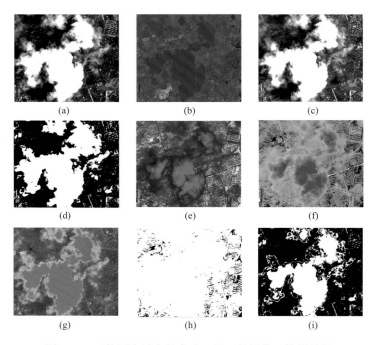

(a)	(b)	(c)
(d)	(e)	(f)
(g)	(h)	(i)

图 3.12　下垫面为城市的高分二号卫星影像云检测结果

以上是陆地上空的高分一号、二号卫星影像的云检测结果。从结果图与原始RGB 图像对比可知，该算法可以用于下垫面分别为水体、森林、农田和城市上空的云检测。对于水体、森林、农田下垫面上空的云检测效果较好，薄云和厚云都可以识别出来，但是对下垫面为城市上空的云进行云检测时，效果还不是很好，特别是对于建筑物较为集中的区域，该区域会被错误地识别为云，从而降低了云检测结果的精度，另外对于部分薄云及云边缘的检测精度还有待提高。

对于高分一号、二号卫星影像海洋上空的云检测，相对于陆地上空的云检测而言，就十分的简洁了。图 3.13 是对高分一号卫星影像海洋上空的云检测结果。海洋下垫面单一，因此检测的结果相对于陆地的检测结果而言比较好。

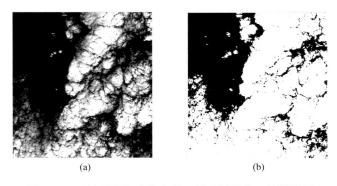

(a)　　　　　　　　　　　　　　　(b)

图 3.13　下垫面为海洋的高分一号卫星影像云检测结果

3.1.3　MODIS 数据云检测[21, 22]

　　MODIS 数据的云检测是一种基于阈值的算法，检测结果依赖于阈值，因此，阈值的选取直接影响检测的结果。阈值一般分为静态阈值和动态阈值。由于阈值随表面的发射率、大气水汽和气溶胶含量以及仪器扫描角等因素的变化而有一定的改变，设置简单的静态阈值必将影响检测结果的准确性。动态阈值克服了静态阈值的缺点，但应用范围较窄。例如，Saunders[23]于 1986 年提出的反射率动态阈值，该方法利用检测区域的直方图，借助几个经验常数计算出阈值。但当直方图出现两个晴空峰时，该方法无效，且不能用于水面太阳耀斑区。Derrien 等[24]于 1993 年提出了利用太阳高度角的不同来选择阈值，该方法在有强太阳辐射的状况下有一定的效果，但卫星资料受气候、季节的影响，故在实际应用中局限性较大。

　　此外，云检测本身也存在不确定性。例如，常采用 MODIS 通道 1 的反射率进行陆地上空云检测，阈值被设定为 0.18，由于云相对下垫面具有较高的反射率，所以，当像元的观测值为 0.179 时该像元将被判识为晴空，而其附近像元的观测值为 0.181。

1. MODIS 传感器影像云检测算法模型

　　云检测通常需要考虑云的反射和辐射等诸多特性，而云的特性取决于多种因素，如云滴谱分布、云粒子的成分、相态和形状等微观物理性质，以及云高和云厚等。较为详尽地了解云的光谱特征，既是探寻云检测方法的出发点，也是在云检测中解决实际问题的理论基础。首先，在太阳光光谱波段（0.3～3μm），入射的太阳辐射要比地表的热辐射大许多，仪器接收的主要是云与下垫面的反射。反射的总量取决于探测目标的类型，类型不同，反射也不同，因此需要考虑其"对比度特征"。其次，各类目标组成成分的不同也使得它们在不同的光谱波段对太阳辐射的反射率也不同，有的在某一波段的反射率明显强于其他波段，这个特性称为

"光谱特征"。最后，不同的地表、大气组成具有不同的空间变化结构，也能区分不同的组成成分，这就是"空间特征"。

根据上述的三种物理特性，可以提出以下云检测判据。

（1）对比度特征判据。对比度特征判据的应用需要一些阈值作为判断的标准。阈值的选取要综合考虑地表类型、云的类型、太阳高度角、仪器扫描角、大气状况，以及通道测量的是反射率还是发射率等多种因素。对比度特征判据有一个共同的特征：一个像元的值与一个阈值相比较，把有云像元与其他像元分开。阈值的确定有两种方法：理论计算和人为经验。因为使用理论模型来模拟所有可能云的观测条件是非常困难的，大部分的判据都是根据经验来设定的。

（2）光谱特征判据。利用云与下垫面的不同光谱特征，通过不同波段数据的不同组合进行云检测。例如，利用不同波段的反射率比、亮温差、归一化植被指数等检测云；在 MODIS 图像中，薄云与一些光秃的地面常常容易混淆，云在波段 5（1.2μm）的反射率明显低于波段 4（0.55μm）的反射率，两者的比值小于 1，而土壤、岩石、城市等在这两个波段的比值总是大于 1，这一光谱特征能够被成功地运用于云检测中。

（3）空间特征判据。空间特征的依据是，人们观察到在 2 像元×2 像元或 3 像元×3 像元矩阵的尺度上，观测到的场景在无云的情况下比有云的情况更平滑[25]。而且，无论是反射率还是发射率都是如此。对于反射率，在没有太阳耀斑的情况下，无云海区反射率的变化很小，AVHRR 数据的该值很少超过 0.3%。在耀斑区容易造成误判，但耀斑区在无云情况下的热发射率相对均匀，可用于对上述误判的修正。陆地上的反射率比海表的要大许多，需设定更高的阈值。发射率的空间特征判据主要用于海洋上空云检测，经验表明，晴空海域在红外波段的空间变化是非常均匀的，而有云海域的变化则较大。实用中，一般计算一个 3 像元×3 像元矩阵的标准差，对 MODIS 数据，阈值可设为 0.5K。

根据上述三个判据可以发展出如下很多云检测方法，接下来将进行具体讨论。

1）云检测方法

（1）近红外 1.38 μm 高云检测。该方法主要用于检测对流层顶的薄卷云，同时，还可以检测其他种类的高云和部分中云。对于对流层上部的薄卷云检测是云检测中的一个难点，其云底高度在 5000m 以上，由冰晶组成，气温低，水汽含量很少。云体具有纤维状结构，常呈白色，薄而透明，无暗影。MODIS 通道 26 的中心波长为 1.38μm，处于水汽的吸收带，当有足够的大气水汽（估计约需 0.4cm 的可降水量）出现在光路上时，地表的反射辐射将在到达传感器前被吸收。由于 0.4cm 是一个较小的大气水汽含量，因此大多数地球表面在该通道是不可见的，加之对流层上部水汽含量较少，高层薄卷云的反射能量很少被吸收，使得高层薄卷云较亮，而来自低层的反射会由于水汽的吸收而减弱，这样高层的薄卷云便突现出来，因此，通过在该通道设置合适的反射率阈值即可实现对高层薄卷云的检测。在 MODIS 通道 2（0.87μm）中这样的云常常是不可见的。图 3.14 说明了该方法的优点。在 MODIS 通道 26 能够被清晰地观察到的薄卷云在 MODIS 通道 2 却不可见，鉴于该通道的上述特点，其他的高云和部分中云在该通道也会表现出较大的反射率，易于检测。

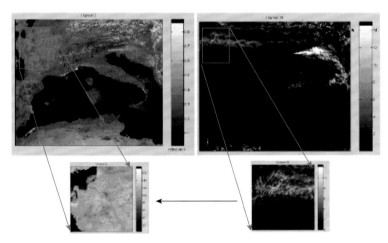

图 3.14　MODIS 通道 2（左）和通道 26（右）的图像

该方法的运用受制于如下三个因素。

①空气中的水汽含量。通过利用 LOWTRAN7 中的热带夏季、中纬度夏季、中纬度冬季、亚北极夏季和亚北极冬季五种大气模式计算 1.38μm 通道的双向透射率与高度的关系[26]。结果表明：对于前四种大气模式，因其大气水汽含量较为丰富，在 $Z=0$ 的高度上双向透射率均为零。这表明在这些大气条件下，地表在该通道确实是不可见的。本书所选择的研究区域基本属于中、低纬度地区，这一制约不存在。

②地表高程。在前四种大气模式下双向透射率在 0～3km 内都很小，地表和 3km 以下的散射信号对探测器的影响会很小。而当地表高程大于 3km 时，双向透射率会迅速增加，因此较高的山峰可能会对云检测产生影响。我国东南省份虽说是多山地区，但高的山峰不多，只有武夷山的顶峰黄岗山海拔为 2158m，其余均在 2000m 以下，因此地表高程的限制也可忽略。

③地表反射率。尽管 1.38μm 通道处于较强的水汽吸收带，如果地表反射率过高，其反射的信号仍然能够到达探测器，从而影响云检测结果的准确性。产生高反射率的地表一般有沙漠、雪地和冰等，这样的地表在本书研究的范围内基本不存在，但存在一些零星的荒漠，具有较高的反射率，不过东南省份降雨充沛，大气水汽含量较高，一般在 1cm 以上，完全可以不考虑这一因素。

　　综上所述，该方法适用于所研究区域的各种生态类型，并且对所有生态类型都可采用相同的阈值。在假定没有地表反射的情况下，通过模拟计算，并结合 MODIS 仪器在轨运行数据进行试验分析，将相应的低、中、高晴空可信度阈值（反射率）分别被设定为 0.040、0.035、0.030[27]。

　　（2）$BT_{6.7}$ 高云检测。MODIS 通道 27 的中心波长为 6.7μm，利用该通道的亮温值，可以实现对高层云的检测。6.7μm 通道处于水汽的强吸收带，该通道权函数的峰值大约出现在 350hPa 的高度上。在晴空条件下，卫星观测到的 6.7μm 通道的辐射主要来自 200～500hPa 高度的大气层中的水汽辐射，相应的亮温值与该层的温度和湿度有关[28]。来自表面和低层云的 6.7μm 通道的辐射由于上层大气的吸收，一般不能被仪器探测。因此，在该层及其以上的厚云比周围包含晴空或低云的像元有更低的亮温。可以设置亮温阈值进行高云检测。该方法适用于海洋、沙漠、陆地、植被、水体等各种生态类型，相应的低、中、高晴空可信度阈值分别为 215K、220K 和 225K。

　　（3）$BT_{13.9}$ 高云检测。这一方法源于 CO_2 薄片法，MODIS 通道 35 的中心波长为 13.9μm，利用该通道的亮温值，可以有效地实现对高层云的检测。CO_2 薄片法主要是用来进行云量和云高反演的，它并不是一个简单的检测方法，因此，无法与其他的云检测一起配合使用。在 MODIS 的产品 MOD06 中包含了 CO_2 薄片法的结果。通过考察 CO_2 通道的权函数分布（图 3.15），可以发现，简单地利用 CO_2 单通道

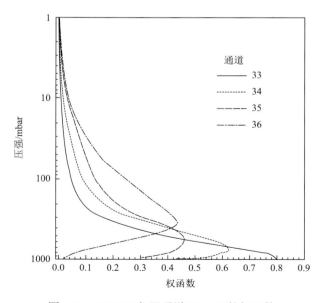

图 3.15　MODIS 仪器通道 33～36 的权函数

检测方法，对高云的检测很有帮助。MODIS 通道 35（13.9μm）对对流层上部较冷的区域非常敏感，只有 500hPa 以上的云才对 13.9μm 的观测辐射有较强的影响。忽略来自地球表面的辐射，利用 13.9μm 的辐射设定阈值，就可对云进行判识。

如图 3.16 所示，暖端的窄峰代表晴空或大气低层的云。基于这些观测，相应的高、中、低晴空可信度阈值分别被设置为 244K、241K 和 239K。由于 MODIS 和 HIRS/2 两种仪器光谱性质的不同，MODIS 仪器需要修改这些阈值，这里将它们设置为 228K、226K、224K。这一方法适用于所有下垫面类型，且阈值是固定的，但不能用于纬度在 60°以上的地区。

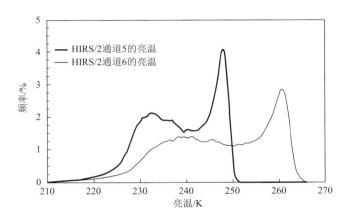

图 3.16　HIRS/2 获取的中心波长为 14.0μm 和 13.6μm 两通道的亮温直方图

（4）可见光近红外反射率云检测。这种云检测方法包括单通道的云检测方法，以及根据云与下垫面的不同光谱特征而构造的反射率比云检测。

① $R_{0.66}$ 云检测：这种检测方法主要用于陆地上空的中云检测，尤其对暗的下垫面对应的亮云有很好的检测效果。为了能够选择合适的通道，有针对性地进行云检测，本书选择了陆地、云和水体的 MODIS 通道 1、2、4、5 的反射率数据进行统计分析。表 3.6 给出了一个具有普遍意义的统计结果。从表 3.6 可见，虽然陆地在这几个通道的反射率都低于云的反射率，但两类目标的可区分性不仅取决于它们的均值，也与它们各自的离散程度有关，可通过式（3.12）计算云与陆地这两个目标在不同通道均值间的标准化距离来确定通道的选取。

$$d = \frac{|\mu_1 - \mu_2|}{\sigma_1 + \sigma_2} \qquad (3.12)$$

式中，d 为两目标的均值间标准化距离，它反映了两目标的可分性；μ 为均值；σ

为标准偏差。结果表明，选用通道 1 的反射率（$R_{0.66}$）进行陆地上空的云检测能够获得较为理想的结果。由表 3.6 中数据可知，通道 4 的均值间标准化距离也较大，但该波段受气溶胶的影响较大，故不选用该通道。

表 3.6　MODIS 通道 1、2、4、5 反射率统计结果

下垫面类型	统计类型	$R_{0.66}$	$R_{0.87}$	$R_{0.55}$	$R_{1.2}$
陆地	平均值	0.0734	0.2284	0.0949	0.2080
	标准偏差	0.0029	0.0083	0.0017	0.0142
云	平均值	0.3033	0.2880	0.3066	0.2467
	标准偏差	0.0700	0.0820	0.0710	0.0810
水体	平均值	0.1096	0.0521	0.1110	0.0209
	标准偏差	0.0028	0.0034	0.0013	0.0032

对沙漠、雪地和荒漠等这些较亮的地物，这种方法可能造成误判。因此，对这些地物常选用通道 2 的反射率来代替。在本书所研究的区域中，不存在沙漠，荒漠也很少，而当出现雪盖的情况时，可用雪盖指数加以判识。所以可将这种方法应用于所研究区域的所有陆地类型。相应的阈值见表 3.7。

表 3.7　$R_{0.66}$ 和 $R_{0.87}$ 云检测阈值

下垫面类型	阈值	高可信晴空阈值	低可信晴空阈值
白天陆地（$R_{0.66}$）	0.18	0.14	0.22
白天海洋（$R_{0.87}$）	0.055	0.045	0.065

②$R_{0.87}$ 云检测：该方法主要用于水体、沙漠和海岸滩涂的云检测。由于水体在近红外波段具有较强的吸收特性，因此，这些波段来自水体像元的反射主要为瑞利散射和气溶胶散射，这些散射随着波长的增加而减小，所以，对水体的云检测，选择 MODIS 通道 2 比选择 MODIS 通道 1 效果更好，更能突出云。表 3.6 也说明了这一点。

在太阳耀斑区，反射率随散射角有较大的变化。散射角可由式（3.13）计算。

$$\cos \theta_{\mathrm{r}} = \sin \theta \sin \theta_0 \cos \Phi + \cos \theta \cos \theta_0 \qquad (3.13)$$

式中，θ_{r} 为散射角；θ_0 为太阳天顶角；θ 为卫星的天顶角；Φ 为方位角。

图 3.17 是利用 2001 年 6 月 2 日的一景海洋图像得到的晴空水体反射率随散射角变化的关系曲线,从图中可以看出,当散射角位于 0°左右时,通道 2 的反射率大于 12%,随着散射角的增加,反射率逐渐下降,当散射角大于 36°时,反射率变得非常平稳,几乎呈一直线。因此,当散射角位于 0°~36°时,要考虑太阳耀斑的影响,此时阈值是散射角的函数。这一函数关系较为复杂,可以简单地将其分为三段。第一段为 0°~10°,在这段范围内,反射率在 10.5%左右波动。第二段为 10°~20°,反射率为 7.5%~10.5%,近似呈线性衰减,斜率大约为−0.003。第三段为 20°~36°,反射率为 5.5%~7.5%,也近似呈线性衰减,斜率大约为−0.00125。相应的阈值见表 3.8。

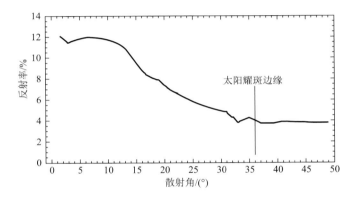

图 3.17 太阳耀斑区中反射率与散射角的关系

表 3.8 耀斑区 $R_{0.87}$ 云检测阈值

θ_r	阈值	高可信晴空阈值	低可信晴空阈值
0°~10°	0.105	0.095	0.115
10°~20°	0.135−0.003 θ_r	0.125−0.003 θ_r	0.145−0.003 θ_r
20°~36°	0.1−0.00125 θ_r	0.09−0.00125 θ_r	0.11−0.00125 θ_r

③ $R_{0.87}$ / $R_{0.66}$ 云检测:该方法主要用于水体和植被上空的云检测。反射率比 $R_{0.87}$ / $R_{0.66}$ 对云、水体和植被有着不同的值。对云而言,其在可见光和近红外波段反射率较为均匀,在红外波段的反射率只有少许下降,该比值接近 1;而在无云水面上,分子散射和气溶胶散射使得短波的后向散射增强,约为近红外波段反射率的两倍(非太阳耀斑区),使该比值为 0.5 左右;而植被的反射率在近红外波段较之于可见光波段有显著的增加,使得该比值总是大于 1。反复试验后的阈值见表 3.9。

表 3.9　　$R_{0.87}/R_{0.66}$ 云检测阈值

下垫面类型	阈值	高可信晴空阈值	低可信晴空阈值
白天植被	1.90	1.95	1.85
白天海洋	0.90	0.85	0.95

图 3.18 给出了在一些复杂的地理生态类型情况下这一比值的分布直方图，图中所用数据都是晴空数据。由图 3.18 可见，晴空海洋的比值小于 0.75，晴空沙漠的比值有很大的变化范围，其中的一些数据若按植被进行云检测则会被判识为云；同时也可以看到，沙漠与灌木/草地的这一比值也有很大的重叠。因此，使用这一方法时必须十分小心，同时也需要更高分辨率的地理生态数据。研究结果还发现，在太阳耀斑区该比值为 1 左右，与云类似。

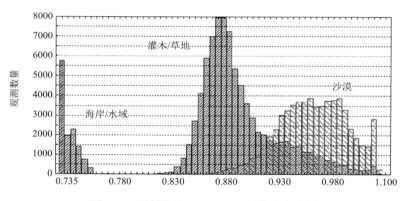

图 3.18　反射率比 $R_{0.87}/R_{0.66}$ 的分布直方图

因此，单独使用该方法不能用于沙漠、半沙漠、冰雪等区域以及海洋耀斑区。在一些农作物生态区，由于农作物的收割、耕作的季节性，该方法的应用会受到限制。单独将该方法应用于本章研究的区域是有问题的，但可与其他方法联合使用或作为辅助方法使用。

④ $R_{1.2}/R_{0.55}$ 云检测：这一方法主要是用作补充检测。在本章所研究的区域，有很大面积的农耕区，在作物被收割和新生作物还没有充分生长的时间段内，可能会出现大范围干燥的裸露土壤，它们的反射率较高，有可能被误判为云。为纠正这种误判，将 $R_{1.2}/R_{0.55}$ 判据与其他判据相结合构成补充检测，对错误检测加以更正。如果可信度标记小于 0.95，并且 $R_{1.2}/R_{0.55}>2.0$，$BT_{3.7}-BT_{3.9}<11.0$，$BT_{3.7}-BT_{11}<15.0$，则该像元被标记为可能的晴空。这是因为对云来说，1.2μm

波段的反射率一般小于 0.55 波段的反射率, 使该比值小于 1, 而干燥的土壤这一比值较大, 两个亮温差的设置是为确保像元不为云像元。

（5）BT_{11} 冷云检测。该方法主要用于海面上空的冷云检测, 也可用于陆地的晴空修复。云与下垫面的主要区别之一是中、高层云的云顶具有较低的亮温。可以选取 MODIS 通道 31（11μm 窗区通道）, 通过设定简单的亮温阈值进行云检测。该方法主要用于检测中、高层的冷云。在海面上空, 由于海面温度比较均一稳定, 该方法非常有效。在陆地上空, 由于陆地表面辐射变化较大, 该方法的应用会受到限制。然而, 对位于海平面高度且有植被覆盖的陆地, 该方法需谨慎使用。由于东南沿海为多山地区, 地势起伏较大, 故本书仅将此法用于海面, 相应的阈值见表 3.10。

表 3.10　BT_{11} 云检测阈值　　　　　　　（单位：K）

下垫面类型	阈值	高可信度晴空阈值	低可信度晴空阈值
白天海洋	270	273	267
白天陆地	297.5	302.5	无

（6）亮温差云检测。不同通道观测到的同一像元的亮温不同, 它们之间存在一个差值, 称为亮温差。亮温差产生的原因是多方面的, 下面分别讨论。

晴空条件下亮温差产生的原因。亮温差是针对红外波段而言的, 由于太阳辐射是短波辐射, 为简单起见, 不考虑太阳辐射, 并忽略大气散射, 在这种情况下, 全部的向上红外辐射可表示为

$$I_\upsilon^{\mathrm{CLR}} = \tau_0^H(\upsilon,\varPsi,\theta)\varepsilon_S(\upsilon,\theta,\varPhi)B_\upsilon(T_S) + \int_0^H B_\upsilon[T(h)]\frac{\partial \tau_h^H(\upsilon,\varPsi,\theta)}{\partial h}\mathrm{d}h \qquad (3.14)$$
$$+ \tau_0^H(\upsilon,\varPsi,\theta)I_R(\upsilon,\varPsi,\theta,\varPhi)$$

式中, $\tau_{h_1}^{h_2}$ 为从高度 h_1 到高度 h_2 的大气透过率; $\varPsi$ 为定义大气状态的一些变量（如吸收气体含量、温度等）; θ 和 $\varPhi$ 分别为卫星的天顶角和方位角; ε_S 为下垫面的发射率; $B_\upsilon(T)$ 为普朗克函数; I_R 为向下的大气辐射被反射到传感器的部分。$\varPsi$ 中最重要的成分是整层大气水汽含量, 它能很大程度地改变大气透过率。

式（3.14）等号右边第一项代表表面发射, 第二项代表向上的大气辐射, 第三项代表向下的大气辐射被表面反射的部分, 这一项在红外波段很小。式（3.14）中 ε_S 和 τ 均随 υ 的变化而变化, 因而会导致不同波段之间产生亮温差。例如, Minnett[29]对 British Isles 的无云 AVHRR 数据进行了分析, 结果表明, 在卫星的天

顶角小于 60°时，不论是海洋还是陆地，3.7μm 与 11μm 和 12μm 通道之间都存在亮温差，该差值一般小于 1°。然而，在热带，由于较高的大气水汽含量，这一差值可达 4°[30]。不过，仍是一个较小的值。

云在不同波段具有不同的光学性质导致了不同波段的亮温差[31,32]。在红外波段，对薄云覆盖的视场，忽略云上部大气的辐射和吸收以及云内的散射，在频率为 υ 时的辐射可以表示如下：

$$I_\upsilon = [1 - \varepsilon_C(\upsilon, \theta, \Phi)]I_\upsilon^{CLR} + \varepsilon_C(\upsilon, \theta, \Phi)B_\upsilon(T_C) \qquad (3.15)$$

式中，ε_C 为云顶的辐射率；T_C 为云的温度。云的光学性质随频率有很大的变化，ε_C 随频率 υ 也有很大的变化[33]。由式（3.15）可知，ε_C 随频率 υ 的变化将导致不同波段的亮温差。

对厚的、不透过性云，已有证据表明，在不同通道存在不同的发射率。例如，当云的微观物理性质发生改变时，可以发现云顶的反射率在 3.7μm 通道有改变，但在 11μm 通道和 12μm 通道并没有改变。这种情况已经从白天云区的 3.7μm 通道的反射辐射的观测中得到证实[34]。云顶反射率的变化意味着发射率的变化，将会导致较明显的亮温差。

① $BT_{3.7} - BT_{3.9}$ 云检测：这种方法主要是解决裸露陆地或植被覆盖率较低区域的中、低云检测。因为这种情况下，云与下垫面的反射率相近，容易造成误判。在红外波段，下垫面的辐射主要取决于温度和发射率，随波长的变化，发射率变化比较小，因此，在一定温度下，下垫面在不同波段上的发射辐射相对一致。由于选择的 3.7μm 和 3.9μm 两个通道的中心波长较为相近，受发射率的影响更小，亮温差也很小；在云区，由于云在不同波段具有不同的光谱性质，因此，具有较大的亮温差。

为了更有针对性，重点选择了 11 月的图像进行实验，因为这一时段的植被覆盖率较低。将仪器观测的目标简单地分为晴空地表、薄云和厚云，然后选取样本点进行对比分析。图 3.19～图 3.21 为对 2004 年 11 月 5 日的样本进行分析的结果。由图可见，不论是对哪一类目标，像元在 3.7μm 通道的亮温值均高于其在 3.9μm 通道的亮温值；对晴空地表，像元在这两个通道的亮温差大约为 4K，而对云区，不论是薄云区还是厚云区，这一差值均可达 10K 左右，为晴空像元的两倍以上。因此，在亮温差图中，云区和晴空地表将会形成强烈的反差，这一反差不论是在 3.7μm 通道还是 3.9μm 通道都不具有。图 3.22 分别显示了 3.7μm 通道、3.9μm 通道的亮温图、3.7μm 通道和 3.9μm 通道的亮温差图。由图可见，直接利用这两个通道进行云检测几乎是不可能的。但正如所预料的那样，其亮温差图几乎表现为均匀的黑背景衬托着白色的云块，云区和晴空区反差较大，非常有利于云的检测。

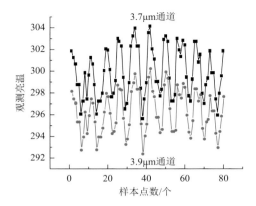

图 3.19 晴空地表样本点在 3.7μm 和 3.9μm 通道的亮温分布

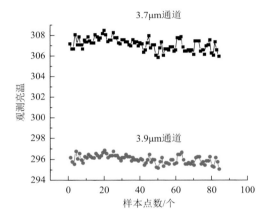

图 3.20 薄云样本点在 3.7μm 和 3.9μm 通道的亮温分布

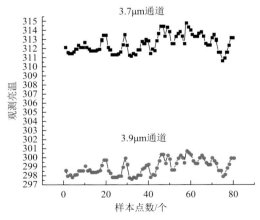

图 3.21 厚云样本点在 3.7μm 和 3.9μm 通道的亮温分布

(a) 3.7μm通道亮温图

(b) 3.9μm通道亮温图

(c) 3.7μm通道
和3.9μm通道亮温差图

图 3.22　3.7μm 通道亮温、3.9μm 通道亮温和两通道亮温差图

为了进一步确定该方法的阈值，需要对不同时相的多景图像进行直方图分析。图 3.23 为典型的陆地和海洋的亮温差统计直方图，横坐标为亮温差，纵坐标为频率，低端的峰值代表亮温差较小的晴空区，高端的峰值代表亮温差较大的云区，通过对多幅图像的多幅直方图的分析可知，陆地云检测的阈值可定为 7°，高可信晴空阈值为 5°，低可信晴空阈值为 9°。在海洋亮温差云检测中，相应的高、中、低阈值分别设置为 4K、6K、8K 较为合适。

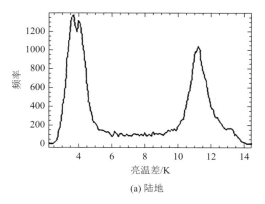

(a) 陆地

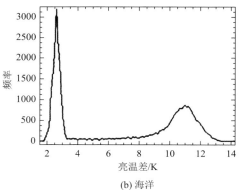

(b) 海洋

图 3.23　陆地和海洋亮温差 $BT_{3.7} - BT_{3.9}$ 统计直方图

② $BT_{3.9} - BT_{11}$ 云检测：当一个像元被云部分覆盖时，这一亮温差较大，检测结果较好。实验证明，这一方法对低层水相态云较为敏感。当同一像元中出现不同温度的辐射体时（如云和晴空出现在同一像元中），3.9μm 通道和 11μm 通道之间会产生较大的亮温差，其原因可通过下面的模拟结果来说明。假设在同一像元中存在两个温度分别为 T_1 和 T_2 的黑体辐射面，测得的亮温 T_m 可以表示为

$$T_{\mathrm{m}} = B_{\upsilon}^{-1}[\alpha B_{\upsilon}(T_1) + (1-\alpha)B_{\upsilon}(T_2)] \tag{3.16}$$

式中，α 为像元中温度为 T_1 的辐射面所占的百分比；B_{υ}^{-1} 为普朗克函数的反函数。设 $T_1 = 280\mathrm{K}$，$T_2 = 230\mathrm{K}$，将 T_{m} 视为 α 的函数可得如图 3.24 的结果，图中表示当温度为 280K 的黑体辐射面的面积逐渐增大时两个通道的亮温曲线。

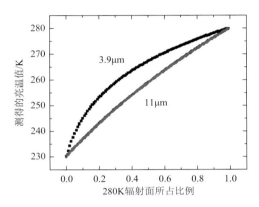

图 3.24 同一视场中存在温度分别为 230～280K 时对 3.9μm 通道和 11μm 通道测量亮温的影响

显然，3.9μm 通道对视场中出现的小范围热点更为敏感，表现在曲线上：当 α 较小时，3.9μm 通道的亮温上升得较快。因此，当像元为既有云又有晴空的混合像元时，这两个通道的亮温差会很大，有利于云检测。相应的阈值见表 3.11。

表 3.11 $\mathrm{BT}_{3.9} - \mathrm{BT}_{11}$ 云检测的阈值   （单位：K）

下垫面类型	阈值	高可信度晴空阈值	低可信度晴空阈值
白天海洋	8	6	10
白天陆地	12	10	14
白天雪/冰	7	4	10

（7）红外窗区空间均一性方法。该方法用于水面上空云检测非常有效，在其他情况下必须小心使用。很多的海洋区域都适合使用空间均一性方法，这种方法在海岸区域及存在较大温度梯度的区域（如洋流区域）会引起错误。空间方法包括空间相关和国际卫星云气候学计划（ISCCP）的空间对比方法。

Coakley 和 Bretherton[35]于 1982 年提出了空间相关方法。这一方法是针对均匀背景上光学厚度大的单层云而设计的。它利用 11μm 窗区通道，通过计算平均值和标准偏差进行检测，拥有较小标准偏差的暖像元被标记为晴空。

Rossow 和 Garder[36]于 1993 年提出了空间对比方法。其物理基础是晴空像元更暖，具有更小的空间变化性。首先在一个小的区域内找出一个具有最大亮温的像元（$\mathrm{BT}_{11}^{\max}$），所有的比空间对比值（$\mathrm{BT}_{11}^{\max_{\mathrm{sc}}}$）低的像元都被标记为云，剩下的包括最暖的像元都被标记为不确定。Δ_{SC} 的值在海面上取相同的值 3.5°。对于海岸和水陆混合区域，不用这一方法，因为在这种情况下，陆地和水体的辐射将支配对比的结果。

本书将空间变化方法用于海洋和大的湖面，用作补充检测以改善检测结果。如果一个像元的可信度标记小于 0.95，但大于 0.05，则应用此方法。如果被检测像元与周围像元的亮温差小于或等于 0.5°，则将最终的可信度提高一个等级，例如，将不确定提升为可能的晴空。

（8）补充检测。为了尽量减少晴空信息的损失，本方案中设置了补充检测，将错划为云的晴空像元纠正过来。在白天的水陆混合区域以及浅水区域，晴空和云的光谱信号往往非常相似。而且当水陆表面共存于同一个区域时，晴空和云很难区分。浅水底的沉淀物或河流奔泻处附近水体中的悬浮颗粒会导致与云相似的信号。如果没有光谱试验发现高云，且 NDVI<−0.18 或>0.4，那么可疑像元被标记为晴空，低值对应晴空水体，高值对应晴空陆地。如果 NDVI 的值处于这两个阈值之间，那么云检测的结果保持不变。

在太阳耀斑区，对于一个给定的像元，如果初始的结果是不确定的或是云，且没有试验发现有高云，那么就进行下面的操作：若 $\mathrm{BT}_{3.7} - \mathrm{BT}_{11} < 15\mathrm{K}$ 且 $R_{0.895} / R_{0.935} > 0.3$ 并且通道 9（0.443μm）没有饱和，那么该像元被标记为可能的晴空，否则标记为不确定。这样做的目的是将亮的低云从几乎同样亮的无云水体的太阳耀斑中区分出来。这些阈值大都是利用 MODIS 数据通过试验得到的。厚的水相态云常使得 $R_{0.895} / R_{0.935}$ 取低值，而通道 9 在亮云上常会饱和，亮温差阈值的设置使得对那些较暗的区域或者被其他试验控制得较好的区域的云检测结果不被更改。

另外的两个补充检测是 $R_{1.2} / R_{0.55}$ 检测和红外窗区空间均一性检测，前者主要用于陆地，后者主要用于大的水体，但不将该方法用于水陆交界处的水体。

2）云检测方法构建

通常云检测方法是根据所研究区域的特点而选用的。融合这些检测方法，并将它们恰当地分组，用于不同的下垫面，即可实现对不同研究区域的云检测。以下就云检测的输入与输出、检测方法的融合、下垫面的处理方案，以及云检测中出现的一些问题进行讨论，并最终实现云检测。

研究区域以我国东南省份及海域为例，需要输入的云检测数据包括经过定标定位的 MODIS 1B 通道 1、2、4、5、6、9、17、18、20、22、26、27、31、35，以及一些辅助数据，如太阳和卫星的高度角和方位角等，这些数据可从 MODIS 1B 数据中获取。

输出结果包括高云检测结果、中云检测结果、低云检测结果和最终的云检测结果，同时还包括云和晴空的 0，1 模板。这些结果均以晴空可信度标记。算法设计的难点在于如何将多种方法检测的结果综合形成最终的可信度标志。如果所选用的云检测方法彼此间是相互独立的，即某一种方法只对某一类云敏感，那么可采用式（3.17）的方法获得最终的检测结果。

$$Q = \sqrt[N]{\prod_{i=1}^{N} F_i} \qquad (3.17)$$

式中，F_i 为第 i 个检测方法获取的可信度；N 为检测方法的个数；Q 为最终的云检测结果。

运用这种方法可以保证，如果任何一个检测方法的检测结果为高可信度的云，那么，最终的结果也会被划为云。但实验证明，云检测方法并不是彼此独立的，不同的光谱检测方法可能都对同一类云具有敏感性。例如，考虑白天海洋的非太阳耀斑区，如果层积云出现，那么，可见光反射率法、反射率比法和 $BT_{3.9} - BT_{11}$ 亮温差法都能检测到它们。同样是这些方法，有可能检测不到三光谱法能够检测到的均匀薄卷云。$R_{1.38}$ 和 $BT_{13.9}$ 方法能够很好地检测到很薄的卷云，却检测不到低层的云。鉴于此，可对云检测方法进行分组。分组的原则是将对同一类云敏感的方法归为一组，使同一组方法之间具有较高的相关性，而组与组之间具有较高的独立性。分组方法如下：

（1）高云检测：$BT_{13.9}$、$BT_{6.7}$、$R_{1.38}$。

（2）中云检测：$R_{0.66}(R_{0.87})$、$R_{0.87} / R_{0.66}$、BT_{11}。

（3）低云检测：$BT_{3.9} - BT_{11}$、$BT_{3.7} - BT_{3.9}$。

在此基础上，采用式（3.18）确定每组的云检测可信度。因为，每一组中的各个方法都对同一类云敏感，所以，只要有一种方法检测到云，就认为该种云类出现。

$$Q = \min[F_i] \qquad (3.18)$$

在得出每一组的检测结果之后，由于每组间有一定的独立性，可采用式（3.17）综合各组的结果得出初始的最终结果，根据这一结果决定是否采用补充方法进行检测，经过补充检测之后即可得出最终的检测结果。这一方法依然是晴空保守的方法，如果任一方法检测到云（即 $F_i = 0$），则最终的可信度仍为 0。

最后，将检测结果的最终可信度归为四个等级：可信度 ≥ 0.99 时，为晴空；0.95 ≤ 可信度 < 0.99 时，为可能的晴空；0.66 ≤ 可信度 < 0.95 时，为不确定；可信度 < 0.66 时，为云。

云检测前首先将所需的云检测数据转化为相应的反射率和亮温数据，并由这些数据获取水陆标识数据，最后将这些数据和水陆标识数据及角度数据一起存入一个临时文件中，作为云检测的直接数据源。临时文件中包含两个数据集，第一个数据集为云检测所需要的各通道反射率和亮温值及水陆标识数据；第二个数据集为散射角数据，用于判断像元是否处于太阳耀斑区。

本算法采用的是逐像元检测方法，云检测开始时先对第一个像元进行水陆判识，然后根据该像元的水陆类型选用相应的云检测方法依次进行高云检测、中云检测和低云检测。选用的云检测方法及阈值随下垫面的变化而变化。例如，在可见光反射率云检测中，陆地像元与水体像元的检测方法及阈值均不同，水体像元的检测阈值还随太阳散射角的变化而变化等。所有这些变化都是在程序中自动实现的。检测中，将每组的最小可信度作为本组的可信度，将各组的可信度相乘再开 3 次方（3 为实际采用的云检测的组数）得初始的可信度，根据这一结果决定是否采用补充检测，在完成补充检测后得到最终云检测可信度。然后对第二个像元进行操作，如此下去，直至完成。图 3.25 为流程图。

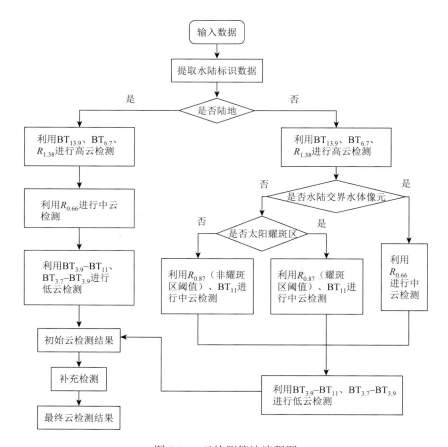

图 3.25　云检测算法流程图

2. MODIS 影像云检测算法构建

由于陆地和水体在光谱特性上存在差异，云检测中针对水体和陆地的检测方法可能不同，或者检测方法相同，但选用的阈值不同，因此，云检测中像元的水陆判识是必需的。常用的方法是采用水陆标识数据，如对 MODIS 图像，可利用 MOD03 中的水陆标识数据辅助云检测。这里探讨缺少水陆标识数据时的云检测方法，并对这一方法的可行性进行分析，用实验证明该方法可行、实用，并将其应用于云检测系统之中。

1）厚云检测方法

首先，选用一种简单、有效的方法进行厚云检测，或称为粗云检测，要求该方法无论对水体还是陆地都能给出正确的检测结果，即可以不考虑下垫面的类型。其次，剩下的即薄云、云边缘或晴空像元。再次，选用适当的方法对该部分进行水陆判识。最后，可根据像元的不同类型选用相应的检测方法及阈值进行进一步的云检测，或称为细云检测。综上所述，采用这种方法必须解决如下两个问题：①采用何种方法进行厚云检测；②如何获取除厚云外其他像元的水陆信息。

MODIS 仪器中有很多与云检测相关的通道，如通道 1、2、4、5、6、9、17、18、20、26、27、31、35 等。通过对云和各种下垫面在这些通道的光谱性质的分析发现，对厚云较为敏感的是通道 1 和通道 2 的反射率，两者相比选择 MODIS 通道 1 的反射率进行厚云检测是较为理想的，这是因为土壤、植被、水体在该波段的反射率与厚云的反射率相比要小得多。表 3.12 给出了对一景 MODIS 图像的通道 1、通道 2 反射率数据实际抽样统计平均值的结果。表 3.12 显示，厚云的反射率约为其他三种地物反射率的 4 倍，设定固定的阈值能够将厚云准确无误地检测出来。通过对多时相的 MODIS 图像的分析，并综合考虑厚云检测的准确性及对剩下像元进行水陆信息提取的可能性，最终将阈值定为 0.22。这一阈值在保证厚云被检测出来的同时，防止了将较亮的地物误判为云。

表 3.12 MODIS 通道 1、通道 2 的统计分析结果

统计类别	水体	土壤	植被	云
通道 1	0.10509	0.10018	0.08653	0.41553
通道 2	0.05484	0.11446	0.25998	0.42369
$R_{0.87}/R_{0.66}$	0.52	1.14	3.0	1.02

提取水陆信息的机理是水体在近红外和中红外具有很强的吸收特性，几乎吸收了全部的入射能量，反射率很小，相比之下土壤和植被在这两个波段内吸收的能量较少，具有较高的反射率[37]。因此，设置适当的阈值即可实现水陆信息的提

取。其他的方法还有很多，如差值法、比值法、密度分割法、色度判别法、谱间关系分割法及基于知识的自动判识法等[38]。针对本应用的特点，选用 MODIS 通道 2（0.87μm）与通道 1（0.66μm）的反射率比进行水陆信息的提取，这样做是基于如下考虑：其一，水体在 0.87μm 波段具有较强的吸收特性，反射主要为瑞利散射和气溶胶散射，这两种散射在 0.87μm 波段较小，在 0.66μm 波段较大，晴空水体像元的这一比值一般在 0.75 以下；对于植被像元，0.67μm 是其一个吸收峰，而在 0.87μm 处具有较高的反射率，该比值一般在 1.80 以上。对于泥土、城市像元，这两个通道的反射率相近，该比值一般大于 1。因此，通过设定合适的阈值实现晴空条件下像元的水陆判识是可能的。其二，比值处理可以部分消除地形、云和阴影带来的影响，从而能够实现薄云及云边缘下像元的水陆判识。下面给出简单的分析。

在薄云覆盖的地区，卫星传感器接收的信息中包括来自云和云下地表的信息，以及大气的程辐射[39]。

$$S_i = C_i + G_i + P_i \qquad (3.19)$$

式中，i 为通道号；S_i 为通道 i 传感器接收到的值；C_i 为通道 i 来自云的那部分信息；G_i 为通道 i 来自云下地表的信息；P_i 为通道 i 大气程辐射。

故比值图像 R 可表示为

$$R = \frac{S_2}{S_1} = \frac{C_2 + G_2 + P_2}{C_1 + G_1 + P_1} \qquad (3.20)$$

对薄云覆盖下的水体：

$$R_{\text{water}} = \frac{S_2}{S_1} = \frac{C_2 + G_2^{\text{water}} + P_2}{C_1 + G_1^{\text{water}} + P_1} \qquad (3.21)$$

对薄云覆盖下的陆地：

$$R_{\text{land}} = \frac{S_2}{S_1} = \frac{C_2 + G_2^{\text{land}} + P_2}{C_1 + G_1^{\text{land}} + P_1} \qquad (3.22)$$

由云的反射特性知，云在 MODIS 通道 1、通道 2 的反射特性相似，即 C_1 和 C_2 取值相近，而程辐射 P_1 和 P_2 的量值较小，可以忽略，这样，对 R 有较大影响的量仅为 G_1 和 G_2。对通道 1 而言，水体的反射值通常高于陆地，即 $G_1^{\text{water}} > G_1^{\text{land}}$，对通道 2 而言，水体的反射值小于陆地，即 $G_2^{\text{land}} > G_2^{\text{water}}$，故有

$$R_{\text{land}} > R_{\text{water}}$$

即云覆盖下的陆地的值高于云覆盖下的水体的值，选取适当的阈值即可识别出云下的水体。

（1）厚云去除的效果。图 3.26 给出了 Terra 卫星于 2002 年 10 月 3 日获取的一景图像的一部分，图 3.26（a）为 MODIS 通道 1 的原图，图 3.26（b）为厚云

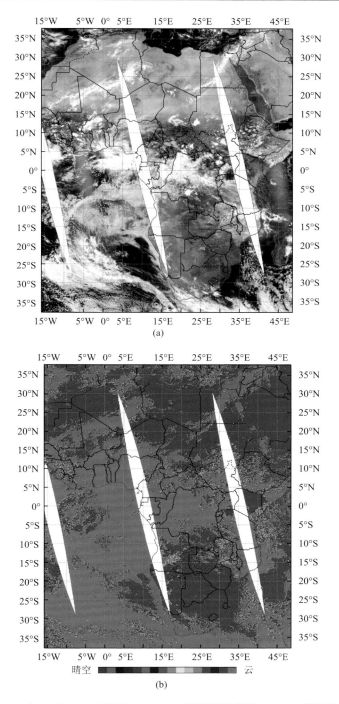

图 3.35 2018 年 10 月 1 日非洲地区 MODIS 真彩色影像和 MODIS 算法云识别结果

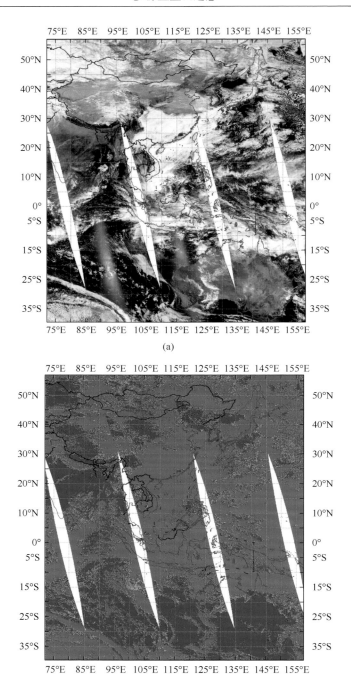

图 3.36　2019 年 1 月 1 日西太平洋区域 MODIS 真彩色影像和 MODIS 算法云识别结果

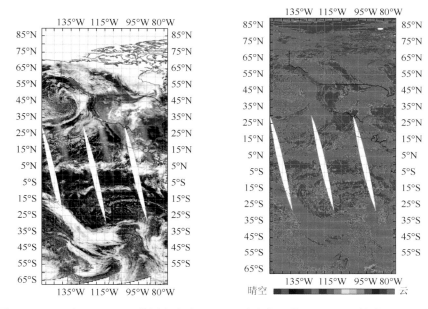

图 3.37 2017 年 5 月 10 日美国东海岸 MODIS 真彩色影像和 MODIS 算法云识别结果

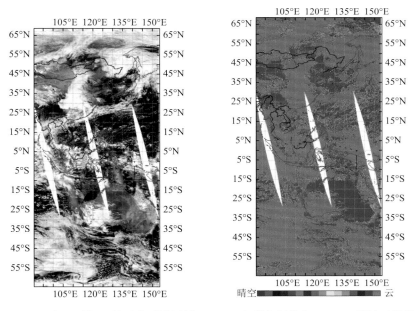

图 3.38 2018 年 11 月 10 日西太平洋区域 MODIS 真彩色影像和 MODIS 算法云识别结果

（1）目视判识质量评定。为了估计检测结果的准确性，选取 2002～2004 年不同月份的多景图像进行准确性估计。综合多时相、多通道图像用目视的方法并结合当地的生态、地理等特点，将像元简单地划分为厚云、光学卷云、光学薄云、云边缘、土壤、水体和植被七类（由于本书主要考虑东南省份，所以没有考虑荒漠类型），除植被和土壤外，每类选取 400 个样本点（植被和土壤均为 200 个样本点），共 2400 个样本点进行检测结果正误的判断。其中每点的位置由该点的坐标表示，每一个取自原始图像的样本点都与同一位置的云检测结果相对比，见表 3.15。

表 3.15　准确性估计统计结果

项目	云类型				地表类型		
	厚云	光学卷云	光学薄云	云边缘	土壤	水体	植被
云像元/个	400	400	397	364	6	0	0
无云像元/个	0	0	3	36	194	400	200
云像元检测准确率/%	$(400+400+397+364)/1600 \times 100 \approx 97.6$						
无云像元检测准确率/%	$(194+400+200)/800 \times 100 \approx 99.3$						
总的准确率/%	$(400+400+397+364+194+400+200)/2400 \times 100 \approx 98.1$						

在统计对比中，没有考虑本方案检测结果中被标定为不确定的像元，因此，统计结果的准确率较高，另外，将检测结果为可能的晴空像元视为晴空像元。统计结果见表 3.15。表中显示，对于厚云、光学薄云、水体和植被，一般不会出现误判。$R_{1.38}$ 云检测方法的运用，使得光学卷云的检测不再是难题。即使对裸露的土壤，采用 $3.7\mu m$ 与 $3.9\mu m$ 通道的亮温差云检测，使得误判的概率得到了很大的抑制。误判主要出现在云边缘检测中。因为在云边缘，云层逐渐变薄，并且存在一定数量的部分云盖像元，云的光谱特性被弱化，给人工判识带来了一定的困难。在机器判识中，尽管选用的 $BT_{3.9} - BT_{11}$ 亮温差检测方法对部分云盖像元较为敏感，但当云层较薄且所占的比例较小时，也很难被检测出来，仪器本身的噪声也是影响云边缘检测的一个因素。因此，在云边缘的检测中，不论是人工判识还是机器判识都存在很大的不确定性，这是云边缘检测中出现错检和较多不确定像元的主要原因。由此可见，本方案提供的除少部分云边缘外的云检测结果外均较为准确。由于检测的结果以可信度表示，因而对云边缘部分，使用者可以通过可信度获得定量的参考。本方案选用的 $3.7\mu m$ 与 $11\mu m$ 通道亮温差云检测对部分云盖像元较为敏感，再加之采用了晴空保守检测法，可以推测，被判为不确定的像元中大多数将不同程度地被云覆盖，对那些受云的影响较大的像元，应将其视为云像元。同样，对那些受云影响较小的像元，可能的晴空像元也可视为晴空像元。

（2）本算法结果与 MOD35 的对比。鉴于上述分析，在与 MODIS 标准的云盖产品作比较时，仅就各类云的边缘部分作比较。下面给出两次检测结果的比较实例，分别就中、低云边缘和高云边缘的检测结果与 MOD35 做对比。云边缘被暂定为相距最近的全为云和全为晴空像元的两行（或两列）之间的部分。

图 3.39 给出的是 2004 年 11 月 5 日 MODIS 图像云检测的一部分，云的类型属于中、低云。图 3.39（a）为 MOD35 的检测结果，白色为云，黑色为晴空。图 3.39（b）为本方案的检测结果，蓝色代表晴空，绿色代表可能的晴空，红色代表不确定的像元，白色为云。仅就两直线间的云边缘部分作对比，鉴于本算法的特点，将 11 个不确定像元划为云像元，2 个可能的晴空像元划为晴空像元，并假定 MOD35 为准确结果，其中共有 219 个晴空像元和 291 个云像元。对比的结果见表 3.16。

 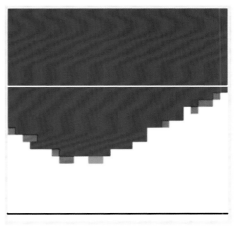

(a) MOD35的检测结果　　　　　　　　　　　(b) 本方案的检测结果

图 3.39　中、低云边缘检测结果与 MOD35 的对比

表 3.16　中、低云边缘检测结果与 MOD35 的对比结果

MOD35 的检测结果	本方案的检测结果			
	云像元	无云像元	总计	准确率/%
云像元	285	6	291	97.9
晴空像元	16	203	219	92.7

由表 3.16 可知，本方案相对于 MOD35 产品的云像元检测准确率为 97.9%，即在 MOD35 中被判识为云的像元中有 97.9%的像元在本方案中也被判识为云，两者符合的程度较高。晴空像元检测的准确率为 92.7%，即在 MOD35 中被判识为晴空的像元中有 92.7%在本方案中被判识为晴空，约 7.3%被判识为云，两者

符合的程度稍差一些。这是为了提供更为准确的晴空数据，采用晴空保守的方法造成的。

　　图 3.40 给出的是高云边缘的检测结果，其中图 3.40（a）为 MOD35 的检测结果，图 3.40（b）为本方案的检测结果。比较时仅就下面 7 行的云边缘部分作对比，将 24 个不确定像元划为云像元，10 个可能的晴空像元划为晴空像元，并假定 MOD35 为准确结果，其中共有 104 个晴空像元和 92 个云像元。

(a) MOD35的检测结果　　　　　　　　　　　　(b) 本方案的检测结果

图 3.40　高云边缘的检测结果与 MOD35 的对比

　　表 3.17 为对比的结果，本方案相对于 MOD35 产品的云像元检测准确率为 98.9%，即在 MOD35 中被判识为云的像元中有 98.9%的像元在本方案中也被判识为云，两者符合的程度较高。晴空像元检测的准确率为 78.8%，即在 MOD35 中被判识为晴空的像元中有 78.8%在本方案中被判识为晴空，约 21.2%被判识为云，两者符合的程度较差。这说明在云边缘检测中存在很大的不确定性，对云边缘的检测仍是努力的方向。

表 3.17　高云边缘检测结果与 MOD35 的对比结果

MOD35 的检测结果	本方案的检测结果			
	云像元	无云像元	总计	准确率/%
云像元	91	1	92	98.9
晴空像元	22	82	104	78.8

　　综上所述，在缺少水陆标记数据和地理生态数据的条件下，仅利用 MODIS 1B 数据对局部地区进行云检测也能给出较好的结果，准确性估计及与 MOD35 标准云检测结果的对比均可以说明。但云边缘仍是云检测中的一个难题，本算法还需在实践中不断地验证和完善。

传输模型模拟的蓝光波段反射率之差与云量的关系图，图 3.45（d）为中纬度冬季大气模式下蓝光波段反射率真实值与 6SV 辐射传输模型模拟的蓝光波段反射率之差与云量的关系图。

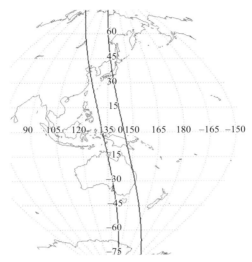

图 3.44　2012 年 2 月 20 日 PARASOL L1B 数据轨迹图

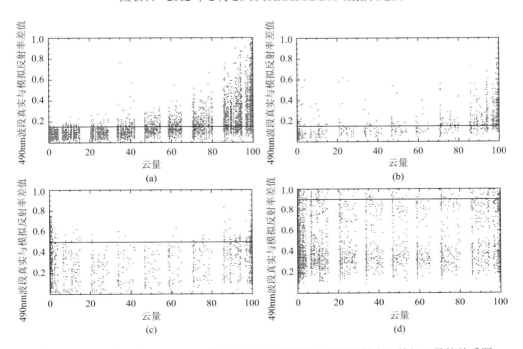

图 3.45　2012 年 2 月 PARASOL 蓝光波段真实反射率与模拟反射率之差与云量的关系图

图 3.46～图 3.65 分别为 2012 年 3～12 月的 PARASOL L1B 数据的轨迹图和不同大气模式下，蓝光波段反射率真实值与 6SV 辐射传输模型模拟的蓝光波段反射率之差与云量的关系图。该轨数据按照纬度分割，分割结果如表 3.18 所示。图（a）为热带大气模式下蓝光波段反射率真实值与 6SV 辐射传输模型模拟的蓝光波段反射率之差与云量的关系图，图（b）为中纬度夏季大气模式下蓝光波段反射率真实值与 6SV 辐射传输模型模拟的蓝光波段反射率之差与云量的关系图，图（c）为高纬度夏季大气模式下蓝光波段反射率真实值与 6SV 辐射传输模型模拟的蓝光波段反射率之差与云量的关系图，图（d）为中纬度冬季大气模式下蓝光波段反射率真实值与 6SV 辐射传输模型模拟的蓝光波段反射率之差与云量的关系图，图（e）为高纬度冬季大气模式下蓝光波段反射率真实值与 6SV 辐射传输模型模拟的蓝光波段反射率之差与云量的关系图。

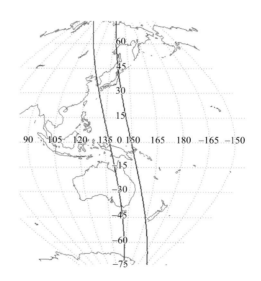

图 3.46　2012 年 3 月 20 日 PARASOL L1B 数据轨迹图

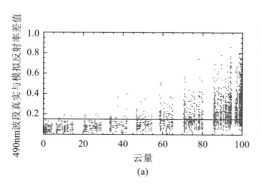

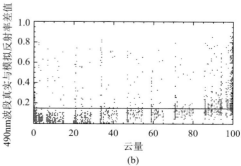

(a)　　　　　　　　　　　　　　(b)

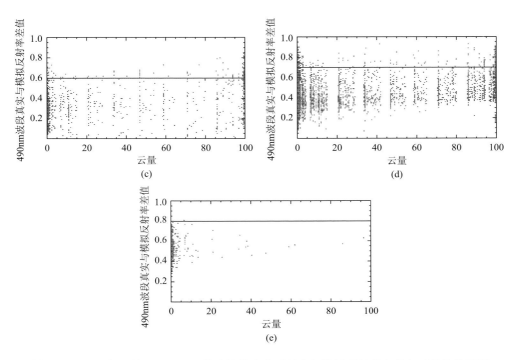

图 3.47 2012 年 3 月 PARASOL 蓝光波段真实反射率与模拟反射率之差与云量的关系图

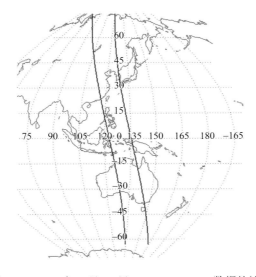

图 3.48 2012 年 4 月 20 日 PARASOL L1B 数据轨迹图

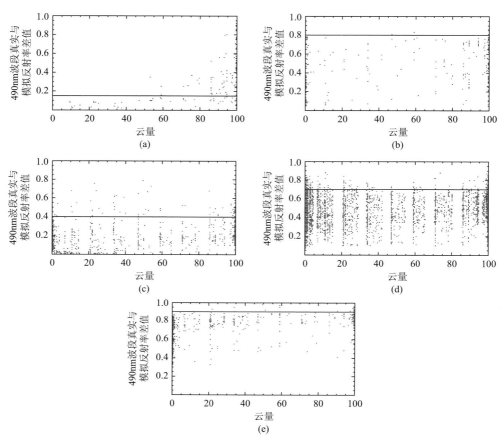

图 3.49　2012 年 4 月 PARASOL 蓝光波段真实反射率与模拟反射率之差与云量的关系图

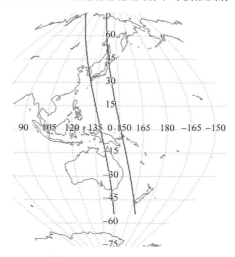

图 3.50　2012 年 5 月 18 日 PARASOL L1B 数据轨迹图

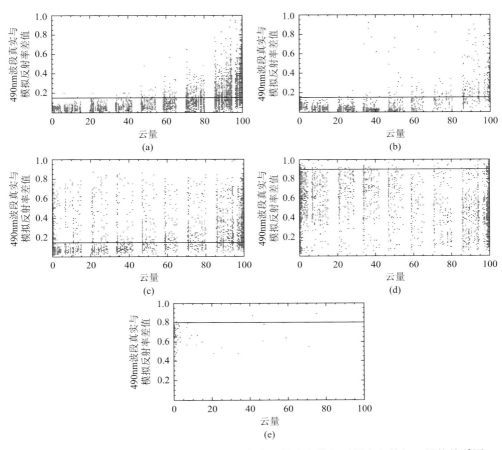

图 3.51 2012 年 5 月 PARASOL 蓝光波段真实反射率与模拟反射率之差与云量的关系图

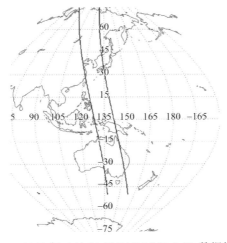

图 3.52 2012 年 6 月 20 日 PARASOL L1B 数据轨迹图

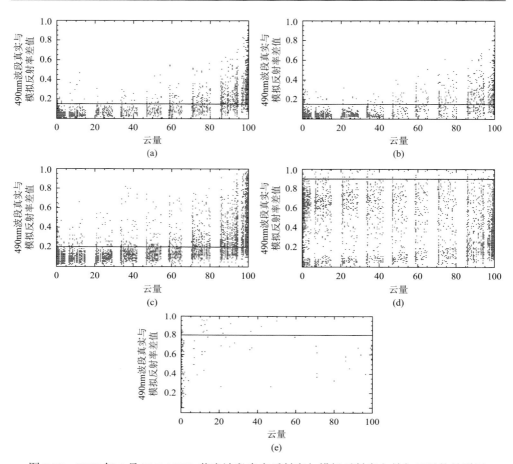

图 3.53　2012 年 6 月 PARASOL 蓝光波段真实反射率与模拟反射率之差与云量的关系图

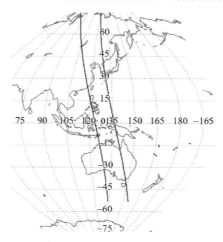

图 3.54　2012 年 7 月 20 日 PARASOL L1B 数据轨迹图

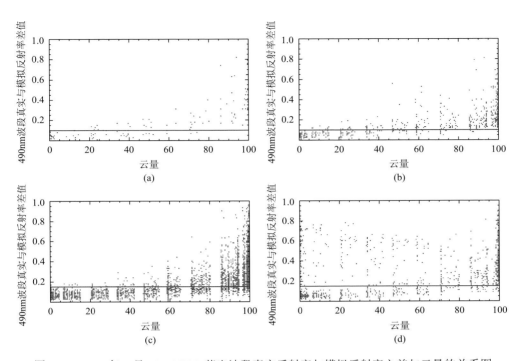

图 3.55　2012 年 7 月 PARASOL 蓝光波段真实反射率与模拟反射率之差与云量的关系图

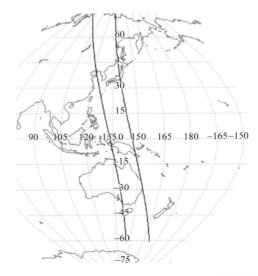

图 3.56　2012 年 8 月 20 日 PARASOL L1B 数据轨迹图

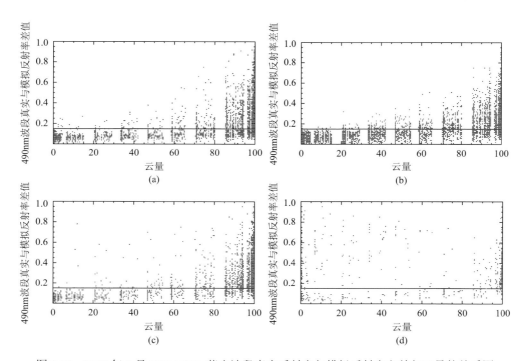

图 3.57　2012 年 8 月 PARASOL 蓝光波段真实反射率与模拟反射率之差与云量的关系图

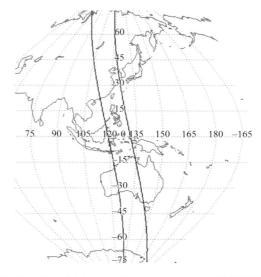

图 3.58　2012 年 9 月 20 日 PARASOL L1B 数据轨迹图

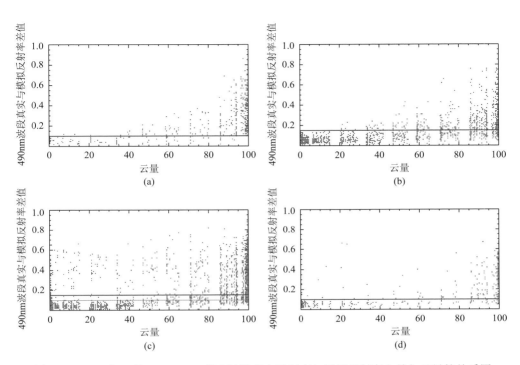

图 3.59　2012 年 9 月 PARASOL 蓝光波段真实反射率与模拟反射率之差与云量的关系图

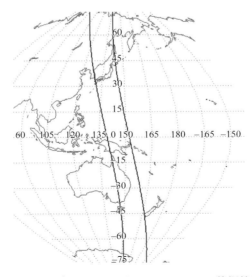

图 3.60　2012 年 10 月 20 日 PARASOL L1B 数据轨迹图

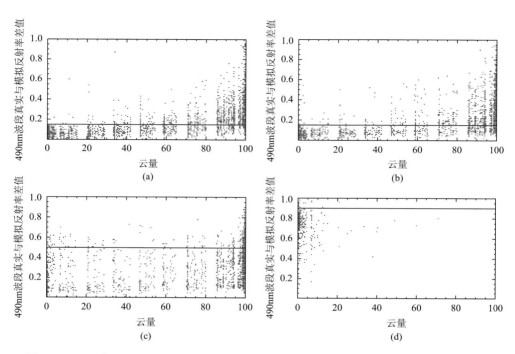

图 3.61　2012 年 10 月 PARASOL 蓝光波段真实反射率与模拟反射率之差与云量的关系图

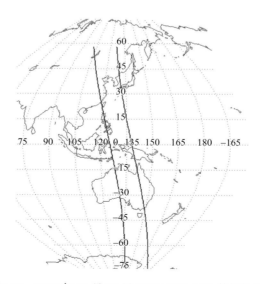

图 3.62　2012 年 11 月 20 日 PARASOL L1B 数据轨迹图

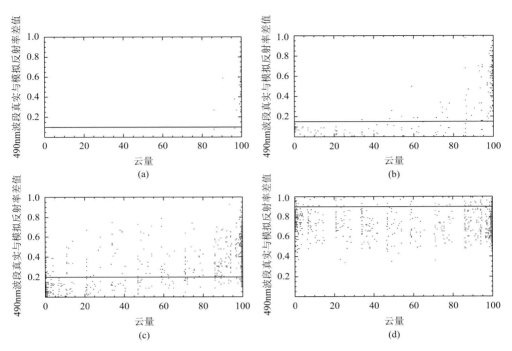

图 3.63　2012 年 11 月 PARASOL 蓝光波段真实反射率与模拟反射率之差与云量的关系图

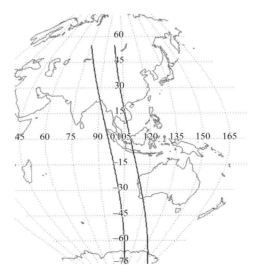

图 3.64　2012 年 12 月 20 日 PARASOL L1B 数据轨迹图

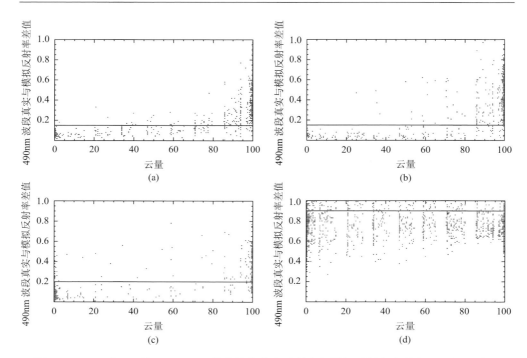

图 3.65　2012 年 12 月 PARASOL 蓝光波段真实反射率与模拟反射率之差与云量的关系图

表 3.18　2012 年不同大气模式下的陆地像元蓝光波段反射率个数划分一览表

月份	T	MLS	SAS	MLW	SAW
1	14506	6200	5724	5909	0
2	10883	4225	4559	8144	0
3	7570	3038	3549	8231	1071
4	289	395	1722	7223	1278
5	6670	2583	7691	5469	112
6	12131	4299	9522	6537	164
7	496	1198	7023	1444	0
8	6166	11990	8187	1273	0
9	1278	3364	7934	1080	0
10	3660	6799	4873	688	0
11	174	209	817	1272	0
12	980	604	476	2038	0

注：其中大气模式的缩写包括：热带（T）、中纬度夏季（MLS）、中纬度冬季（MLW）、高纬度夏季（SAS）和高纬度冬季（SAW）。

　　经过上述的统计图（图 3.42～图 3.65）分析可知，不同月份、不同大气模式下，陆地蓝光波段反射率检测使用的阈值 ΔR_{l} 有所不同，统计分析结果如表 3.19 所示。

表 3.19　不同大气模式下陆地蓝光波段反射率检测阈值 ΔR_1 查找表

月份	T	MLS	SAS	MLW	SAW
1	0.15	0.15	0.50	0.90	—
2	0.15	0.15	0.50	0.90	—
3	0.15	0.15	0.60	0.70	0.80
4	0.15	0.80	0.40	0.70	0.90
5	0.15	0.15	0.15	0.90	0.80
6	0.15	0.15	0.20	0.90	0.80
7	0.10	0.10	0.15	0.15	—
8	0.15	0.15	0.15	0.15	—
9	0.10	0.15	0.10	0.10	—
10	0.15	0.15	0.50	0.90	—
11	0.10	0.15	0.20	1.00	—
12	0.15	0.15	0.20	1.00	—

根据图 3.42～图 3.65 和表 3.19 结果可知,在热带和中纬度夏季的大气模式下,阈值基本为 0.15,故将热带和中纬度夏季大气模式下使用的阈值设置为 0.15。而当季节发生变化时, 由于下垫面存在季节性变化, 阈值也在不断变动,特别是在中纬度冬季和高纬度冬季区域。因此, 除热带和中纬度夏季大气模式外的大气模式下, 不同月份使用的阈值有所不同,为动态的非单一阈值。

虽然在进行阈值统计时, 采用不同时间、不同空间的 PARASOL 数据进行阈值统计, 偏振多角度卫星影像的蓝光波段范围与 PARASOL 的波段范围会有所不同, 但是该套方法在后期进行云检测时, 可以直接使用不同时间和不同空间的偏振多角度卫星数据替换得到该检测中所需要的动态阈值,对算法模型不会产生影响。阈值的统计也只是证明此检测过程中所使用的阈值考虑了不同大气模式下不同时间和不同空间的变化对蓝光波段反射率的影响。在对 ΔR_1 进行统计时, 该阈值应为动态阈值, 而非 PARASOL 云检测算法中使用单一的固定阈值, 为 0.15。

阈值 $\Delta R_1'$ 和 Δm 是特殊下垫面情况下的特殊阈值, 此阈值参考 PARASOL 云检测算法中的阈值统计方法, 对特殊区域下垫面的反射率与云量的关系进行了统计。

$\Delta R_1'$ 和 Δm 是针对特殊下垫面所选择的阈值, 具有特殊性, 因此, 不再考虑其他变化因素, 依然选择单一固定阈值作为结果。经下垫面为沙漠和植被的不同时空的 PARASOL 数据统计可知, 阈值均为 0.10, 与 PARASOL 云检测算法中的阈值相同。因此,对于特殊下垫面使用的阈值不再做特殊处理,仍然使用与 PARASOL 云检测算法中关于特殊下垫面的相同阈值 0.10。

综上所述, 蓝光波段反射率检测中, 对于沙漠、植被等特殊下垫面使用与

PARASOL 云检测算法相同的阈值 0.10。而对于其他非特殊下垫面使用的阈值，通过不同大气模式下不同时空的多幅 PARASOL 影像蓝光波段反射率与云量的关系统计获得，得到了随大气模式变化的蓝光波段反射率检测动态阈值。

2）陆地上空表观压强检测

（1）原理。在氧气 A 吸收波段，偏振多角度卫星存在两个通道，分别是宽度较宽的工作谱段和宽度较窄的工作谱段。假设地表平均反射率和云像元的平均反射率在这两个通道内是近似相等的。两个波段的测量值的比可以使用大气传输方程计算，该比值受大气吸收的影响。由于氧气在大气中较复杂，传输方程是由几何观测条件和压强构成的函数关系式，该传输方程如式（3.26）～式（3.29）所示。

$$P_{\mathrm{app}} = P_0 \sqrt{\frac{A\exp(-\beta X) + G(m, X)}{m}} \tag{3.26}$$

$$G(m, X) = \sum_{i=0}^{2}\sum_{j=0}^{2} a_i^j m^i X^j \tag{3.27}$$

$$X = \frac{R_{\mathrm{N}}^{\mathrm{mes}} - R_{\mathrm{N}}^{\mathrm{mol}}}{R_{\mathrm{W}}^{\mathrm{mes}} - R_{\mathrm{W}}^{\mathrm{mol}}} \tag{3.28}$$

$$m = \frac{1}{\mu_{\mathrm{S}}} + \frac{1}{\mu_{\mathrm{V}}} \tag{3.29}$$

式（3.26）～式（3.29）中，P_{app} 为表观压强；P_0 为标准大气压强，值为 1013hPa；A、β、X 和 m 均为统计获得的常量，其中 A 为 1728.1，β 为 9.4017；a_i^j 的值如表 3.20 所示；下标 N 和 W 分别表示宽度较窄的工作谱段和宽度较宽的工作谱段；$R_{\mathrm{N}}^{\mathrm{mes}}$ 和 $R_{\mathrm{N}}^{\mathrm{mol}}$ 分别为宽度较窄的工作谱段测量值和分子散射模拟值；$R_{\mathrm{W}}^{\mathrm{mes}}$ 和 $R_{\mathrm{W}}^{\mathrm{mol}}$ 分别为宽度较宽的工作谱段测量值和分子散射模拟值；μ_{S} 和 μ_{V} 分别为太阳天顶角的余弦值和观测天顶角的余弦值。为了降低随机误差，表观压强取有效的各个观测方向的平均值，用 $\mathrm{MP}_{\mathrm{app}}$ 表示一个像元各个有效方向的平均表观压强。如果满足式（3.30），则被识别为云像元。

$$P_{\mathrm{surf}} - \mathrm{MP}_{\mathrm{app}} > \Delta P \tag{3.30}$$

式中，ΔP 是基于观测值而不断调整后得到的阈值。

表 3.20　式（3.27）使用的 a_i^j 系数

| j | i | | |
	0	1	2
0	4.714	−4.243	0.541
1	−11.562	11.445	−1.479
2	7.174	−7.813	1.021

（2）阈值。陆地上空表观压强检测阈值可以通过式（3.30）计算求得。与 PARASOL 云检测算法不同的是，陆地上空表观压强测试中的地表压强加入了不同大气模式的变化因素。通过 6SV 辐射传输模型模拟不同大气模式下压强随高度的变化情况，模拟结果如图 3.66 所示，可以得到地表压强 P_{surf} 随高度 H 变化的函数表达式。不同大气模式下，压强随着高度变化可使用多项式拟合得到，该相关关系式为

$$P_{surf} = 1012.44 - 118.945H + 5.43875H^2 \\ - 0.109778H^3 + 0.000780614H^4 \tag{3.31}$$

式中，P_{surf} 为地表压强；H 为高度。

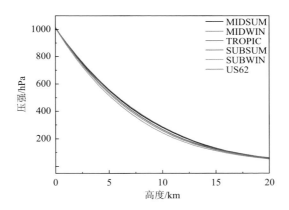

图 3.66　不同大气模式下压强随着高度变化图

P_{surf} 与 MP_{app} 的差值与 NDVI 密切相关,可由公式 $60 + 120 \times NDVI$ 得到 ΔP 的动态阈值。

3）陆地上空偏振反射率检测

（1）原理。由于水相态云在散射角 140° 附近具有虹效应，通过多角度偏振测试可以识别出水相态云的虹效应。近红外通道受大气中分子散射和气溶胶散射的影响最小，该通道的偏振反射率可以用于云检测。偏振反射率多产生于单次散射或者反射，可以使用 $(\mu_S + \mu_V)PR_7$ 校正受角度影响的偏振反射率。当散射角在 140° 附近，且校正后的近红外波段偏振反射率小于阈值 Δd 时，该像元可以被认为是云像元，即

$$(\mu_S + \mu_V)PR_7 < \Delta d \tag{3.32}$$

式中，μ_S 和 μ_V 分别为从卫星观测数据中获取的太阳天顶角的余弦值和观测天顶角的余弦值；PR_7 为测量得到的近红外波段的偏振反射率；Δd 为阈值。该测试对水相态云较敏感，不能用于识别冰相态云。

（2）阈值。当偏振多角度卫星一轨数据中的每一个像元进行云检测测试时，只要像元通过其中的一个测试，则认为该像元为云像元。当偏振反射率阈值测试中的角度测试不满足散射角在 140°左右时，认为该像元为无法进行偏振检测的像元。

同陆地上空蓝光波段反射率检测相同，在陆地偏振反射率测试阈值的统计中，也加入大气模式这一影响因素。如表 3.21 所示，选取散射角在 140°左右的 PARASOL 像元，针对不同大气模式，进行不同时空条件下 865nm 波段的偏振反射率与不同云量之间的相关性统计。

表 3.21　2012 年不同大气模式下的陆地像元 865nm 波段偏振反射率个数划分一览表

月份	T	MLS	SAS	MLW	SAW
1	6996	2924	3233	2267	0
2	6616	2162	2263	3965	0
3	2257	975	1398	4854	567
4	87	0	669	3513	623
5	2363	944	3817	3657	112
6	8500	2903	5438	5084	164
7	78	295	3572	829	0
8	3523	5944	4575	659	0
9	152	494	3401	317	0
10	540	808	1268	0	0
11	79	11	326	373	0
12	55	0	289	881	0

与陆地上空蓝光波段反射率检测一样，根据大气模式选用情况，分别选取 2012 年各月份中的一轨数据，对照表 3.21 按月份和纬度统计 865nm 波段偏振反射率阈值。图 3.67～图 3.78 分别为不同月份不同大气模式下校正后的 865nm 波段偏振反射率与云量的关系统计结果。

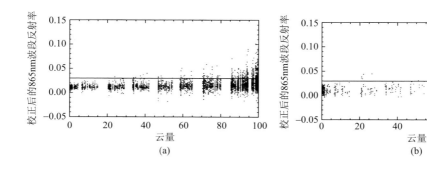

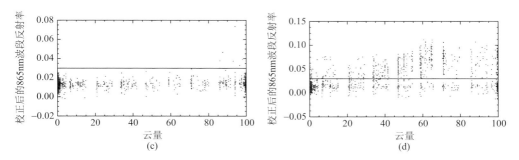

图 3.67 2012 年 1 月校正后的 PARASOL 865nm 波段偏振反射率与云量的关系图

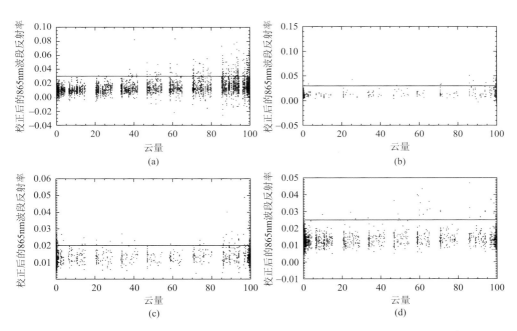

图 3.68 2012 年 2 月校正后的 PARASOL 865nm 波段偏振反射率与云量的关系图

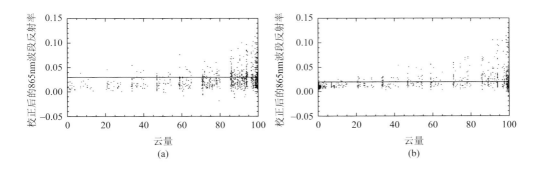

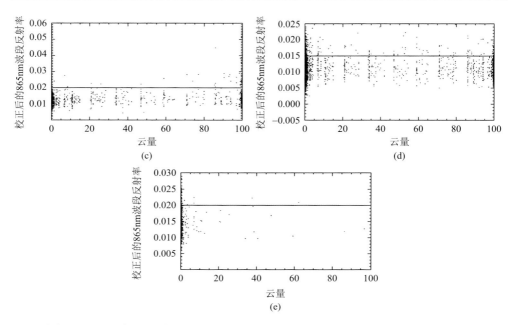

图 3.69　2012 年 3 月校正后的 PARASOL 865nm 波段偏振反射率与云量的关系图

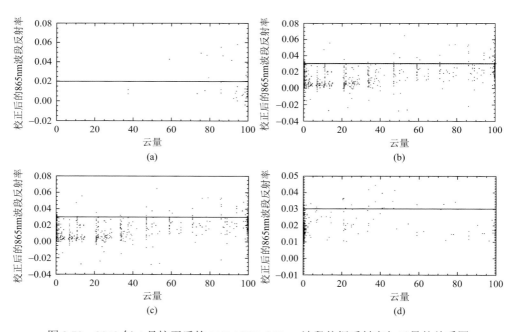

图 3.70　2012 年 4 月校正后的 PARASOL 865nm 波段偏振反射率与云量的关系图

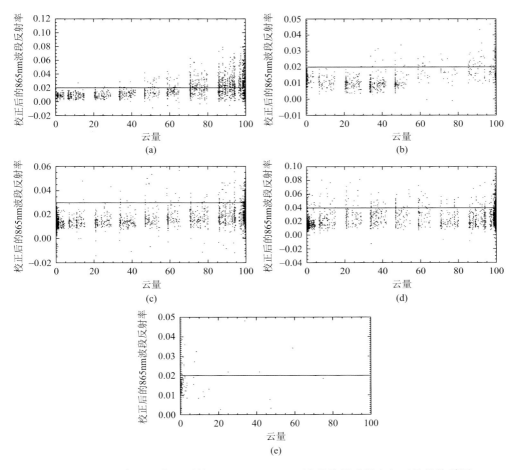

图 3.71 2012 年 5 月校正后的 PARASOL 865nm 波段偏振反射率与云量的关系图

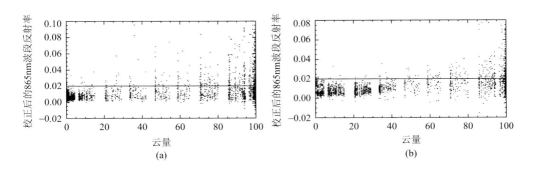

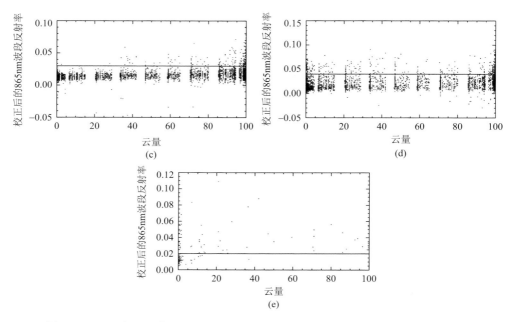

图 3.72   2012 年 6 月校正后的 PARASOL 865nm 波段偏振反射率与云量的关系图

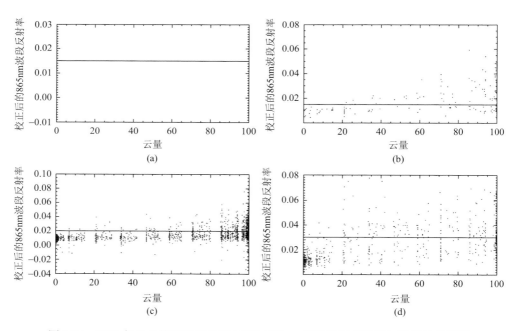

图 3.73   2012 年 7 月校正后的 PARASOL 865nm 波段偏振反射率与云量的关系图

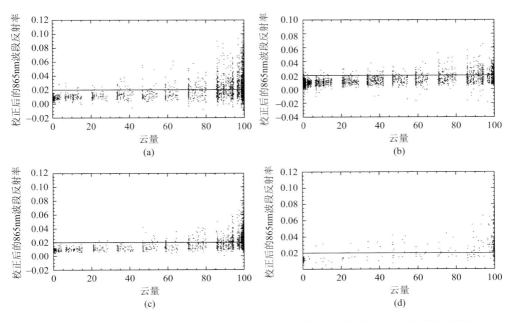

图 3.74　2012 年 8 月校正后的 PARASOL 865nm 波段偏振反射率与云量的关系图

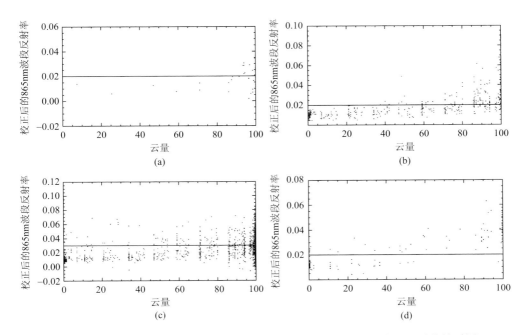

图 3.75　2012 年 9 月校正后的 PARASOL 865nm 波段偏振反射率与云量的关系图

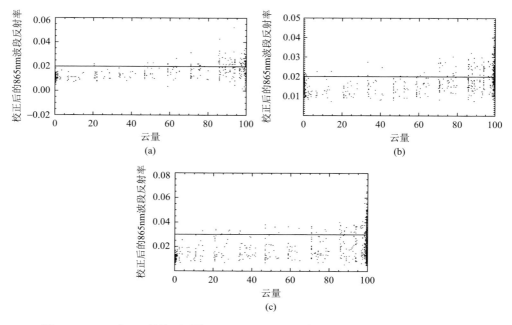

图 3.76 2012 年 10 月校正后的 PARASOL 865nm 波段偏振反射率与云量的关系图

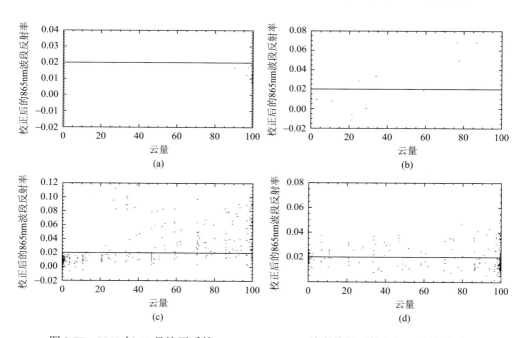

图 3.77 2012 年 11 月校正后的 PARASOL 865nm 波段偏振反射率与云量的关系图

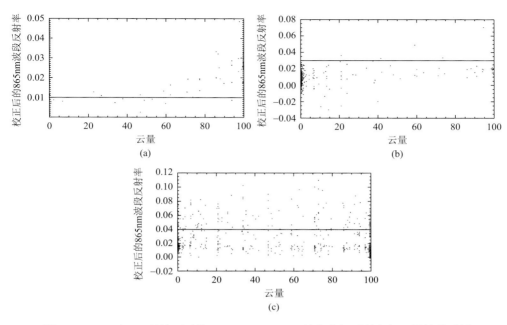

图 3.78　2012 年 12 月校正后的 PARASOL 865nm 波段偏振反射率与云量的关系图

经过图 3.67～图 3.78 的统计分析可得，在不同月份不同大气模式下，陆地偏振反射率测试使用的阈值也并非固定的阈值，统计分析结果如表 3.22 所示。

表 3.22　不同大气模式下陆地偏振反射率检测阈值查找表

月份	T	MLS	SAS	MLW	SAW
1	0.030	0.030	0.030	0.030	—
2	0.030	0.030	0.020	0.025	—
3	0.030	0.020	0.020	0.015	0.020
4	0.020	—	0.030	0.040	0.030
5	0.020	0.020	0.030	0.040	0.020
6	0.020	0.020	0.030	0.040	0.020
7	0.015	0.015	0.020	0.030	—
8	0.020	0.020	0.020	0.020	—
9	0.020	0.020	0.030	0.020	—
10	0.020	0.020	0.030	—	—
11	0.020	0.020	0.020	0.020	—
12	0.010	—	0.030	0.040	—

　　根据图 3.67～图 3.78 和表 3.22 的统计结果可知,当季节发生变化时,由于下垫面存在季节性变化,所以阈值也在不断变动,但是变化幅度较小,基本在 0.030 左右变动。这与 PARASOL 云检测算法中 865nm 波段偏振反射率检测中使用的固定阈值 0.050 是有所区别的。偏振反射率可以被认为受大气模式变化的影响较小,故此检测中使用固定阈值 0.030。

　　4)海洋上空表观压强检测

　　(1)原理。在干净的海洋上空,当海洋表面的压强为 1008hPa 时,表观压强 P_{app} 为 650～1200hPa[40]。表观压强的值浮动较大是因为位于太阳耀斑区以外的海洋表面反射率的值较低。当测量得到的反射率较低时,表观压强将会存在很大的误差。此外,反射光受到分子和气溶胶的影响不可忽视,表观压强会存在些许偏差。只有当干净的海洋表面具有较高的反射率时,表观压强才趋向于海洋表面反射率。

　　如果表观压强低于海洋表面压强,则该像元被识别为云。即

$$P_{\text{surf}} - P_{\text{app}} = \frac{R_{\text{W}}^{\text{mol}}}{R_{\text{W}}^{\text{TOA}}} \tag{3.33}$$

式中,P_{surf} 为海洋表面反射率;P_{app} 为表观反射率,阈值由氧气 A 吸收波段中的宽波段的分子反射率($R_{\text{W}}^{\text{mol}}$)与大气顶层反射率($R_{\text{W}}^{\text{TOA}}$)的比值决定,该阈值具有动态性。

　　(2)阈值。与上述阈值方法统计或计算相同,需要加入大气模式这一变化因素。因为 6SV 辐射传输模型计算出的分子散射反射率结果是按照大气模式的差异进行调用的,进行阈值计算时必定要调用该分子散射反射率结果,所以该阈值也不是单一的固定阈值,而是根据选用 PARASOL 提供的数据进行分子散射反射率的计算和 TOA 反射率的计算得到的。

　　将 PARASOL 数据中的 765nm 波段的分子散射反射率和 TOA 反射率之比进行统计,即可得到相关阈值。后期使用时,可以将其中 PARASOL 数据替换为具有偏振多角度特性的其他卫星数据。

　　5)海洋上空近红外波段反射率检测

　　(1)原理。海洋云检测的方法与陆地云检测的方法类似,但是需要考虑海面是否存在太阳耀斑区的影响,因此需要将太阳耀斑区剥离。由于偏振多角度卫星影像具有多角度的特征,可以分为多个观测角度——判断太阳耀斑是否存在。当一个方向的散射角小于 30°时,认为该方向存在太阳耀斑,继续处理其他几个方向的散射角。仅对散射角大于 30°的方向的数据进行云检测。

　　海洋上空如果没有太阳耀斑的存在,可以很容易地将云与地表区分开来,因

为海洋表面的反射率较低，特别是在对分子散射和气溶胶散射不敏感的红光波段和近红外波段，更容易将云识别出来。海洋上空的晴空条件下反射率可以通过辐射传输模型得到，该辐射传输模型计算时还需要考虑白帽效应、太阳耀斑及有色粒子含量的影响。

$$R_7^{\mathrm{mes}} - R_7^{\mathrm{clear}} > \Delta R_7 \tag{3.34}$$

如果式（3.34）中的偏振多角度卫星影像近红外波段反射率观测值与晴空条件下近红外波段的反射率值之差大于阈值 ΔR_7，则认为该像元为云像元。

（2）阈值。上述进行陆地上空云检测阈值的选取时，加入了大气模式这一影响因素，因此，在海洋上空云检测选取阈值时，也增加这一影响因素。选取不同时间不同空间的 PARASOL 一级数据，对其近红外 865nm 波段的真实反射率与6SV 辐射传输模型模拟的反射率的差与云量关系进行统计。

在非太阳耀斑区，海洋表面的反射率较低，特别是在对分子散射和气溶胶散射不敏感的近红外波段，可以更容易地将云识别出来。根据测量得到的 865nm 波段的反射率值与晴空条件下 865nm 波段的反射率值之差是否大于阈值 ΔR_{865} 进行云像元的判断。本部分对不同大气模式下，非太阳耀斑区测量得到的 865nm 波段的反射率值与晴空条件下 865nm 波段的反射率值之差与云量之间的关系做了相关统计。

选择的数据与陆地上空蓝光波段反射率检测部分的数据相同，在 2012 年全年每个月份中选取某一天的某一轨数据，按照上述大气模式选用情况，按照月份和纬度进行分割，来进行数据统计，像元数据的划分结果参照表 3.23。

表 3.23　2012 年不同大气模式下的海洋像元 865nm 波段反射率个数划分一览表

月份	T	MLS	SAS	MLW	SAW
1	27130	5006	9253	8130	0
2	27389	5648	9711	7664	0
3	28379	6455	10400	2606	532
4	31538	8925	7440	1561	3291
5	28681	6463	2408	5728	1776
6	27646	4758	405	5636	1743
7	31077	12202	3194	7431	0
8	31224	2880	3173	4763	0
9	31809	10552	5210	5054	0
10	31072	7405	4759	10349	0

月份	T	MLS	SAS	MLW	SAW
11	31448	9043	10976	9584	0
12	31629	8642	10139	9997	0

将以上划分好的数据进行阈值的统计。图 3.79～图 3.90 分别为不同月份不同大气模式下测量的 865nm 波段反射率与 6SV 辐射传输模型模拟的 865nm 波段反射率之差与云量关系的统计结果。

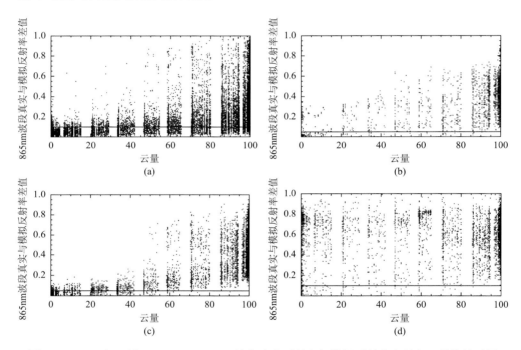

图 3.79　2012 年 1 月 PARASOL 865nm 波段真实反射率与模拟反射率之差与云量的关系图

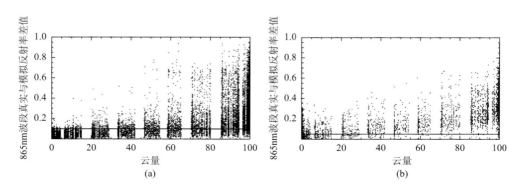

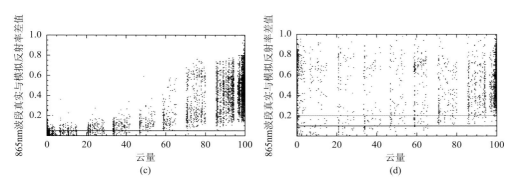

图 3.80　2012 年 2 月 PARASOL 865nm 波段真实反射率与模拟反射率之差与云量的关系图

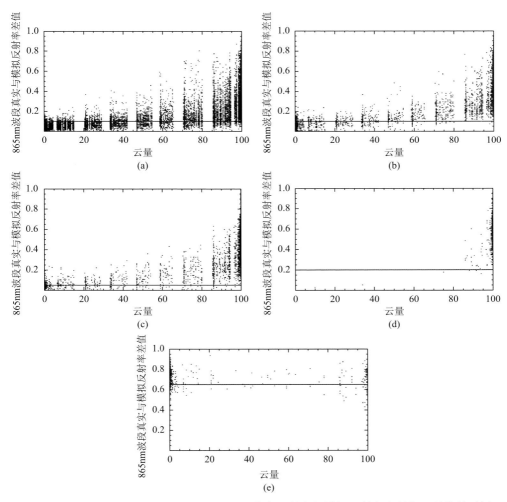

图 3.81　2012 年 3 月 PARASOL 865nm 波段真实反射率与模拟反射率之差与云量的关系图

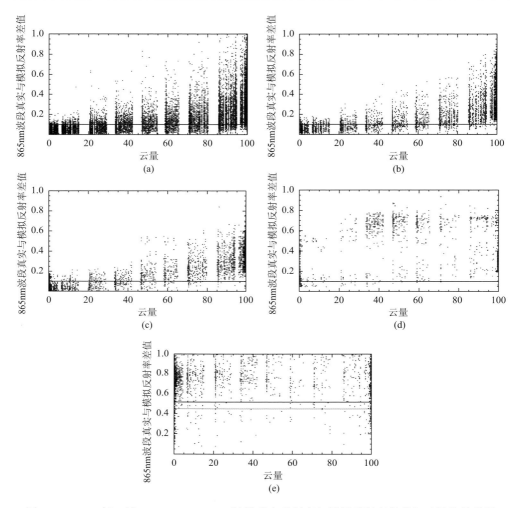

图 3.82　2012 年 4 月 PARASOL 865nm 波段真实反射率与模拟反射率之差与云量的关系图

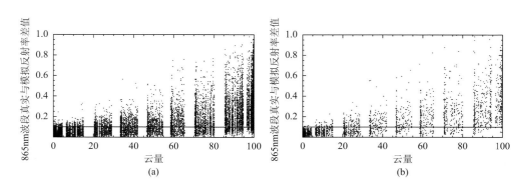

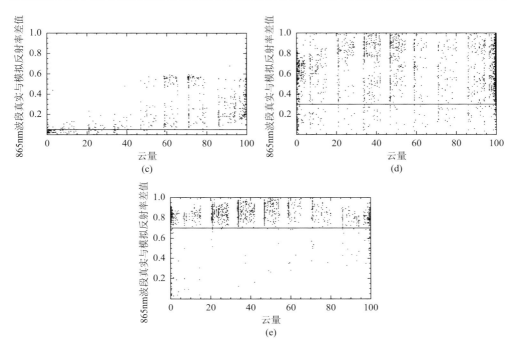

图 3.83 2012 年 5 月 PARASOL 865nm 波段真实反射率与模拟反射率之差与云量的关系图

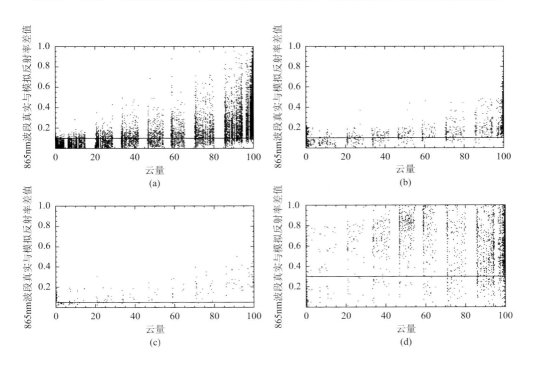

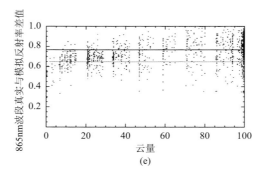

(e)

图 3.84　2012 年 6 月 PARASOL 865nm 波段真实反射率与模拟反射率之差与云量的关系图

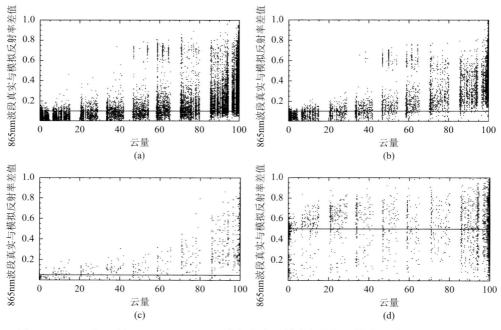

图 3.85　2012 年 7 月 PARASOL 865nm 波段真实反射率与模拟反射率之差与云量的关系图

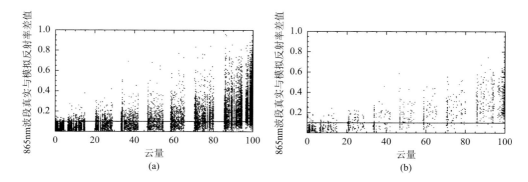

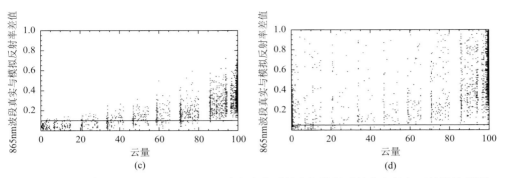

图 3.86 2012 年 8 月 PARASOL 865nm 波段真实反射率与模拟反射率之差与云量的关系图

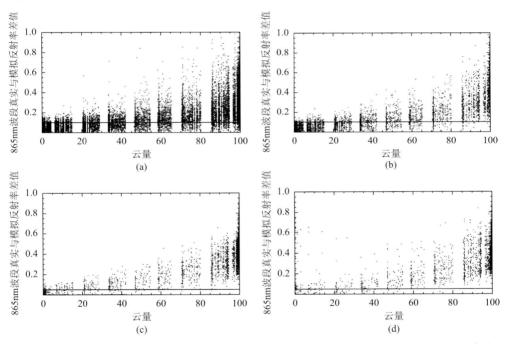

图 3.87 2012 年 9 月 PARASOL 865nm 波段真实反射率与模拟反射率之差与云量的关系图

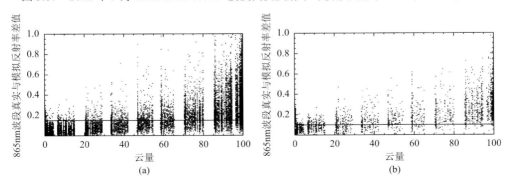

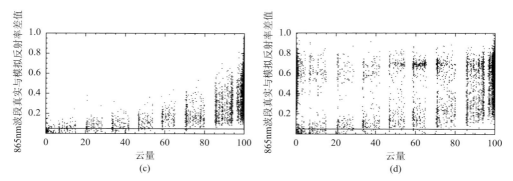

图 3.88　2012 年 10 月 PARASOL 865nm 波段真实反射率与模拟反射率之差与云量的关系图

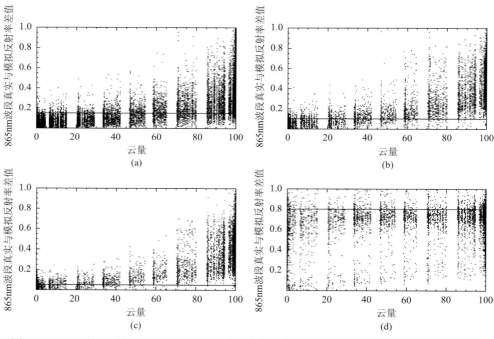

图 3.89　2012 年 11 月 PARASOL 865nm 波段真实反射率与模拟反射率之差与云量的关系图

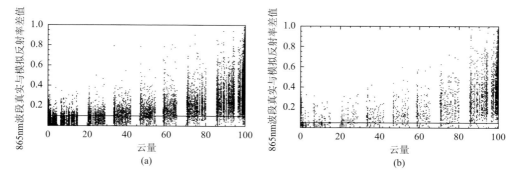

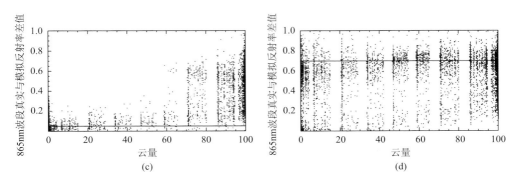

图 3.90 2012 年 12 月 PARASOL 865nm 波段真实反射率与模拟反射率之差与云量的关系图

经过图 3.79～图 3.90 的统计分析可得出，在不同月份不同大气模式下，海洋 865nm 波段反射率测试使用的阈值有所不同，统计分析结果如表 3.24 所示。

表 3.24 不同大气模式下海洋 865nm 波段反射率检测阈值查找表

月份	T	MLS	SAS	MLW	SAW
1	0.10	0.05	0.05	0.10	—
2	0.10	0.05	0.05	0.20	—
3	0.10	0.10	0.05	0.20	0.65
4	0.10	0.10	0.10	0.10	0.45
5	0.10	0.10	0.05	0.30	0.70
6	0.10	0.10	0.05	0.30	0.65
7	0.10	0.10	0.05	0.50	—
8	0.10	0.10	0.10	0.05	—
9	0.10	0.10	0.05	0.05	—
10	0.15	0.10	0.05	0.10	—
11	0.15	0.10	0.05	0.80	—
12	0.10	0.05	0.05	0.70	—

根据表 3.24 结果可知，当像元位于热带、中或高纬度夏季大气模式下时，阈值为 0.10。属于中或高纬度冬季大气模式情况时，阈值为动态阈值，并非固定值。

综上所述，海洋上空近红外波段反射率检测中使用的阈值由不同大气模式下多时空的 PARASOL 影像中 865nm 波段反射率与云量的关系统计获得。数据统计过程中发现，此步检测算法中使用的阈值为动态阈值而非 PARASOL 865nm 波段反射率云检测算法中的单一固定阈值 0.15。

6）海洋上空偏振反射率检测

（1）原理。一般情况下，表观压强阈值测试和近红外波段反射率阈值测试已经可以充分地识别像元是否为云像元。然而，当具有高反射率的地表存在薄卷云和破碎云时，仅使用以上两个测试并不能完全识别出云像元。因此，增加了基于偏振波段的云检测方法。偏振反射率较 TOA 反射率而言，多次散射对偏振反射率的影响并不大，所以偏振反射率受地表污染较少。

水相态云的虹效应不会因为下垫面的改变而变化，因此，水相态云的虹效应在海洋上空依然存在。在近红外波段的偏振信号较强，是因为在该波段受分子散射的影响最小，但是需要去除太阳耀斑区域，因为太阳耀斑的存在也会大大地增加偏振信号的强度。因此，当散射角在 $135°\sim150°$ 的范围内变化并且不在太阳耀斑存在的区域时，近红外偏振反射率阈值测试可以识别出低层云或者中层云。偏振反射率多产生于单次散射或者反射，使用 $(\mu_S + \mu_V)PR_2$ 校正受角度影响的偏振反射率。当校正后的近红外偏振反射率足够大时，像元可以被认为是云像元。

与陆地上空偏振反射率检测部分相同，偏振反射率多产生于单次散射或者反射，可以使用 $(\mu_S + \mu_V)PR_2$ 校正受角度影响的偏振反射率。当散射角在 $135°\sim150°$ 的范围内，且校正后的近红外波段偏振反射率小于阈值 Δd 时，则该像元可以被认为是云像元。

（2）阈值。本节对不同大气模式下，对不同时间不同空间 PARASOL 数据中散射角在 $135°\sim150°$ 的范围内的 865nm 波段的偏振反射率做了相关统计。

选择的数据与陆地上空蓝光波段反射率检测数据相同，在 2012 年全年每个月份中选取某一天的某一轨数据，按照上述大气模式选用情况，按照月份和纬度进行分割，来进行数据统计，像元数据的划分结果参照表 3.25。

表 3.25　2012 年不同大气模式下的海洋像元 865nm 波段偏振反射率个数划分一览表

月份	T	MLS	SAS	MLW	SAW
1	27130	5006	9253	8130	0
2	27389	5648	9711	7664	0
3	28379	6455	10400	2606	532
4	31538	8925	7440	1561	3291
5	28681	6463	2408	5728	1776
6	27646	4758	405	5636	1743
7	31077	12202	3194	7431	0
8	31224	2880	3173	4763	0
9	31809	10552	5210	5054	0
10	31072	7405	4759	10349	0

月份	T	MLS	SAS	MLW	SAW
11	31448	9043	10976	9584	0
12	31629	8642	10139	9997	0

将以上划分好的数据，进行阈值的统计。统计结果如图 3.91～图 3.102 所示。图 3.91～图 3.102 分别为不同月份不同大气模式下校正后的 865nm 波段偏振反射率与云量的关系图。

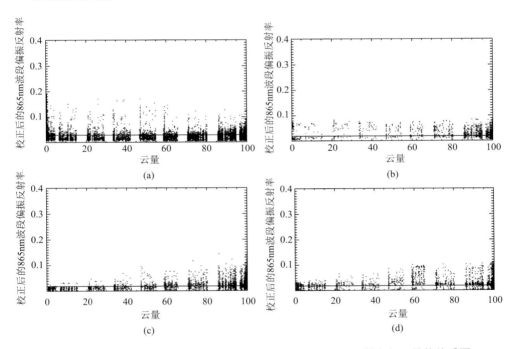

图 3.91　2012 年 1 月校正后的 PARASOL 865nm 波段偏振反射率与云量的关系图

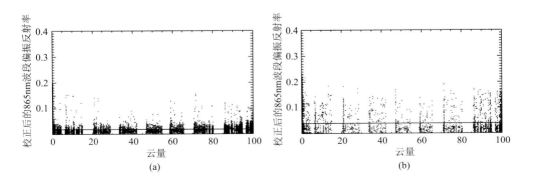

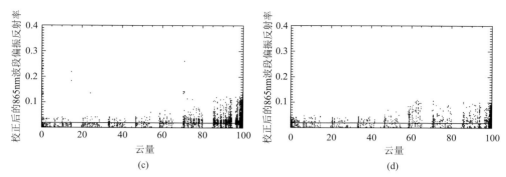

图 3.92　2012 年 2 月校正后的 PARASOL 865nm 波段偏振反射率与云量的关系图

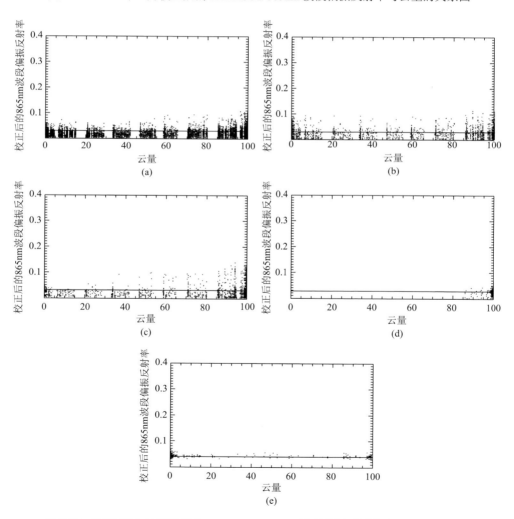

图 3.93　2012 年 3 月校正后的 PARASOL 865nm 波段偏振反射率与云量的关系图

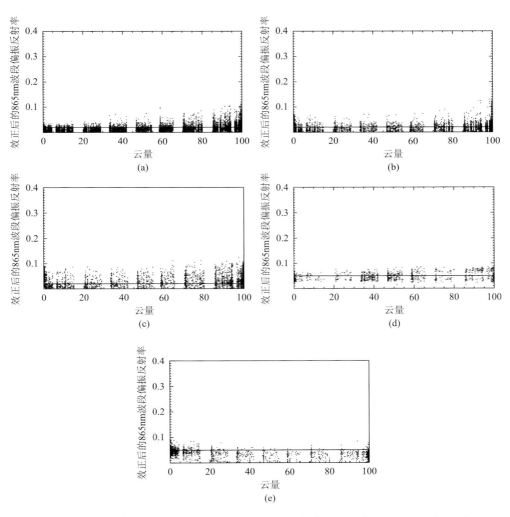

图 3.94　2012 年 4 月校正后的 PARASOL 865nm 波段偏振反射率与云量的关系图

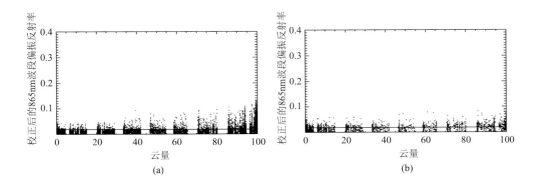

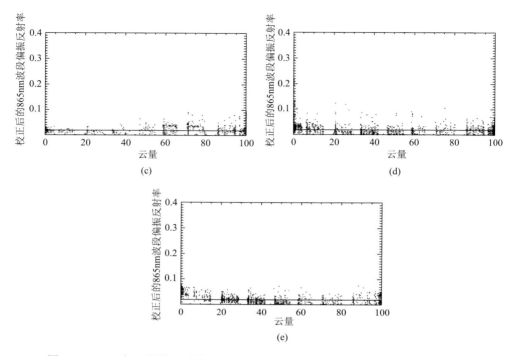

图 3.95　2012 年 5 月校正后的 PARASOL 865nm 波段偏振反射率与云量的关系图

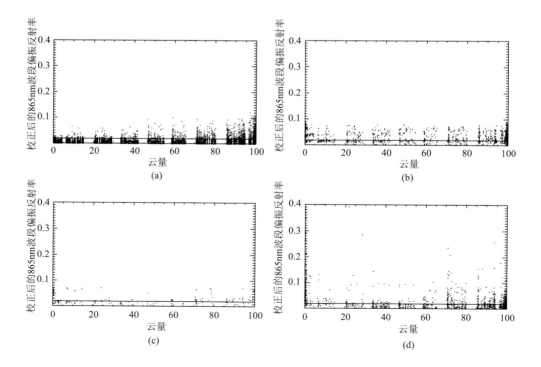

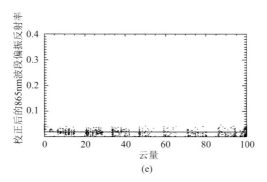

图 3.96　2012 年 6 月校正后的 PARASOL 865nm 波段偏振反射率与云量的关系图

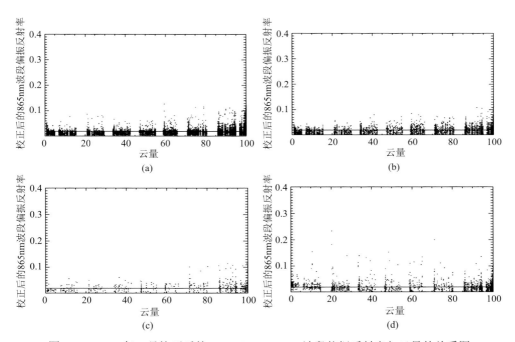

图 3.97　2012 年 7 月校正后的 PARASOL 865nm 波段偏振反射率与云量的关系图

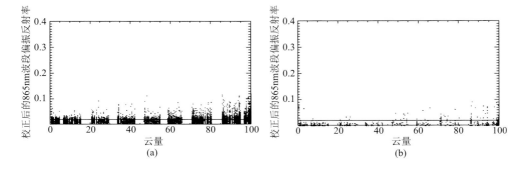

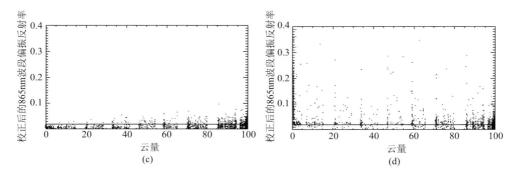

图 3.98　2012 年 8 月校正后的 PARASOL 865nm 波段偏振反射率与云量的关系图

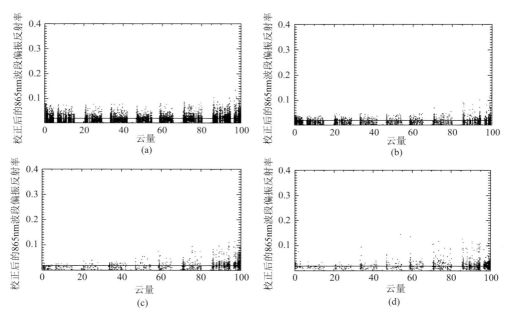

图 3.99　2012 年 9 月校正后的 PARASOL 865nm 波段偏振反射率与云量的关系图

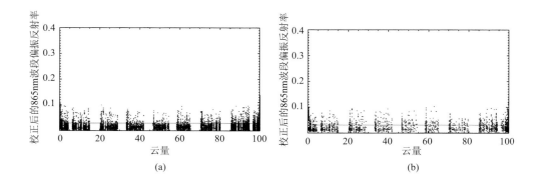

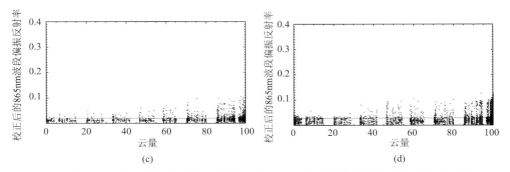

图 3.100　2012 年 10 月校正后的 PARASOL 865nm 波段偏振反射率与云量的关系图

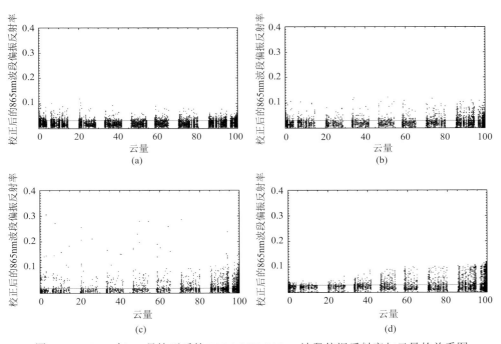

图 3.101　2012 年 11 月校正后的 PARASOL 865nm 波段偏振反射率与云量的关系图

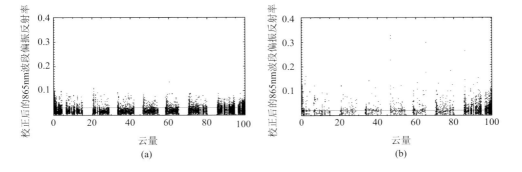

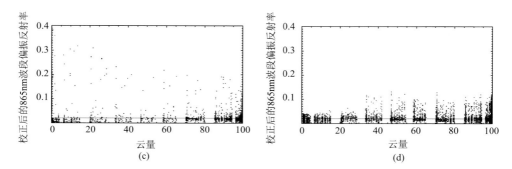

图 3.102　2012 年 12 月校正后的 PARASOL 865nm 波段偏振反射率与云量的关系图

经过图 3.91～图 3.102 的统计分析可得出，在不同月份不同大气模式下，海洋 865nm 波段偏振反射率测试使用的阈值有所不同，统计分析结果如表3.26所示。

表 3.26　不同大气模式下海洋 865nm 波段偏振反射率检测阈值查找表

月份	T	MLS	SAS	MLW	SAW
1	0.03	0.02	0.02	0.02	—
2	0.03	0.03	0.02	0.02	—
3	0.03	0.03	0.03	0.03	0.04
4	0.02	0.02	0.02	0.05	0.05
5	0.02	0.02	0.02	0.02	0.02
6	0.02	0.02	0.02	0.02	0.02
7	0.02	0.02	0.02	0.02	—
8	0.02	0.02	0.02	0.02	—
9	0.03	0.02	0.02	0.02	—
10	0.03	0.03	0.02	0.03	—
11	0.03	0.03	0.02	0.03	—
12	0.03	0.02	0.02	0.02	—

根据表 3.26 结果可知，当季节发生变化时，由于下垫面存在季节性变化，阈值也在不断变动，但是变化幅度较小，基本在 0.02 左右变动。因此，可以认为偏振反射率不受大气模式的影响，所以海洋上空的 865nm 波段偏振反射率阈值测试中的阈值仍然使用固定阈值 0.02。

7）蓝光波段偏振检测

（1）原理。假设来自地表的辐射亮度可以忽略，那么蓝光波段的偏振反射率与大气分子光学厚度密切相关。这个假设对于观测的特定方向可能存在错误，如存在虹效应的方向或者存在太阳耀斑的方向。因此，使用蓝光波段的偏振反射率进行云检测时，需要限制计算区域为散射角在 80°～120° 范围内且不处于太阳耀斑区。根据单次散射，可以近似计算蓝光波段的分子光学厚度为

$$\tau_1 = \frac{16\mu_S\mu_V PR_1}{3[1-(\cos\gamma)^2]} \tag{3.35}$$

式中，μ_S 和 μ_V 分别为太阳天顶角的余弦值和观测天顶角的余弦值；PR_1 为蓝光波段的偏振反射率；$\cos\gamma$ 为散射角的余弦值，散射角计算公式如式（3.36）所示。式（3.36）中，$\cos\phi$ 为相对方位角的余弦值。

$$\cos\gamma = -\mu_S\mu_V - \sqrt{1-\mu_S^2}\sqrt{1-\mu_V^2}\cos\phi \tag{3.36}$$

当 τ_1^{clear} 与 τ_1 之差大于阈值 $\Delta\tau$ 时，该像元被识别为云，τ_1^{clear} 为晴空条件下的蓝光波段分子光学厚度。

（2）阈值。蓝光波段偏振阈值测试中使用的阈值同样采用数值统计的方法求得。对散射角在 80°～120° 范围内且不处于太阳耀斑区的蓝光波段的分子光学厚度测试使用的阈值进行数值统计。依然加入大气模式这一因素，分别对不同大气模式下的 τ_1^{clear} 和 τ_1 之差与云量之间的关系进行统计，期望得到不同大气模式下所使用的阈值。

所选数据轨道与之前的数据轨道相同，在 2012 年全年每个月份中选取某一天的某一轨数据，按照上述大气模式选用情况，按照月份和纬度进行分割，来进行数据统计。像元数据的划分结果参照表 3.27。

表 3.27　2012 年不同大气模式下的海洋像元蓝光波段偏振分子厚度个数划分一览表

月份	T	MLS	SAS	MLW	SAW
1	27130	5006	9253	8130	0
2	27389	5648	9711	7664	0
3	28379	6455	10400	2606	532
4	31538	8925	7440	1561	3291
5	28681	6463	2408	5728	1776
6	27646	4758	405	5636	1743
7	31077	12202	3194	7431	0
8	31224	2880	3173	4763	0
9	31809	10552	5210	5054	0
10	31072	7405	4759	10349	0
11	31448	9043	10976	9584	0
12	31629	8642	10139	9997	0

图 3.103～图 3.114 为 2012 年不同月份不同大气模式下，蓝光波段真实的偏振

光学厚度和 6SV 辐射传输模型模拟的偏振蓝光波段光学厚度之差与云量的关系图。

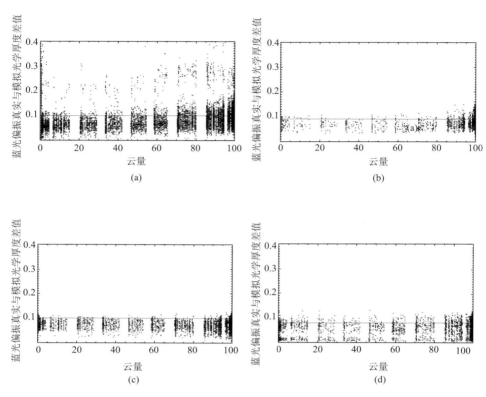

图 3.103　2012 年 1 月 PARASOL 蓝光波段真实的偏振光学厚度与 6SV 辐射传输模型模拟的
光学厚度之差与云量的关系图

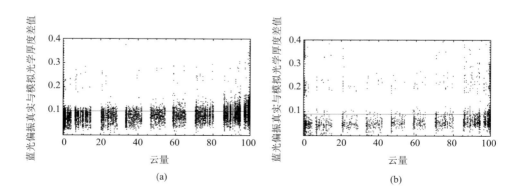

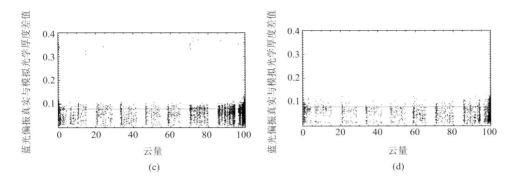

图 3.104 2012 年 2 月 PARASOL 蓝光波段真实的偏振光学厚度与 6SV 辐射传输模型模拟的
光学厚度之差与云量的关系图

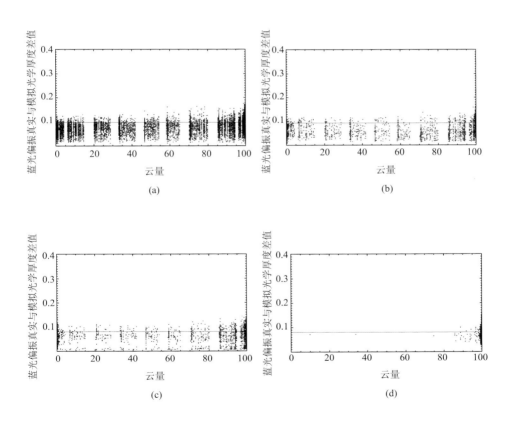

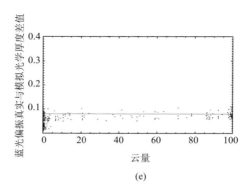

(e)

图 3.105　2012 年 3 月 PARASOL 蓝光波段真实的偏振光学厚度与 6SV 辐射传输模型模拟的
光学厚度之差与云量的关系图

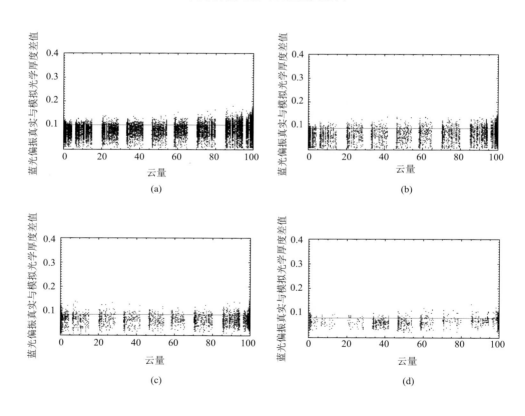

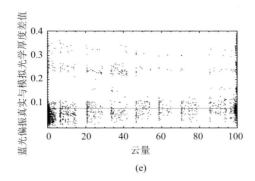

(e)

图 3.106　2012 年 4 月 PARASOL 蓝光波段真实的偏振光学厚度与 6SV 辐射传输模型模拟的
光学厚度之差与云量的关系图

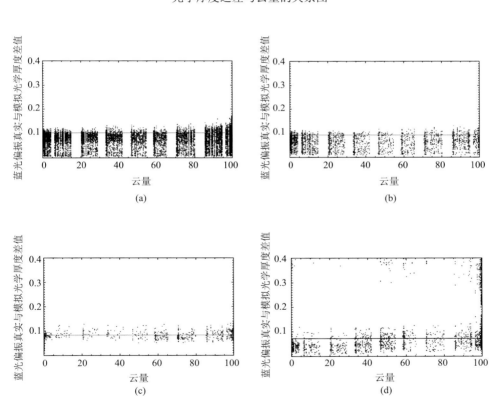

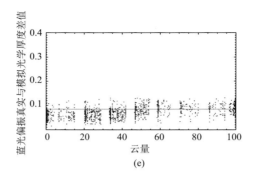

图 3.107　2012 年 5 月 PARASOL 蓝光波段真实的偏振光学厚度与 6SV 辐射传输模型模拟的
光学厚度之差与云量的关系图

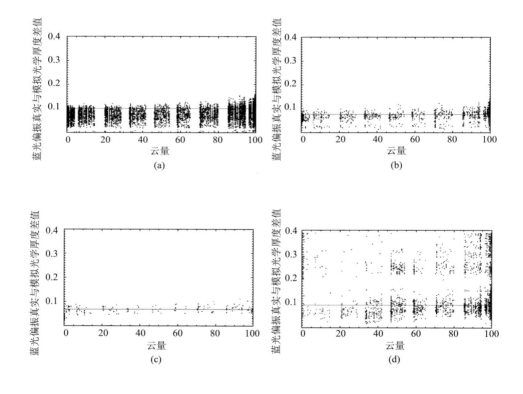

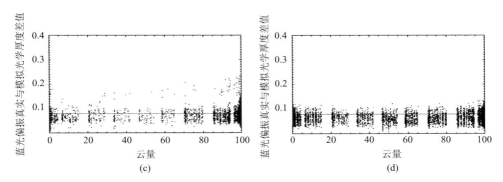

图 3.114 2012 年 12 月 PARASOL 蓝光波段真实的偏振光学厚度与 6SV 辐射传输模型模拟的
光学厚度之差与云量的关系图

根据图 3.103～图 3.114 的统计分析可得出,在不同月份不同大气模式下,海洋蓝光波段偏振测试使用的阈值有所不同,统计分析结果如表 3.28 所示。

表 3.28 不同大气模式下海洋蓝光波段偏振检测阈值查找表

月份	T	MLS	SAS	MLW	SAW
1	0.10	0.08	0.10	0.08	—
2	0.10	0.08	0.08	0.08	—
3	0.10	0.09	0.08	0.08	0.08
4	0.10	0.09	0.08	0.08	0.08
5	0.10	0.09	0.08	0.08	0.08
6	0.10	0.09	0.08	0.10	0.08
7	0.10	0.09	0.08	0.08	—
8	0.10	0.08	0.08	0.08	—
9	0.10	0.09	0.08	0.08	—
10	0.10	0.09	0.08	0.08	—
11	0.10	0.09	0.08	0.08	—
12	0.10	0.10	0.08	0.08	—

根据表 3.28 的结果可知,当季节发生变化时,由于下垫面存在季节性变化,阈值虽然也在不断变动,但是变化幅度较小,基本在 0.08 左右变动。因此,490nm波段偏振分子厚度受大气模式的影响不大。

综上所述,海洋蓝光波段偏振检测中使用的阈值通过不同大气模式不同时空的多幅 PARASOL 影像统计获得,与 PARASOL 云检测算法中使用的固定阈值 0.05有所不同,固定阈值为 0.08。

8）雪、冰覆盖表面订正

由于地表雪覆盖的存在，蓝光波段测试可能存在很大误差，将较大程度地影响云检测结果的准确率。在 POLDER 的偏振多角度通道，冰、雪具有与云类似的高反射率特征。因此有冰、雪覆盖的像元可能会被误判为云像元。

一个像元，如果在以上云检测算法中被识别为云，则需要进行雪、冰覆盖表面的订正，存在以下几点则认为是存在雪、冰覆盖的像元：①像元通过云检测模块，即像元观测几何条件满足偏振检测中的角度测试；②只有蓝光波段被识别为云像元；③红光波段和近红外波段的反射率高于某阈值；④红光波段和近红外波段的反射率的差值为某阈值。当观测几何条件不满足偏振阈值测试中的角度测试时，则无法进行雪、冰覆盖表面的订正，因此，该像元被直接认为是云像元且不需要进行②～④的雪、冰覆盖表面的订正测试。

选取 PARASOL 一级数据中 670nm 和 865nm 通道的反射率阈值。经统计，如图 3.115 和图 3.116 所示，分别以不大于 0.3 和 0.4 时作为阈值参考，两者之差小于 0.1 作为雪、冰覆盖表面的阈值参考，如图 3.117 所示。

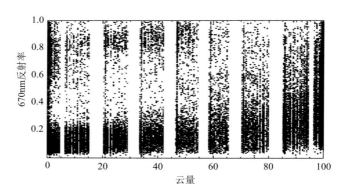

图 3.115　670nm 波段反射率与云量的关系图

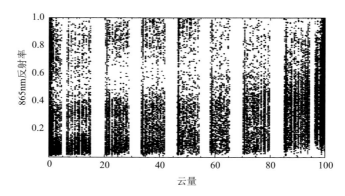

图 3.116　865nm 波段反射率与云量的关系图

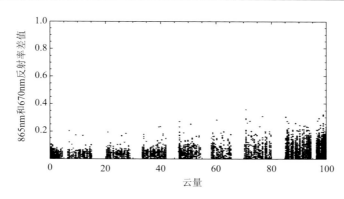

图 3.117 865nm 波段反射率和 670nm 波段反射率之差与云量的关系图

将以上结果合并，最终可以有效地识别出云像元和非云像元，以及冰、雪像元，对于无法通过偏振检测中角度测试或存在太阳耀斑区的像元被认为是不确定像元。

3. POLDER 偏振多角度卫星影像云检测算法原理模型验证

1）偏振多角度卫星影像云检测结果展示

将以上的算法模型应用于具有多光谱-偏振-多角度性质的 PARASOL 数据的云检测，以进行结果的展示和验证云检测模型的准确性。选取 2012 年 5 月 18 日的 PARASOL 一轨数据，该数据是名为 POLDER3_L1B-BG1-171033M_2012–05-18T05–06-38_V1-00.h5 的一级数据。先对该轨数据进行必要的预处理，将一级数据分为海洋和陆地下垫面。按照上一部分中算法构建的云检测模型分别进行云检测。

在数据处理的过程中，PARASOL 一级数据 POLDER3_L1B-BG1-171033M_2012-05-18T05-06-38_V1-00.h5，除去海陆混合地带的像元外的总像元有 667330 个。下垫面为陆地的像元有 244775 个，下垫面为海洋的像元有 492555 个，使用上一部分构建的云检测模型所得检测结果如表 3.29 所示。

表 3.29 2012 年 5 月 18 日 PARASOL 云检测结果统计表 （单位：个）

下垫面类型	冰雪订正情况	云像元	非云像元	雪像元	不确定像元	合计
陆地	雪覆盖表面订正前	172010	30128	—	42637	244775
	雪覆盖表面订正后	157417	30128	14593	42637	244775
海洋	冰覆盖表面订正前	360358	127606	—	4591	492555
	冰覆盖表面订正后	266771	127606	93587	4591	492555

PARASOL 一级数据中也包含云标识文件，该轨一级数据云标识文件中陆地上空的云像元有 141237 个，海洋上空的云像元有 337480 个。与使用构建的模型得到的云检测结果相比较而言，还存在细微的差别，但是精度可以达到 90%以上。

按照上一部分构建的云检测模型分别进行云检测，并将检测结果投影在地图中以便于直观展示。陆地上空云检测结果如图 3.118 所示。海洋上空云检测结果如图 3.119 所示。图 3.120 为该轨道陆地和海洋下垫面上空云检测的合成图。图中的 0 表示检测结果为非云像元，1 表示检测结果为云像元，2 表示检测结果为冰/雪像元，3 表示检测结果为不确定像元。

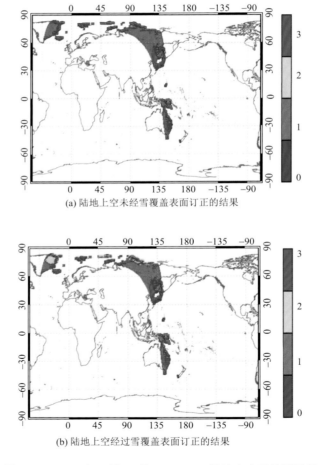

(a) 陆地上空未经雪覆盖表面订正的结果

(b) 陆地上空经过雪覆盖表面订正的结果

图 3.118　2012 年 5 月 18 日 PARASOL 陆地上空云检测结果

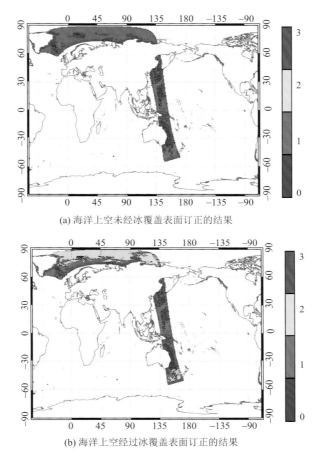

(a) 海洋上空未经冰覆盖表面订正的结果

(b) 海洋上空经过冰覆盖表面订正的结果

图 3.119　2012 年 5 月 18 日 PARASOL 海洋上空云检测结果

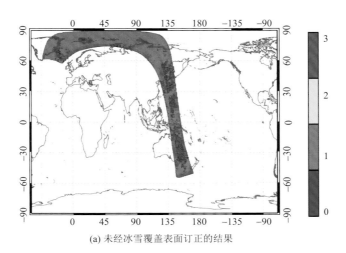

(a) 未经冰雪覆盖表面订正的结果

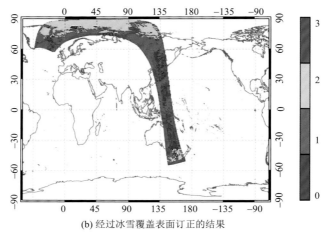

(b) 经过冰雪覆盖表面订正的结果

图 3.120   2012 年 5 月 18 日 PARASOL 云检测结果

2）偏振多角度卫星影像云检测结果对比验证

将以上使用构建的模型计算出的云检测结果同一级数据相对应的具有相同时间、相同地点的 PARASOL 二级 RB2 数据中的云量结果进行对比验证。

选取同一时刻、同一地点的 PARASOL 二级 RB2 数据，可以通过云量分布图与以上得到的云检测结果进行比较。因为 PARASOL 二级数据中的云量产品由 3 像元×3 像元的超级像元确定，用百分制数据表示云的多少，当云量为 100%时，在对比过程中则认为该像元为云；当云量为 0%时，在对比过程中则认为该像元为晴空；当云量介于两者之间时，则认为该像元为不确定像元。按照该特征，将二级产品中的云量结果使用相同的投影方式展示，如图 3.121 所示，0 表示检测结果为非云像元，1 表示检测结果为云像元，2 表示检测结果为雪/冰像元，3 表示检测结果为不确定像元。

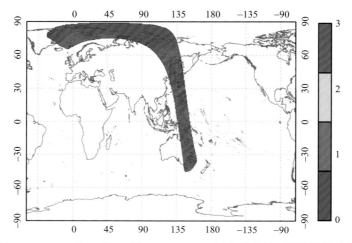

图 3.121   2012 年 5 月 18 日 PARASOL 二级产品中的云量数据展示图

　　由于 PARASOL 二级数据的分辨率为 18km×18km，这与一级数据的分辨率不同，即与本书构建的检测算法所得结果的分辨率不同。为了更好地进行对比，需要将两个分辨率进行匹配，最简易的方法就是按照经纬度数据进行匹配。将与二级数据经纬度相匹配后的该像元作为中心点，取以该中心点周围 3 像元×3 像元网格的像元检测结果进行统计，最终将统计后的结果再与 PARASOL 二级数据相比较。匹配后的对比结果如表 3.30 所示。匹配后的下垫面为陆地的像元有22533 个，其中在雪覆盖表面订正前的检测结果中，相同的像元有 22183 个，不同的结果有 350 个；雪覆盖表面订正后的检测结果中，相同的像元有 22445 个，不同的结果有 88 个。匹配后的下垫面为海洋的像元有 45056 个，其中冰覆盖表面订正前检测结果相同的像元有 44404 个，不同的结果有 652 个；在冰覆盖表面订正后的检测结果中，相同的像元有 43843 个，不同的结果有 1213 个。

表 3.30　2012 年 5 月 18 日云检测结果与 PARASOL 二级数据对比（单位：个）

下垫面类型	冰雪订正情况	结果相同	结果不同	合计
陆地	雪覆盖表面订正前	22183	350	22533
	雪覆盖表面订正后	22445	88	22533
海洋	冰覆盖表面订正前	44404	652	45056
	冰覆盖表面订正后	43843	1213	45056

　　通过对比图 3.120 和图 3.121 可得，北纬 70°以北的海洋区域，在冰雪覆盖表面订正前，识别的结果为云，而经过冰雪覆盖表面订正后，识别结果为冰雪，与二级产品中的无法确定像元的结果可以说是一致的。澳大利亚东部海岸区域、日本群岛、朝鲜半岛上空的云像元也能够被很好地识别出来。

　　从数据匹配后的对比结果看，陆地上空初始云检测的结果与二级数据结果相比，精度为 98.45%，陆地上空经过雪覆盖表面订正的云检测结果与二级数据结果相比，精度为 99.61%。海洋上空初始云检测的结果与二级数据结果相比，精度为98.55%，海洋上空经过冰覆盖表面订正的云检测结果与二级数据结果相比，精度为 97.31%。本算法中的云检测结果与 PARASOL 二级数据中包含的云量数据的对比结果还存在细微的差别，但是可以达到 90%以上的精度。

　　3）陆地动态阈值的云检测结果分析

　　加入大气模式这一变化因素后，统计陆地云检测使用的阈值可知，只有陆地蓝光波段反射率检测中使用的阈值受大气模式变化的影响较大。因此，本部分将使用陆地蓝光波段反射率动态阈值进行陆地上空的云检测。使用的检测算法参考偏振多角度卫星影像陆地云检测算法模型，将变动的阈值代入算法中重新计算，检测构建的模型运算的结果是否因为阈值的变化而使云检测结果的精度有所提高。

依然选取 2012 年全年每个月中的某一轨 PARASOL 一级数据（Ⅰ组数据）代入模型中，进行更改阈值后的云检测结果的精度验证。统计结果见表 3.31，分别将使用单一阈值的云检测结果和使用动态阈值的云检测结果与 PARASOL 二级产品中的云产品进行比较，分析其检测结果相同的像元个数所占比的情况。

表 3.31　更改 Ⅰ 组数据陆地蓝光波段反射率检测中的阈值与单一阈值云检测结果比较

月份	冰雪订正情况	阈值结果	匹配的总个数/个	相同个数/个	不同个数/个	无信号个数/个	相同像元所占比/%
1	雪覆盖表面订正前	单一阈值结果	32355	29667	2688	0	91.69
		动态阈值结果	32355	31356	999	0	96.91
	雪覆盖表面订正后	单一阈值结果	32355	30350	2005	0	93.80
		动态阈值结果	32355	31682	673	0	97.92
2	雪覆盖表面订正前	单一阈值结果	27819	25715	2104	0	92.44
		动态阈值结果	27819	27357	462	0	98.34
	雪覆盖表面订正后	单一阈值结果	27819	26308	1511	0	94.57
		动态阈值结果	27819	27355	464	0	98.33
3	雪覆盖表面订正前	单一阈值结果	23468	20398	3070	0	86.92
		动态阈值结果	23468	23374	94	0	99.60
	雪覆盖表面订正后	单一阈值结果	23468	20892	2576	0	89.02
		动态阈值结果	23468	23400	68	0	99.71
4	雪覆盖表面订正前	单一阈值结果	10912	9698	1214	0	88.97
		动态阈值结果	10912	10834	78	0	99.29
	雪覆盖表面订正后	单一阈值结果	10912	10281	631	0	94.22
		动态阈值结果	10912	10863	49	0	99.55
5	雪覆盖表面订正前	单一阈值结果	22533	22183	350	0	98.45
		动态阈值结果	22533	22401	132	0	99.41
	雪覆盖表面订正后	单一阈值结果	22533	22445	88	0	99.61
		动态阈值结果	22533	22401	132	0	99.41
6	雪覆盖表面订正前	单一阈值结果	32683	32464	219	0	99.33
		动态阈值结果	32683	32301	382	0	98.83

续表

月份	冰雪订正情况	阈值结果	匹配的总个数/个	相同个数/个	不同个数/个	无信号个数/个	相同像元所占比/%
6	雪覆盖表面订正后	单一阈值结果	32683	32465	218	0	99.33
		动态阈值结果	32683	32282	401	0	98.77
7	雪覆盖表面订正前	单一阈值结果	10163	10156	7	0	99.93
		动态阈值结果	10163	10156	7	0	99.93
	雪覆盖表面订正后	单一阈值结果	10163	10161	2	0	99.98
		动态阈值结果	10163	10161	2	0	99.98
8	雪覆盖表面订正前	单一阈值结果	27630	27615	15	0	99.95
		动态阈值结果	27630	27615	15	0	99.95
	雪覆盖表面订正后	单一阈值结果	27630	27431	199	0	99.28
		动态阈值结果	27630	27431	199	0	99.28
9	雪覆盖表面订正前	单一阈值结果	13666	13665	1	0	99.99
		动态阈值结果	13666	13665	1	0	99.99
	雪覆盖表面订正后	单一阈值结果	13666	13547	119	0	99.13
		动态阈值结果	13666	13547	119	0	99.13
10	雪覆盖表面订正前	单一阈值结果	16026	15667	359	0	97.76
		动态阈值结果	16026	16014	12	0	99.93
	雪覆盖表面订正后	单一阈值结果	16026	15667	359	0	97.76
		动态阈值结果	16026	16014	12	0	99.93
11	雪覆盖表面订正前	单一阈值结果	2472	2401	71	0	97.13
		动态阈值结果	2472	2446	26	0	98.95
	雪覆盖表面订正后	单一阈值结果	2472	2382	90	0	96.36
		动态阈值结果	2472	2446	26	0	98.95
12	雪覆盖表面订正前	单一阈值结果	4102	3652	450	0	89.03
		动态阈值结果	4102	4094	8	0	99.81
	雪覆盖表面订正后	单一阈值结果	4102	3726	376	0	90.83
		动态阈值结果	4102	4094	8	0	99.81

对比单一阈值和动态阈值方法所得的云检测结果，使用动态阈值的云检测结果要优于使用单一阈值的云检测结果，3 月、12 月数据使用动态阈值进行模型的

运行后，云检测结果精度超过了 99%。此外也可看出 1 月、12 月数据经过雪覆盖表面订正后的云检测结果要优于未经过雪覆盖表面订正的云检测结果。为了验证该结论的准确性，增加另一组数据（II 组数据）验证此结论，如表 3.32 所示。

表 3.32　更改 II 组数据陆地蓝光波段反射率检测中的阈值与单一阈值云检测结果比较

月份	冰雪订正情况	阈值结果	匹配的总个数/个	相同个数/个	不同个数/个	无信号个数/个	相同像元所占比/%
1	雪覆盖表面订正前	单一阈值结果	41618	36865	4753	0	88.58
		动态阈值结果	41618	40188	1430	0	96.56
	雪覆盖表面订正后	单一阈值结果	41618	39122	2496	0	94.00
		动态阈值结果	41618	40531	1087	0	97.39
2	雪覆盖表面订正前	单一阈值结果	46738	44064	2674	0	94.28
		动态阈值结果	46738	45858	880	0	98.12
	雪覆盖表面订正后	单一阈值结果	46738	45253	1485	0	96.82
		动态阈值结果	46738	46218	520	0	98.89
3	雪覆盖表面订正前	单一阈值结果	42397	41781	616	0	98.55
		动态阈值结果	42397	42169	228	0	99.46
	雪覆盖表面订正后	单一阈值结果	42397	41899	498	0	98.83
		动态阈值结果	42397	42170	227	0	99.46
4	雪覆盖表面订正前	单一阈值结果	34893	34250	643	0	98.16
		动态阈值结果	34893	34518	375	0	98.93
	雪覆盖表面订正后	单一阈值结果	34893	34524	369	0	98.94
		动态阈值结果	34893	34517	376	0	98.92
5	雪覆盖表面订正前	单一阈值结果	44645	43104	1541	0	96.55
		动态阈值结果	44645	44409	236	0	99.47
	雪覆盖表面订正后	单一阈值结果	44645	43949	696	0	98.44
		动态阈值结果	44645	44410	235	0	99.47
6	雪覆盖表面订正前	单一阈值结果	47342	46413	929	0	98.04
		动态阈值结果	47342	47239	103	0	99.78
	雪覆盖表面订正后	单一阈值结果	47342	46512	830	0	98.25
		动态阈值结果	47342	47237	105	0	99.78
7	雪覆盖表面订正前	单一阈值结果	35726	35457	269	0	99.25
		动态阈值结果	35726	35457	269	0	99.25
	雪覆盖表面订正后	单一阈值结果	35726	35621	105	0	99.71
		动态阈值结果	35726	35621	105	0	99.71

续表

月份	冰雪订正情况	阈值结果	匹配的总个数/个	相同个数/个	不同个数/个	无信号个数/个	相同像元所占比/%
8	雪覆盖表面订正前	单一阈值结果	44724	44364	360	0	99.20
		动态阈值结果	44724	44364	360	0	99.20
	雪覆盖表面订正后	单一阈值结果	44724	44401	323	0	99.28
		动态阈值结果	44724	44401	323	0	99.28
9	雪覆盖表面订正前	单一阈值结果	37352	37320	32	0	99.91
		动态阈值结果	37352	37320	32	0	99.91
	雪覆盖表面订正后	单一阈值结果	37352	37174	178	0	99.52
		动态阈值结果	37352	37174	178	0	99.52
10	雪覆盖表面订正前	单一阈值结果	40826	38698	2128	0	94.79
		动态阈值结果	40826	40633	193	0	99.53
	雪覆盖表面订正后	单一阈值结果	40826	38778	2048	0	94.98
		动态阈值结果	40826	40633	193	0	99.53
11	雪覆盖表面订正前	单一阈值结果	25344	23398	1946	0	92.32
		动态阈值结果	25344	25202	142	0	99.44
	雪覆盖表面订正后	单一阈值结果	25344	23393	1951	0	92.30
		动态阈值结果	25344	25201	143	0	99.44
12	雪覆盖表面订正前	单一阈值结果	28740	26217	2523	0	91.22
		动态阈值结果	28740	28640	100	0	99.65
	雪覆盖表面订正后	单一阈值结果	28740	26339	2401	0	91.65
		动态阈值结果	28740	28640	100	0	99.65

使用另一组数据后，总体来说，使用动态阈值的云检测结果要优于使用单一阈值的云检测结果，进一步验证了动态阈值的云检测结果要优于单一阈值的云检测结果。

4）海洋动态阈值的云检测结果分析

加入大气模式这一变化因素后，通过海洋上空云检测算法中的阈值统计可知，只有近红外波段反射率检测中的阈值受大气模式变化的影响较大。因此，本部分将使用近红外波段反射率动态阈值进行海洋上空的云检测。将变动的阈值代入算法中重新计算，分析是否因为阈值的变化而使云检测结果的精度有所变化。

依然选取 2012 年全年每个月中的某一轨数据（I 组数据）进行更改阈值后的云检测结果的精度验证，统计结果见表 3.33。表 3.33 分别将使用单一阈值的云检测结果和使用动态阈值的云检测结果与 PARASOL 二级产品中的云产品进行比较，分析其检测结果相同的像元个数所占比的情况。

表 3.33　更改 I 组数据海洋近红外波段反射率中的阈值与单一阈值云检测结果比较

月份	冰雪订正情况	阈值结果	匹配的总个数/个	相同个数/个	不同个数/个	无信号个数/个	相同像元所占比/%
1	冰覆盖表面订正前	单一阈值结果	49519	48754	765	0	98.46
		动态阈值结果	49519	48865	654	0	98.67
	冰覆盖表面订正后	单一阈值结果	49519	48634	885	0	98.21
		动态阈值结果	49519	48747	772	0	98.44
2	冰覆盖表面订正前	单一阈值结果	50412	49630	782	0	98.45
		动态阈值结果	50412	49630	782	0	98.45
	冰覆盖表面订正后	单一阈值结果	50412	49200	1212	0	97.60
		动态阈值结果	50412	49206	1206	0	97.61
3	冰覆盖表面订正前	单一阈值结果	48372	48039	333	0	99.31
		动态阈值结果	48372	48131	241	0	99.50
	冰覆盖表面订正后	单一阈值结果	48372	47994	378	0	99.22
		动态阈值结果	48372	48086	286	0	99.41
4	冰覆盖表面订正前	单一阈值结果	52755	51887	868	0	98.35
		动态阈值结果	52755	51919	836	0	98.42
	冰覆盖表面订正后	单一阈值结果	52755	52253	502	0	99.05
		动态阈值结果	52755	52333	422	0	99.20
5	冰覆盖表面订正前	单一阈值结果	45056	44348	708	0	98.43
		动态阈值结果	45056	44404	652	0	98.55
	冰覆盖表面订正后	单一阈值结果	45056	43828	1228	0	97.27
		动态阈值结果	45056	43843	1213	0	97.31
6	冰覆盖表面订正前	单一阈值结果	40188	40048	140	0	99.65
		动态阈值结果	40188	40064	124	0	99.69
	冰覆盖表面订正后	单一阈值结果	40188	39333	855	0	97.87
		动态阈值结果	40188	39344	844	0	97.90
7	冰覆盖表面订正前	单一阈值结果	53904	53695	209	0	99.61
		动态阈值结果	53904	53258	646	0	98.80
	冰覆盖表面订正后	单一阈值结果	53904	52767	1137	0	97.89
		动态阈值结果	53904	52822	1082	0	97.99
8	冰覆盖表面订正前	单一阈值结果	42040	41715	325	0	99.23
		动态阈值结果	42040	41745	295	0	99.30
	冰覆盖表面订正后	单一阈值结果	42040	40925	1115	0	97.35
		动态阈值结果	42040	40973	1067	0	97.46

续表

月份	冰雪订正情况	阈值结果	匹配的总个数/个	相同个数/个	不同个数/个	无信号个数/个	相同像元所占比/%
9	冰覆盖表面订正前	单一阈值结果	52625	52225	400	0	99.24
		动态阈值结果	52625	52263	362	0	99.31
	冰覆盖表面订正后	单一阈值结果	52625	51792	833	0	98.42
		动态阈值结果	52625	51835	790	0	98.50
10	冰覆盖表面订正前	单一阈值结果	53585	52348	1237	0	97.69
		动态阈值结果	53585	52425	1160	0	97.84
	冰覆盖表面订正后	单一阈值结果	53585	52243	1342	0	97.50
		动态阈值结果	53585	52327	1258	0	97.65
11	冰覆盖表面订正前	单一阈值结果	60751	58928	1823	0	97.00
		动态阈值结果	60751	58992	1759	0	97.10
	冰覆盖表面订正后	单一阈值结果	60751	58867	1884	0	96.90
		动态阈值结果	60751	58946	1805	0	97.03
12	冰覆盖表面订正前	单一阈值结果	60407	58628	1779	0	97.06
		动态阈值结果	60407	58739	1668	0	97.24
	冰覆盖表面订正后	单一阈值结果	60407	58974	1433	0	97.63
		动态阈值结果	60407	59091	1316	0	97.82

对比单一阈值和动态阈值所得的云检测结果，总体来说，使用动态阈值的云检测结果要优于使用单一阈值的云检测结果。为了验证该结论的准确性，增加另一组数据（II 组数据）验证此结论，见表 3.34。

表 3.34　更改 II 组数据海洋近红外波段反射率检测中的阈值与单一阈值云检测结果比较

月份	冰雪订正情况	阈值结果	匹配的总个数/个	相同个数/个	不同个数/个	无信号个数/个	相同像元所占比/%
1	冰覆盖表面订正前	单一阈值结果	49458	48786	672	0	98.64
		动态阈值结果	49458	48897	561	0	98.87
	冰覆盖表面订正后	单一阈值结果	49458	48563	895	0	98.19
		动态阈值结果	49458	48677	781	0	98.42
2	冰覆盖表面订正前	单一阈值结果	42913	42629	284	0	99.34
		动态阈值结果	42913	42697	216	0	99.50
	冰覆盖表面订正后	单一阈值结果	42913	42632	281	0	99.35
		动态阈值结果	42913	42700	213	0	99.50

月份	冰雪订正情况	阈值结果	匹配的总个数/个	相同个数/个	不同个数/个	无信号个数/个	相同像元所占比/%
3	冰覆盖表面订正前	单一阈值结果	41785	41528	257	0	99.38
		动态阈值结果	41785	41566	219	0	99.48
	冰覆盖表面订正后	单一阈值结果	41785	41325	460	0	98.90
		动态阈值结果	41785	41377	408	0	99.02
4	冰覆盖表面订正前	单一阈值结果	41000	40296	704	0	98.28
		动态阈值结果	41000	40224	776	0	98.11
	冰覆盖表面订正后	单一阈值结果	41000	40252	748	0	98.18
		动态阈值结果	41000	40263	737	0	98.20
5	冰覆盖表面订正前	单一阈值结果	35220	34529	691	0	98.04
		动态阈值结果	35220	34585	635	0	98.20
	冰覆盖表面订正后	单一阈值结果	35220	34577	643	0	98.17
		动态阈值结果	35220	34590	630	0	98.21
6	冰覆盖表面订正前	单一阈值结果	35180	34963	217	0	99.38
		动态阈值结果	35180	35013	167	0	99.53
	冰覆盖表面订正后	单一阈值结果	35180	34687	493	0	98.60
		动态阈值结果	35180	34699	481	0	98.63
7	冰覆盖表面订正前	单一阈值结果	39414	39145	269	0	99.32
		动态阈值结果	39414	38917	497	0	98.74
	冰覆盖表面订正后	单一阈值结果	39414	38538	876	0	97.78
		动态阈值结果	39414	38597	817	0	97.93
8	冰覆盖表面订正前	单一阈值结果	37759	37328	431	0	98.86
		动态阈值结果	37759	37340	419	0	98.89
	冰覆盖表面订正后	单一阈值结果	37759	36642	1117	0	97.04
		动态阈值结果	37759	36673	1086	0	97.12
9	冰覆盖表面订正前	单一阈值结果	40733	40007	726	0	98.22
		动态阈值结果	40733	40053	680	0	98.33
	冰覆盖表面订正后	单一阈值结果	40733	39896	837	0	97.95
		动态阈值结果	40733	39943	790	0	98.06
10	冰覆盖表面订正前	单一阈值结果	42237	40146	2091	0	95.05
		动态阈值结果	42237	40238	1999	0	95.27
	冰覆盖表面订正后	单一阈值结果	42237	39941	2296	0	94.56
		动态阈值结果	42237	40037	2200	0	94.79

续表

月份	冰雪订正情况	阈值结果	匹配的总个数/个	相同个数/个	不同个数/个	无信号个数/个	相同像元所占比/%
11	冰覆盖表面订正前	单一阈值结果	50458	48980	1478	0	97.07
		动态阈值结果	50458	49086	1372	0	97.28
	冰覆盖表面订正后	单一阈值结果	50458	48928	1530	0	96.97
		动态阈值结果	50458	49034	1424	0	97.18
12	冰覆盖表面订正前	单一阈值结果	48908	47829	1079	0	97.79
		动态阈值结果	48908	47892	1016	0	97.92
	冰覆盖表面订正后	单一阈值结果	48908	47975	933	0	98.09
		动态阈值结果	48908	48041	867	0	98.23

使用另一组数据后，总体来说，使用动态阈值的云检测结果要优于使用单一阈值的云检测结果，进一步验证了动态阈值的云检测结果优于单一阈值的云检测结果。

5）模型运算结果与 CloudSat 数据对比验证

以上的对比结果可以详细地看出模型使用单一阈值和动态阈值的结果是有所不同的。但是这个差异能否说明动态阈值云检测结果更优，还需要进一步的讨论。因此，本部分增加同属于 A-Train 系列卫星中的 CloudSat 数据对本章构建的模型检测结果进行精度验证。

CloudSat 卫星于 2006 年 4 月 28 日发射升空，搭载传感器 94-GHz 云剖面雷达 CPR（cloud profile radar），主要任务是提供云的垂直结果观测数据[41-43]。CPR Level2 CloudSat GEOPROF（cloud geometrical profile）主要包含云检测信息（CPR_Cloud_Mask）[43]。选取与 PARASOL 时间和地点相近的"CPR_Cloud_Mask"的结果进行对比。

从表 3.32 中对比的结果中可以得到，2012 年 1 月陆地的云检测结果在使用动态阈值前后，差异较大。先对其进行详细讨论分析，更改阈值前后的结果，冰雪覆盖表面订正前后的结果，以及与 CloudSat 的对比结果如图 3.122～图 3.124 所示。

图 3.122 中，0 表示检测结果为非云像元，1 表示检测结果为云像元，2 表示检测结果为雪/冰像元，3 表示检测结果为不确定像元。图 3.122（a）是单一阈值的初始云检测结果，图 3.122（b）是单一阈值的冰雪覆盖表面订正后的结果，图 3.122（c）是动态阈值的初始云检测结果，图 3.122（d）是动态阈值的冰雪覆盖表面订正后的结果，图 3.122（e）是 PARASOL 二级数据的云量产品图。

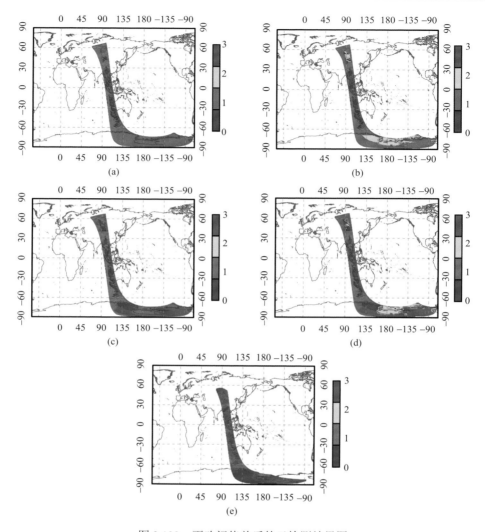

图 3.122　更改阈值前后的云检测结果图

　　对比图 3.122（a）和图 3.122（c），差异较大之处位于南半球的 60°S 以南、110°E 以西的范围内。在该区域范围内，单一阈值的初始云检测，将其中一部分识别为云，而动态阈值的初始云检测，将其识别为晴空。两者的结果从与图 3.122（e）的快视图对比可知，动态阈值的结果较单一阈值的结果更精确。

　　选取 60°S 以南、110°E 以西范围内的数据，将数据与时间相近的地点相同的 CloudSat 的结果进行比较。对比图 3.123（a）和图 3.123（b）是 CloudSat 轨迹上更改阈值前后的云检测结果。在图 3.123（a）中单一阈值情况下，该部分数据的检测结果为云像元。在图 3.123（b）中动态阈值情况下，该部分数据的检测结果存在多种情况。两者与 CloudSat 相比较，动态阈值的检测结果更接近 CloudSat 的云产品结果。

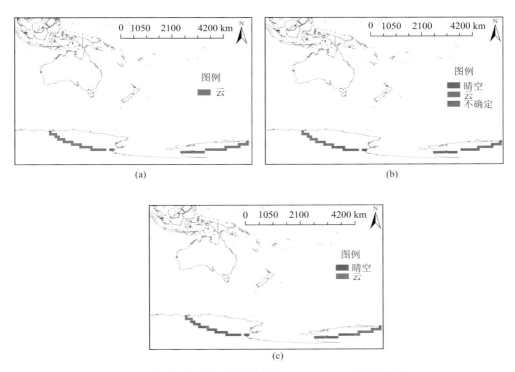

图 3.123 更改阈值前后的云检测结果与 CloudSat 云产品对比图（一）

从表 3.31 中对比的结果中可以得到，2012 年 3 月陆地的云检测结果在使用动态阈值前后，差异较大。选取部分区域，将更改阈值前后的结果与 CloudSat 的对比结果展示如图 3.124 所示。该组数据中，位于北部的数据的动态阈值检测结果更接近于 CloudSat 结果。

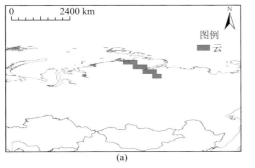
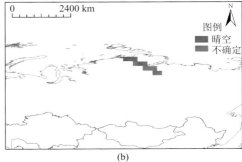

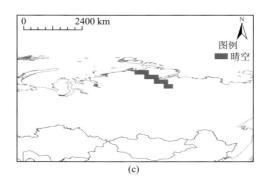

图 3.124　更改阈值前后的云检测结果与 CloudSat 云产品对比图（二）

　　以上对比结果也能够证明，动态阈值的检测结果更接近于 CloudSat 的云产品结果，模型使用动态阈值可以提高偏振多角度云检测算法模型的精度。

3.1.5　DPC 数据云检测

1. DPC 传感器影像云检测算法模型

　　基于 DPC 偏振多角度数据的云检测算法模型的构建，主要是对海洋和陆地两种不同下垫面进行单独判识，同时针对特殊地表类型如沙漠和裸土亮地表、海冰和雪覆盖地表，以及浓密绿色植被覆盖等，构建了有针对性的云判识算法。该算法针对不同地表类型构建了一整套的云判识算法模型（算法流程如图 3.125 所示），并针对搭载于高分五号（GF-5）卫星上的多角度偏振探测仪 DPC 数据进行了云检测。

　　在构建的 DPC 偏振多角度数据的云检测算法模型中，首先需要进行海陆不同下垫面的判识，获得仅仅为海洋和陆地地表类型覆盖的待检测像元，并基于区分海陆类型的数据进行单独的海陆类型的云判识。针对陆地上空的云判识算法，分别进行近红外偏振反射率、蓝光反射率、氧 A 表观压强、晴空像元反射率检测和全球月平均地表反照率数据库（简称 DBS，下同）及冰雪覆盖数据库（简称 IBS，下同）判识，最终获得陆地上空的云判识结果。针对海洋上空的云判识算法，分别进行氧 A 表观压强、近红外偏振反射率、近红外反射率、蓝光反射率、水汽吸收判识和晴空像元反射率检测和 DBS 及 IBS 数据库判识，最终获得海洋上空的云判识结果。对于 DPC 偏振多角度数据云判识算法中使用到的阈值，是基于不同时间、空间（区域）和差异地表类型构建的动态阈值，所以针对单轨影像中不同区域和多轨影像不同时间的云判识阈值是不同的。在 DPC 偏振多角度数据的云检测算法中，预判地表库（亮地表和冰雪地表）与动态云判识阈值是本算法的特点，下面将针对这两个方面展开叙述。

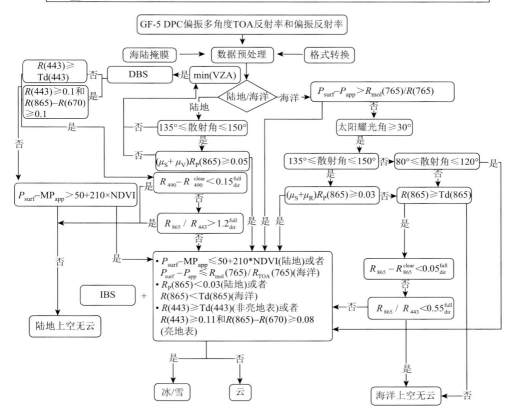

图 3.125 基于 DPC 数据的云检测算法流程图

在获得基于 DPC 数据的云判识结果后，针对最终的云判识结果进行了置信度的判识和区分，构建了云置信度判识算法（算法流程如图 3.126 所示），用于提供不同置信度等级的云识别和晴空判识结果，可以用于针对云判识结果后期进一步应用的气溶胶和云参量反演，其中 100%晴空像元可用于气溶胶参量反演（气溶胶光学厚度 AOD 等），而 100%云结果可用于云参量的反演。同时云置信度结果可用于评估云识别结果的准确性，用于进一步验证云识别结果的准确性。

- GF-5 DPC偏振多角度TOA反射率[$R(\lambda/\text{nm})$]和偏振反射率[$R_{\text{P}}(\lambda/\text{nm})$]

- 角度信息：太阳天顶角(SZA)，观测天顶角(VZA)，cos(VZA)(μ_{S})，cos(VZA)(μ_{V})

- 地表压强(P_{surf})，表观压强(P_{app})，平均表观压强(MP$_{\text{app}}$)，归一化植被指数(NDVI)，分子散射反射率[$R_{\text{mol}}(\lambda/\text{nm})$]，多角度判识(fall)dir，DPC云识别结果CM[像元经纬度和云识别标识(0-晴空;1-云;2-冰雪;3-不确定)]

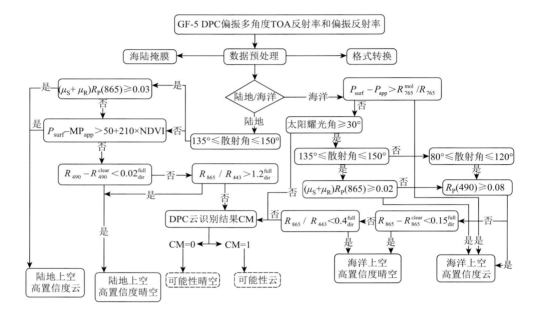

图 3.126   基于 DPC 数据的云置信度判识算法流程图

2. DPC 传感器影像云检测算法构建

1）云识别辅助地表数据库的构建

在进行遥感数据的云检测中，亮地表上空的云检测一直是一个国际难题。例如，目前比较成熟且云识别算法已经发展到第六代的 MODIS 云识别算法中，针对亮地表上空的云识别结果中往往存在着被误判成云像元的亮地表像元[44]。在 MODIS 目前最新的 V6.1 云判识算法中，针对亮地表上空的云判识包括：在对于冰雪上空的云识别算法中，使用了归一化冰雪指数（normalized difference snow index，NDSI），其中 NDSI 主要通过 0.55μm、1.6μm、3.7μm 和 11μm 亮温通道获得[45]；对于裸土亮地表上空的云识别算法中，使用了亮温（bright temperature，BT）差异和 1.38μm 的地表反射率[46]。

在 DPC 数据中，其波谱范围为 0.423~0.935μm，属于可见光和近红外波段覆盖范围，缺少 MODIS 数据中所具有的长波波段（亮温波段），所以单纯通过 DPC 数据提供的光谱反射率信号无法准确地进行亮地表上空的云判识。针对 DPC 数据存在的缺陷，本章将为 DPC 数据云识别算法提供亮地表的预判，可以在一定程度上提高 DPC 数据在亮地表上空云判识结果的准确性。

为了提供 DPC 数据云判识前的亮地表预判，将构建两种辅助地表数据库，包括全球月平均地表反照率数据库和全球冰雪覆盖数据库，它们将分别为裸土、沙漠地表和冰雪覆盖地表提供覆盖信息标识。下面将从构建的两种云判识辅助数据库出发，对它们进行详细的介绍。

（1）全球月平均地表反照率数据库。地表反照率数据是一种重要的地表特征参量，被广泛地应用于辐射和能量平衡研究中。地表反照率是由地表上行和下行辐射通量的比值确定的。在 DPC 数据云检测的全球月平均地表反照率数据库中，选择 MODIS 数据提供的 MCD43A3 全球 500m 每天的地表反照率数据作为数据库的初始输入数据，以此数据为基础构建了全球无云情况下的月平均地表反照率数据库。数据库的具体构建方法如下：①对获得的每天全球地表反照率数据 MCD43A3 数据进行读取，将有云区域的数据进行剔除，按照经纬度和时间信息保存无云条件下的地表反照率数据，并以每个月为单位进行存储；②将获得的每个月中每天的无云地表反照率数据以经纬度信息为位置参考，按月为单位进行融合，并统计在具体某个位置上无云数据的天数；③根据步骤②中融合好的以月为单位的地表反照率数据，按照位置信息对同一位置上的地表反照率数据进行求和平均获得该位置上的月平均地表反照率，具体公式如下：

$$\text{Albe}_{\text{month}}^{(\text{lat,lon})} = \frac{\sum_{i}^{N_{\text{day}}} \text{Albe}_{(\text{lat,lon})}}{N_{\text{day}}} \tag{3.37}$$

式中，$\text{Albe}_{\text{month}}^{(\text{lat,lon})}$ 为某月的 (lat,lon) 位置上的平均地表反照率，其中 month 为对应的月份；N_{day} 为某月无云情况下的天数；$\text{Albe}_{(\text{lat,lon})}$ 为具体某一天 i 的地表反照率结果。

通过上述给出的全球月平均地表反照率的构建方法，对 2018 年全球地表反照率数据进行处理，获得了 2018 年 1～12 月的月平均地表反照率结果，结果如图 3.127 所示（由于 MODIS 观测轨道移动的缘故，南北极区域在某些月份会出现数据缺失，属无数据情况）。

根据图 3.127 中给出的全球 12 个月的月平均地表反照率结果可以明显地看出，不同月份的全球地表反照率分布特征是不同的。从北半球季节的角度来看，在夏季（6～8月）全球地表反照率偏低，其中加拿大地区最为明显，该区域相对于其他月份的地表反照率明显偏低；在春季（3～5月）和冬季（12月、1月和2月），全球的地表反照率总体趋势是偏高的。同时在全年的 12 个月内，存在着一些固定不变的地表反照率高值区域，包括中国西部的塔克拉玛干沙漠区域、中亚、阿拉伯半岛、西亚、非洲中部和澳大利亚中部区域。其中地表反照率高值区域的南北极和格陵兰区域，由于常年冰雪覆盖，随时间变化性差。

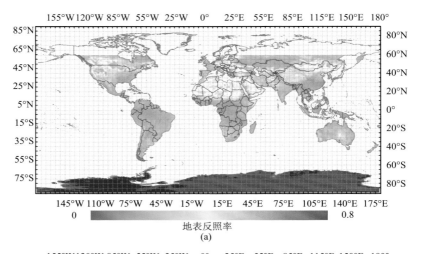

地表反照率

(a)

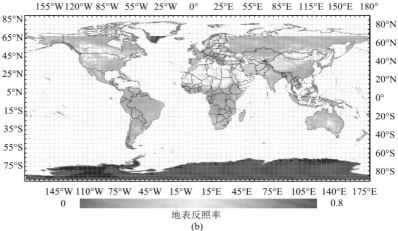

地表反照率

(b)

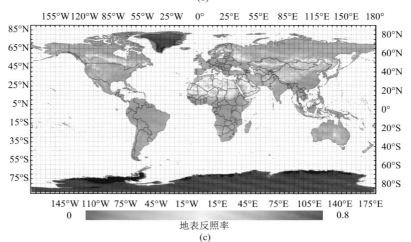

地表反照率

(c)

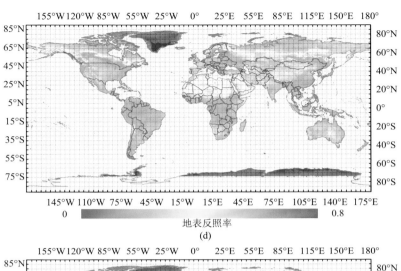

(d)

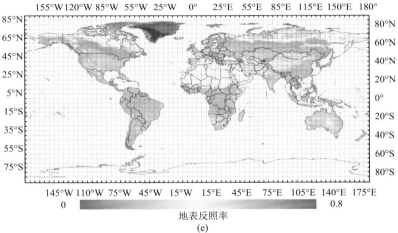

(e)

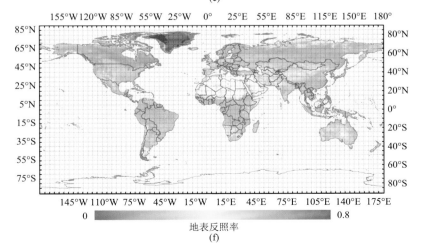

(f)

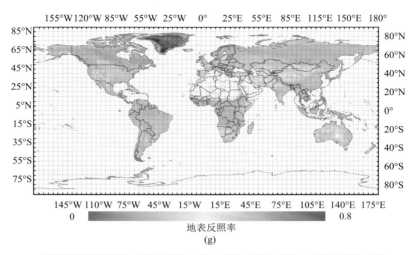

(g)

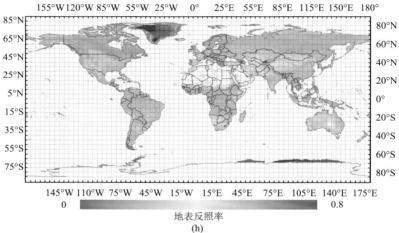

(h)

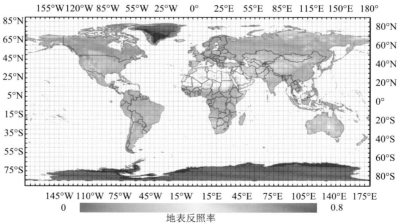

(i)

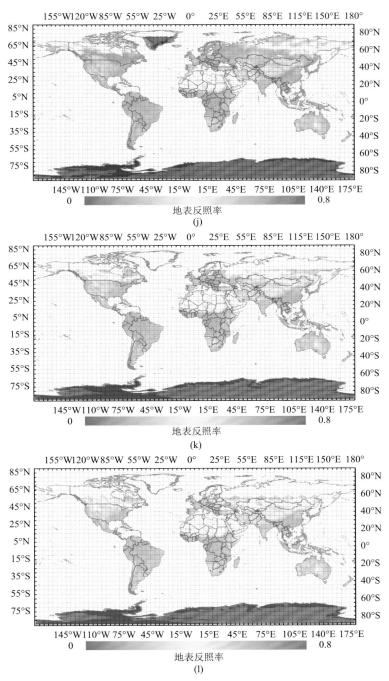

图 3.127 2018 年全球月平均地表反照率结果图

从（a）到（l）分别表示 1～12 月的全球平均地表反照率

（2）全球冰雪覆盖数据库。针对亮地表情况下构建的全球月平均地表反照率数据库，可以辅助 DPC 数据进行亮地表上空的云检测，提高亮地表上空云检测结果的准确性。相对于沙漠和裸土的亮地表类型，冰雪覆盖的亮地表也是云检测中的一个难点，其表现出的反射率特征在可见光波段范围内与云的反射率特征极为相似。

针对 DPC 数据在冰雪地表识别的缺陷，引入了以第三方提供的冰雪全球覆盖结果为基础构建的冰雪覆盖数据库，该数据主要来源于美国国家冰雪数据中心（NSIDC）提供的全球每天 25km 的近实时冰雪覆盖范围（near-real-time ice and snow extent，NISE）结果。其中主要参数包括无云陆地、海冰浓度、常年冰、干雪、海岸线混合像元、可能性海冰覆盖等，针对上述原始数据中给出的几种参数，通过整理获得了新的数据参数，包括 1%～100%五个等级（以 20%为间隔）的海冰覆盖、常年冰和干雪，其中永久冰就是全年不会融化的冰。根据上述提供的参数划分要求，对 2018 年 05 月 27 日、2018 年 08 月 01 日和 2018 年 10 月 23 日的 NISE 数据进行处理，获得了如图 3.128 所示的冰雪覆盖结果（从南北极点向下进行观测的结果图）。

从图 3.128 展示的 3 天冰雪覆盖结果图可以看出，这 3 天北半球的冰雪覆盖差异是比较明显的。其中在 2018 年 08 月 01 日，北半球的冰雪覆盖（特别是雪覆盖）相对于其他两天的分布要明显减少，尤其是在中国西部的喜马拉雅山区域、俄罗斯西伯利亚区域和加拿大区域，雪覆盖减少明显；与此同时，冰的覆盖也明显减少，这与此时所处的温度有很大的关系，表现为温度升高，冰雪融化。而从南半球的视角进行观察，发现 2018 年 08 月 01 日相对其他两天的冰雪覆盖量较大，其中南美洲西海岸安第斯山脉附近出现明显的雪覆盖；而南极洲区域的冰覆盖随时间变化小，差异不明显，这主要是由于此时南半球的季节与北半球正好相反。

将构建好的全球每天的冰雪覆盖数据库应用到 DPC 的云识别算法中，将会对冰雪地表上空的云判识提供很好的帮助。在全球冰雪覆盖数据库中，不同比例的海冰浓度在云识别算法中所占的可信度也是不同的，将不同比例的海冰浓度分为 0～50%和 50%～100%，其中 50%～100%的海冰浓度对应的是完全可信的海冰覆盖地表类型。

2）蓝光波段云判识

（1）蓝光波段云判识原理。在蓝光波段，不同类型地物在蓝光波段的反射率特征不同，大多数的地物具有相对低的反射率。事实上，植被和裸土表现在可见光和近红外波段范围内，随着波长的增加，其反射率也随着增加（其中植被在绿光波段存在高值）；但是云却表现出比较平稳的状态，随着波长的增加反射率几乎不会发生变化[47]。基于上述所表述的不同地物光谱特征，云和其他地物可以通过蓝光波段进行区分。如图 3.129 所示，给出了 DPC 天顶观测蓝光 490nm 波段的影像图，可以明显看出陆地上空的云和晴空在蓝光波段可以被清晰地区分出来。

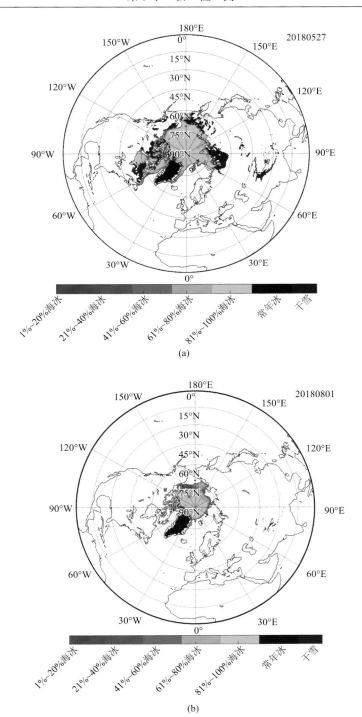

(a)

(b)

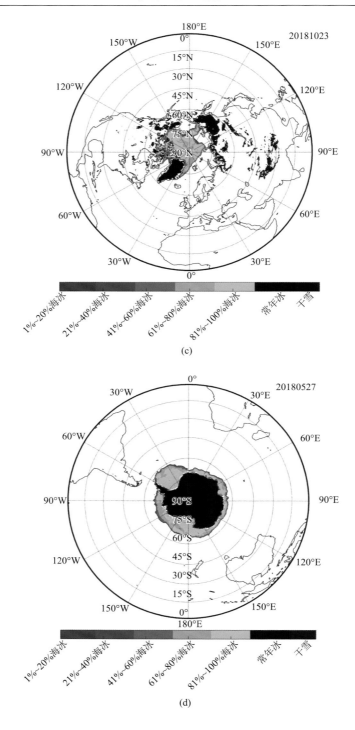

(c)

(d)

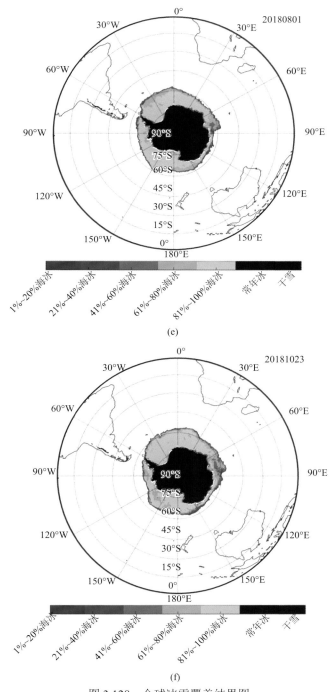

图 3.128 全球冰雪覆盖结果图

（a）～（c）是北半球冰雪覆盖结果图；（d）～（f）是南半球冰雪覆盖结果图

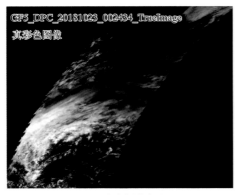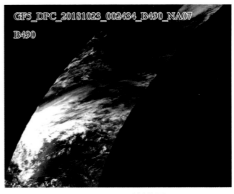

(a) DPC真彩色影像图　　　　　　　　　　　　　　(b) 490nm反射率图

图 3.129　　DPC 数据的 490nm 通道的反射率图（天底观测）

　　基于陆地上空云和晴空条件下蓝光波段的反射率特征，将蓝光波段作为陆地上空的云判识方法之一。其中，由于蓝光波段波长较短，容易受到大气分子散射的影响，同时伴随着观测几何而发生变化，影响较大，所以在进行蓝光波段反射率的云判识前需要进行大气分子散射校正，去除大气分子散射造成的影响，剥离出真实地物的蓝光波段反射率[48]。蓝光波段下的大气分子散射可以使用辐射传输方程中提供的分子散射计算模块进行计算获得，计算中需要提供待测像元的观测几何（观测天顶角、太阳天顶角和相对方位角）和所处的海拔等，即可获得该待测像元的大气分子散射值。式（3.38）是不同波长下分子光学厚度的计算公式。

$$\tau_{\mathrm{m}}(\lambda, z) = \tau_{\mathrm{m}}(\lambda, z_0) \mathrm{e}^{-\frac{z}{H}} \qquad (3.38)$$

式中，$\tau_{\mathrm{m}}(\lambda, z)$ 为需要计算的某波长下的大气分子光学厚度值；$\tau_{\mathrm{m}}(\lambda, z_0)$ 为根据先验知识输入的光学厚度值；Z 为海拔；H 为常量（$H = 8430\mathrm{m}$）。

　　在进行陆地上空蓝光波段反射率云检测时，选择天底方向进行云检测，对于 DPC 数据最多具有 12 个观测角度的特性，选择太阳天顶角最小时为该待测像元的反射率观测值。在最小太阳天顶角条件下，当待测像元去除分子散射影响的蓝光波段反射率大于阈值 $\varDelta_{443}$ 时，可以判识该像元为云像元，判识公式如式（3.39）所示：

$$R_{490}^{\mathrm{mes}} - R_{490}^{\mathrm{mol}} > \varDelta_{490} \qquad (3.39)$$

式中，R_{490}^{mes} 为真实观测的蓝光波段反射率值；R_{490}^{mol} 为蓝光波段的分子散射反射率值；$\varDelta_{490}$ 为蓝光波段的云判识阈值。

　　上面构建的蓝光波段反射率阈值可以用于云像元的判识，可是由于陆地地表类型复杂，存在沙漠、裸土、冰雪等类型的亮地表，其表现出的高反射率特征与云极为相似；或者待检测的云属于薄卷云的时候，容易受到地表辐射信号的影响，特别是反射率较高的亮地表，均会导致最终云判识结果出错。考虑到上述可能在云判识过程中出现的问题，在进行蓝光波段的云判识前，首先利用预先构建好的 DBS 进行亮地表的预判，在进行蓝光波段反射率阈值云判识前，将地表类型划分为亮地表和非亮地表，然后根据划分的两种不同地表类型进行单独的云判识。

在近红外和红外波段下，植被在近红外波段反射率存在突变效应，相对于红外波段变化巨大；而裸土地表随着波长的增加，地表反射率也存在明显的升高。但随着波长的增加，云反射率的差异变化不明显[47]，可以通过近红外和红外波段的反射率差值进行亮地表上空的云像元判识。同时为了增加对薄卷云的识别，降低了蓝光 490nm 波段的反射率阈值。

在通过 DBS 进行亮地表预判中被判识为非亮地表时，则采用式（3.39）进行陆地地表上空的云判识；而当 DBS 预判中判识为亮地表时，则通过如下判识准则：

$$R_{490}^{\text{mes}} - R_{490}^{\text{mol}} > \Delta'_{490} \tag{3.40}$$

$$(R_{865}^{\text{mes}} - R_{865}^{\text{mol}}) - (R_{670}^{\text{mes}} - R_{670}^{\text{mol}}) < \Delta'_{\text{dev}} \tag{3.41}$$

式中，R_{490}^{mes} 为真实观测的 490nm 波段的反射率值；R_{490}^{mol} 为 490nm 波段的分子散射反射率值；Δ'_{490} 为亮地表上空蓝光 490nm 波段的反射率阈值；R_{865}^{mes} 和 R_{670}^{mes} 分别为真实观测的 865nm 和 670nm 波段的反射率值；R_{865}^{mol} 和 R_{670}^{mol} 为 865nm 和 670nm 波段的分子散射反射率值；Δ'_{dev} 为 865nm 和 670nm 波段的反射率差阈值。

（2）蓝光波段云判识阈值。根据统计获得的在不同月份下不同类型地表的蓝光反射率结果进行 TOA 反射率的前向模拟，模拟在不同月份、不同大气模式下，不同地表类型在有云、无云及气溶胶情况下的 TOA 反射率结果，具体的模拟方法如下。

①确定 1～12 月中对应的不同大气模式，如表 3.35 所示。

表 3.35 数据纬度与获取时间对应的大气模式

纬度	1 月	3 月	5 月	7 月	9 月	11 月
80°N	SAW	SAW	SAW	MLW	MLW	SAW
70°N	SAW	SAW	MLW	MLW	MLW	SAW
60°N	MLW	MLW	MLW	SAS	SAS	MLW
50°N	MLW	MLW	SAS	SAS	SAS	SAS
40°N	SAS	SAS	SAS	MLS	MLW	SAS
30°N	MLS	MLS	MLS	T	T	MLS
20°N	T	T	T	T	T	T
10°N	T	T	T	T	T	T
0	T	T	T	T	T	T

纬度	1 月	3 月	5 月	7 月	9 月	11 月
10°S	T	T	T	T	T	T
20°S	T	T	T	MLS	MLS	T
30°S	MLS	MLS	MLS	MLS	MLS	MLS
40°S	SAS	SAS	SAS	SAS	SAS	SAS
50°S	SAS	SAS	SAS	MLW	MLW	SAS
60°S	MLW	MLW	MLW	MLW	MLW	MLW
70°S	MLW	MLW	MLW	MLW	MLW	MLW
80°S	MLW	MLW	MLW	SAW	MLW	MLW

②确定研究的地表类型，包括裸土地表、植被和水体。

③观测几何包括太阳天顶角、观测天顶角和相对方位角，分别设置为45°、0°和0°。

④气溶胶类型设置为大陆型气溶胶，单模态谱模式；同时将云模型设置为水滴模型。其中气溶胶的光学厚度设置为0.1、0.5 和 1，云的光学厚度设置为 1、5、15、30 和 50。

根据对全球不同月份下大气模式的纬度划分标准，对 3 个月份在 5 种大气模式划分范围内的 DPC 数据陆地部分进行统计，按照有云（薄云和厚云）、无云情况下的植被、裸土的类型进行采样，同时根据公式计算获得对应位置像元 490nm的大气分子散射值，最终获得了薄云和厚云校正后的 490nm 反射率值，如表 3.36所示。

表 3.36 真实观测条件下薄云和厚云校正后 490nm 的反射率统计表

日期		T		MLS		SAS		MLW		SAW
2018-05-27	厚云	0.20~0.73	厚云	0.17~0.65	厚云	0.19~0.83	厚云	0.25~0.86	厚云	0.23~0.81
	薄云	0.15~0.21	薄云	0.14~0.18	薄云	0.16~0.20	薄云	0.19~0.28	薄云	0.20~0.27
	阈值	0.15	阈值	0.14	阈值	0.16	阈值	0.19	阈值	0.20
2018-08-01	厚云	0.21~0.67	厚云	0.20~0.69	厚云	0.21~0.65	厚云	0.22~0.83		—
	薄云	0.15~0.19	薄云	0.14~0.20	薄云	0.15~0.21	薄云	0.21~0.35		—
	阈值	0.15	阈值	0.14	阈值	0.15	阈值	0.22		—
2018-10-23	厚云	0.17~0.65	厚云	0.23~0.63	厚云	0.16~0.59	厚云	0.21~0.86		—
	薄云	0.16~0.18	薄云	0.17~0.19	薄云	0.18~0.20	薄云	0.20~0.45		—
	阈值	0.16	阈值	0.17	阈值	0.16	阈值	0.20		—

从上述的云判识阈值统计结果来看，统计阈值与模拟获得的不同时间和大气模式下的 490nm 云反射率理论阈值结果比较相近，将上述统计获得的阈值与模拟获得的理论阈值通过曲线图进行表示，如图 3.130 所示。

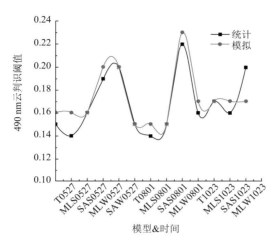

图 3.130　490nm 陆地上空云识别统计和模拟阈值对比图

从图 3.130 中可以明显看出，在蓝光 490nm 波段的云判识统计和模拟阈值具有比较好的一致性，但是总体上模拟阈值要大于 DPC 真实观测统计的阈值结果，基于阈值统计结果对模拟获得的阈值进行调整，获得了如表 3.37 所示的基于不同大气模式和时间条件下的云判识阈值。

表 3.37　不同月份和大气模式下的蓝光波段云判识阈值结果

月份	T	MLS	SAS	MLW	SAW
1	0.15	0.15	0.20	0.25	—
2	0.15	0.15	0.20	0.25	—
3	0.15	0.15	0.20	0.25	0.25
4	0.15	0.15	0.20	0.25	0.25
5	0.16	0.16	0.16	0.20	0.20
6	0.16	0.16	0.16	0.20	0.20
7	0.15	0.15	0.15	0.23	—
8	0.15	0.15	0.15	0.23	—
9	0.17	0.17	0.17	0.17	—
10	0.17	0.17	0.17	0.17	—
11	0.16	0.18	0.18	0.20	—
12	0.16	0.18	0.18	0.20	—

在完成上述对非亮地表上空蓝光 490nm 波段的反射率阈值统计后，针对亮地表上空的蓝光 490nm 波段反射率云判识阈值及 865nm 和 670nm 的反射率差云判识阈值进行真实观测数据的统计，获得了如图 3.131 所示的统计结果。

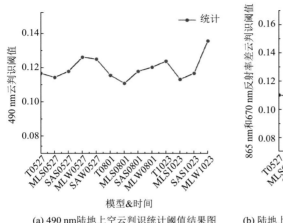 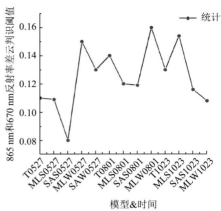

(a) 490 nm陆地上空云判识统计阈值结果图　　　(b) 陆地上空865 nm和670 nm反射率差统计阈值结果图

图 3.131　亮地表上空云判识阈值统计图

根据图 3.131 中的阈值统计结果，图 3.131（a）中对亮地表上空的薄云进行了采样统计，获得了不同区域上空薄云在蓝光 490nm 波段的反射率最低值统计结果，可以看出在不同区域和时间下，蓝光 490nm 波段的反射率值在（0.11，0.14）范围内，为了提高对亮地表上空薄卷云的识别，选取蓝光 490nm 波段的反射率阈值为 0.11。图 3.131（b）中对亮地表上空云的近红外 865nm 和红外 670nm 波段的反射率差值最大值进行统计，统计结果在（0.08，0.16）范围内，此时选择 0.08 为 865nm 与 670nm 反射率差的云判识阈值，这里主要考虑到了裸土地表存在的反射率差极小值的情况[47]，所以降低阈值也是为了提高云判识的准确性。

3）近红外通道云判识

（1）近红外通道云判识原理。在近红外波段上，陆地地表类型特别是植被具有很高的反射率，这对陆地上空的云判识引入了很大的不确定因素。但在海洋上空，近红外波段的反射率存在低值，与表现出高反射率特征的云存在明显的差异，所以从理论上可以通过近红外 865nm 波段反射率进行海洋上空的云判识。图 3.132 给出了近红外波段天底观测的 DPC 真彩色影像图和近红外 865nm 反射率图，可以明显看出在近红外波段下，云和海洋地表可以很清晰地被区分出来。

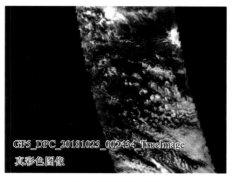
(a) DPC真彩色影像图

(b) 近红外865nm反射率图

图 3.132　DPC 数据的 865nm 通道的反射率图（天底观测）

　　海洋上空由于太阳耀斑的存在，所表现出的高反射率将会影响最终的云判识结果[49, 50]，在进行近红外海洋上空的云判识前，需要去除太阳耀光的影响，其中太阳耀光角的计算公式如式（3.42）所示。当太阳耀光角 ϑ 小于 30°时，可以判断该区域不存在太阳耀光的影响，将会进行基于近红外波段的云判识。

$$\cos\vartheta = \cos\theta_S \cos\theta_V - \sqrt{1-\cos^2\theta_S}\sqrt{1-\cos^2\theta_V}\cos\phi \qquad (3.42)$$

式中，θ_S 和 θ_V 分别为太阳天顶角和观测天顶角；ϕ 为相对方位角。

　　当海洋上空不存在太阳耀斑的影响时，由于海洋表面的反射率低，且近红外波段受到大气分子和气溶胶散射的影响小[48]，可以通过式（3.43）进行云判识：

$$R_{865}^{\text{mes}} - R_{865}^{\text{mol}} > \Delta_{865} \qquad (3.43)$$

式中，R_{865}^{mes} 为近红外 865nm 波段反射率的观测值；R_{865}^{mol} 为近红外 865nm 波段的分子散射计算值；Δ_{865} 为近红外 865nm 波段下海洋上空的云判识阈值。当满足式（3.43）时，则可以判断待测像元为云像元。

　　（2）近红外通道云判识阈值。根据统计获得的在不同月份下海洋地表的近红外波段反射率结果，基于此数据进行 TOA 反射率的前向模拟，模拟在不同月份、不同大气模式下，海洋地表类型在有云、无云和存在气溶胶情况下的 TOA 反射率结果，具体的模拟方法如下。

　　①确定 1～12 月中对应的不同大气模式，如表 3.35 所示。

　　②确定研究的地表类型为水体地表，其在不同月份的地表反射率可以近似取为 0.0001。

③观测几何包括太阳天顶角、观测天顶角和相对方位角,分别设置为 45°、0° 和 0°。

④气溶胶类型设置为海洋型气溶胶,单模态谱模式;同时将云模型设置为水滴模型。其中气溶胶的光学厚度设置为 0.1、0.5 和 1,云的光学厚度设置为 1、5、15、30 和 50。

通过上述对水体上空的云和气溶胶在近红外 865nm 波段反射率的模拟,获得了在不同月份和不同大气模式下的云判识理论阈值。针对这些理论阈值,本书将从目前已有的 2018 年 05 月 27 日、2018 年 08 月 01 日和 2018 年 10 月 23 日 DPC 真实观测数据中选择若干区域,统计真实观测情况下的云判识阈值,并与目前模拟获得的不同大气模式和时间对应下的云判识理论阈值进行比对,验证理论阈值的准确性。DPC 海洋上空的有云数据按照全球不同月份、不同大气模式下的纬度划分标准进行划分,对在 3 个月份内 5 种大气模式划分范围内的 DPC 数据海洋类型地表进行统计,按照有云、无云情况下的海洋地表进行采样,同时根据式(3.38)计算获得对应位置像元 865nm 的大气分子散射值,最终获得了有云情况下并进行大气分子散射校正后的 865nm 反射率值,如表 3.38 所示。

表 3.38　有无云情况下校正后 865nm 反射率统计表

日期		T		MLS		SAS		MLW		SAW
	云	0.13~0.68	云	0.13~0.59	云	0.12~0.60	云	0.25~0.75	云	0.27~0.73
2018-05-27	水体	0.02~0.06	水体	0.03~0.08	水体	0.01~0.05	水体	0.02~0.09	水体	0.01~0.08
	阈值	0.06~0.13	阈值	0.08~0.13	阈值	0.05~0.12	阈值	0.09~0.25	阈值	0.08~0.27
	云	0.15~0.71	云	0.13~0.69	云	0.12~0.65	云	0.21~0.73	云	—
2018-08-01	水体	0.01~0.07	水体	0.02~0.06	水体	0.01~0.04	水体	0.03~0.09	水体	
	阈值	0.07~0.15	阈值	0.06~0.13	阈值	0.04~0.12	阈值	0.09~0.21	阈值	
	云	0.15~0.68	云	0.14~0.67	云	0.11~0.59	云	0.16~0.76	云	
2018-10-23	水体	0.01~0.06	水体	0.01~0.05	水体	0.02~0.05	水体	0.02~0.06	水体	
	阈值	0.06~0.15	阈值	0.05~0.14	阈值	0.05~0.11	阈值	0.06~0.16	阈值	

从表 3.38 的阈值统计结果来看,通过辐射传输模拟获得的在不同时间和大气模式下的 865nm 云反射率理论阈值明显偏低,将上述统计获得的云判识阈值范围与模拟获得的理论阈值进行曲线图对比分析,获得如图 3.133 所示的对比结果。

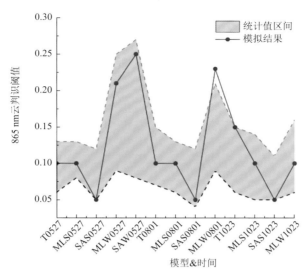

图 3.133　865nm 海洋上空云识别模拟和统计阈值对比图

从图 3.133 中可以明显看出，在近红外 865nm 波段模拟获得的云判识理论阈值基本上处于真实统计的云判识阈值范围内，但云判识理论阈值可能存在对云像元漏判的情况，所以对模拟获得的理论阈值进行调整，获得了在不同大气模式和时间条件下的云判识阈值，如表 3.39 所示。

表 3.39　不同月份和大气模式下的近红外波段云判识阈值结果

月份	T	MLS	SAS	MLW	SAW
1	0.10	0.05	0.05	0.10	—
2	0.10	0.05	0.05	0.10	—
3	0.10	0.10	0.05	0.20	0.25
4	0.10	0.10	0.05	0.20	0.25
5	0.10	0.10	0.05	0.21	0.25
6	0.10	0.10	0.05	0.21	0.25
7	0.10	0.10	0.05	0.23	—
8	0.10	0.10	0.05	0.23	—
9	0.15	0.10	0.05	0.10	—
10	0.15	0.10	0.05	0.10	—
11	0.15	0.10	0.05	0.25	—
12	0.15	0.10	0.05	0.25	—

4）偏振信号云判识

在 DPC 数据中，提供了 3 个偏振通道数据，分别为 490nm、670nm 和 865nm 波段。通过对 DPC 实测数据中水相态云归一化 865nm 偏振反射率的统计，获得了如图 3.134 所示的结果图，可以看出水相态云在 865nm 波段的偏振反射率图中表现出了明显的特征，即散射角在 140°时存在一个偏振反射率峰，在这里称之为 "虹效应"，它是水相态云粒子在偏振测量中的一种特殊现象。

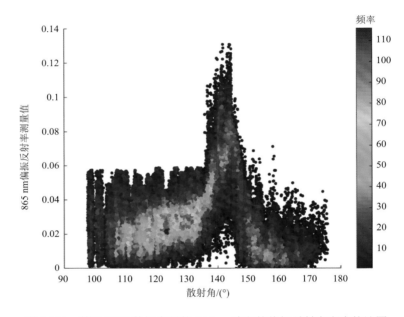

图 3.134　基于 DPC 数据实测的 865nm 波段的偏振反射率密度统计图
频率表示统计对应像元占总像元的比值

基于图 3.134 中水相态云在近红外偏振通道所表现出的特征，模拟了不同地表类型上空和有云情况下的近红外偏振反射率。针对不同的地表类型，陆地地表选择相坤生等[51]提供的修正后的地表偏振双向反射率模型 Nadal[52]，将 Nadal 模型原有的经验参数（$0.78 \leqslant \rho\beta \leqslant 1.17$）修正为（$0.998 \leqslant \rho\beta \leqslant 1.73$），修正后的 Nadal 模型参数模拟的各类地物偏振反射率对于不同的地物类型具有很好的相关性。其中修正后的 Nadal 模型 ［式（3.44）］和参数如表 3.40 所示。海洋地表选择了 Cox 和 Munk[54]提供的 Cox-Munk 海表模型，具体公式如式（3.45）所示。

修正后的地表偏振双向反射率 Nadal[53]模型为

$$R_{\mathrm{p}}\left(\theta_{\mathrm{V}},\theta_{\mathrm{S}},\phi\right)=\rho\left[1-\exp\left(-\beta\frac{F_{\mathrm{p}}\left(\alpha\right)}{\mu_{\mathrm{S}}+\mu_{\mathrm{V}}}\right)\right] \tag{3.44}$$

式中，R_{p} 为偏振反射率；θ_{S} 为太阳天顶角；θ_{V} 为观测天顶角；ϕ 为相对方位角；α 为入射角；μ_{S} 和 μ_{V} 分别为太阳天顶角 θ_{S} 和观测天顶角 θ_{V} 的余弦值；ρ、β 是经验参数，是由国际地圈生物圈计划（IGBP）提供的地物分类模型和地表的 NDVI 确定；$F_{\mathrm{p}}(\alpha)$ 为偏振光的菲涅尔系数。

表 3.40 修正后的 Nadal 模型参数[52]

地表类型	NDVI	$\rho \times 100$	β
森林	0.15~0.30	1.370	116.230
	≥0.30	0.800	134.700
草地	0~0.15	2.700	64.010
	0.15~0.30	1.373	113.835
	≥0.30	1.200	83.140
沙漠	0~0.15	3.100	40.150

Cox-Munk 海表偏振双向反射率函数 BPDF[53]：

$$R_{\mathrm{p}}\left(\theta_{\mathrm{V}},\theta_{\mathrm{S}},\phi\right)=\frac{\pi\cdot P(S_{\mathrm{x}},S_{\mathrm{y}})\cdot R(\omega)\cdot P}{4\cdot\cos\theta_{\mathrm{S}}\cdot\cos\theta_{\mathrm{V}}\cdot\cos^{4}\beta} \tag{3.45}$$

式中，$P(S_{\mathrm{x}},S_{\mathrm{y}})$ 为坡度分量 S_{x} 和 S_{y} 的分量；$R(\omega)$ 为平静海表反射率；P 为偏振度（可以通过菲涅尔系数计算得到）；θ_{S} 和 θ_{V} 分别为太阳天顶角和观测天顶角；β 为斜度，可以由太阳天顶角 θ_{S}、观测天顶角 θ_{V} 和相对方位角 ϕ 计算得到，如式（3.46）所示。

$$\cos\beta=\frac{\cos\theta_{\mathrm{S}}+\cos\theta_{\mathrm{V}}}{\sqrt{2+2(\cos\theta_{\mathrm{S}}\cos\theta_{\mathrm{V}}+\sin\theta_{\mathrm{S}}\sin\theta_{\mathrm{V}}\cos\phi)}} \tag{3.46}$$

根据上述提供的修正后的 Nadal 模型参数和 Cox-Munk 海表模型进行不同地表类型情况下偏振反射率的模拟，设置在 865nm 偏振波段下的气溶胶光学厚度为 0.1、0.5 和 1，以及云的光学厚度为 1、5、15、30 和 50；气溶胶模式设置为大陆型气溶胶，云滴模型设置为水滴模型；大气模式选择 US 标准大气模式；角度设置分别为太阳天顶角为 20°，观测天顶角 0°~75°共 8 个，相对方位角设置为 100°。

通过辐射传输模拟，获得了不同地表类型和云覆盖情况下的 865nm 偏振反射率模拟结果如图 3.135 所示。

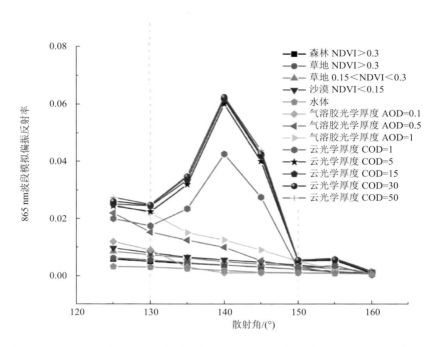

图 3.135　不同地表类型下与有云、气溶胶情况下水相态云 865nm 偏振反射率图

从图 3.135 中可以看出，不同类型地表与有云、气溶胶情况下 865nm 偏振反射率存在很大的差异。首先，从无云情况下的森林、草地、沙漠和水体地表的模拟 865nm 偏振反射率曲线中可以看出，与有云和气溶胶情况下的偏振反射率在小于 150°散射角时存在明显的差异。其次，从不同的气溶胶光学厚度情况下的 865nm 偏振反射率模拟值与有云情况下不同云光学厚度的偏振反射率对比中发现，在 130°~150°散射角范围内，可以很好地将气溶胶与云进行区分，最终达到对云的判识。

在云的偏振观测中，偏振反射率多产生于多次散射或者反射，且容易受到观测几何的影响[54]，所以需要通过太阳天顶角和观测天顶角对其进行校正，校正公式如式（3.47）所示，可以用于校正受角度影响的偏振反射率。从图 3.135可知，当散射角在 130°~150°范围内，且海洋待检测区域不在太阳耀光覆盖范围内，陆地和海洋上空的偏振反射率大于给定的阈值，则判断该待测像元为云像元，如式（3.48）所示。

$$R_{\mathrm{p}}^{\mathrm{cor}} = (\mu_{\mathrm{S}} + \mu_{\mathrm{V}}) \cdot R_{\mathrm{p}} \qquad （3.47）$$

$$R_{\mathrm{p}}^{\mathrm{cor}} > \varDelta_{\mathrm{p}} \qquad （3.48）$$

式中，$R_{\mathrm{p}}^{\mathrm{cor}}$ 为校正后的偏振反射率；R_{p} 为待校正前的偏振反射率；μ_{S} 和 μ_{V} 分别为太阳天顶角和观测天顶角；$\varDelta_{\mathrm{p}}$ 为偏振信号云判识阈值。

通过图 3.135 中不同类型地表与有云、气溶胶条件下近红外 865nm 的偏振反射率模拟，获得了理论上在 130°～150°散射角的偏振信号云判识散射角区间范围。根据理论提供的散射角区间范围，统计已有的 DPC 数据在每个观测方向上散射角满足 130°～150°且属于水相态云区域的归一化 865nm 偏振反射率 [通过式（3.47）校正后的]，并按照陆地和海洋上空两种地表类型进行统计，如图 3.136 所示。

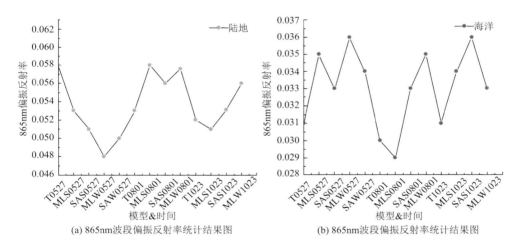

(a) 865nm 波段偏振反射率统计结果图　　　　(b) 865nm 波段偏振反射率统计结果图

图 3.136　陆地和海洋上空近红外 865nm 偏振反射率统计图

通过从 DPC 真实观测数据 865nm 偏振反射率的统计结果图 3.136 可以看出，在海洋和陆地上空 130°～150°散射角范围内云的 865nm 偏振反射率低值是不同的，其中陆地上空最低值在 0.048，不同统计场景平均最低值在 0.05；而海洋上空最低值在 0.029，不同统计场景平均最低值在 0.03。根据式（3.48），在海洋上空，当待测像元所有有效观测角度下的云判识阈值 $\varDelta_{\mathrm{p}}$ 大于 0.03 时，可以判定该待测像元为云像元；在陆地上空，当待测云像元所有有效观测角度下的云判识阈值 $\varDelta_{\mathrm{p}}$ 大于 0.05 时，可以判定该待测像元为云像元。

5）氧气 A 吸收通道的表观压强云判识

针对海洋和陆地上空的厚云，由于在可见光和近红外波段的光谱反射率与其他地物存在明显的差异，可以较为简单地通过使用反射率阈值判识出来。然而，对于光学厚度较薄的云（卷云），尤其在亮地表上空，容易受到地表信号的强烈干扰，其具有与地表（亮地表）相似的光谱信息，这使得它很难通过常用的可见光和近红外光谱信号阈值进行检测，从而最终导致云识别结果准确度的降低。

如表 3.41 所示，在 DPC 多角度偏振探测仪提供的具有光谱通道范围的数据中，存在 $0.763\mu m$ 和 $0.765\mu m$ 的氧气 A 通道，由于这两个通道存在于大气中氧气 A 吸收带范围内（图 3.137），所以可以被用来进行云高的反演，提供云顶高度信息[55]。在 750～770nm 波段范围内，进行了辐射强度数据的前向仿真，获得了如图 3.138 的有云和无云情况下的辐射强度结果，可以明显看出在该波段范围内，有云和无云情况下的辐射强度是存在明显差异的，可以被用来进行云的区分。表 3.41 中给出了 DPC 数据中 443nm、670nm、763nm、765nm、865nm 和 910nm 光谱通道的臭氧、氧气和水汽的吸收贡献率，可以看出 763nm 和 765nm 光谱通道的氧气吸收贡献率是最高的，其中谱宽较窄的 763nm 波段氧气吸收贡献率最大。其物理意义是，云相对于地表分布在较高的海拔位置，缩短了光子从大气层顶返回到卫星入瞳处的路径长度；同时伴随着云顶高度的不断增加，卫星观测到的表观反射率也随之增加，这也减少了氧气的吸收。

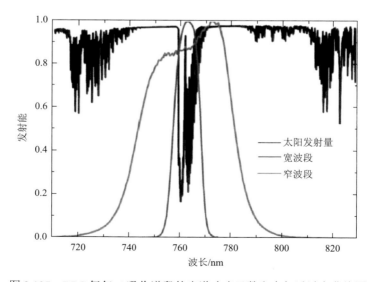

图 3.137　DPC 氧气 A 吸收谱段的光谱响应函数和大气透过率曲线图

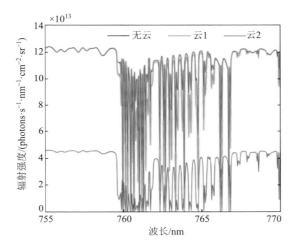

图 3.138　氧气 A 吸收通道在有云和无云情况下的辐射曲线图

表 3.41　不同 DPC 光谱通道气体吸收典型值

光谱通道	臭氧吸收贡献率/%	氧气吸收贡献率/%	水汽吸收贡献率/%
443nm	0.3	0	0
670nm	4.5	0	1.5
763nm	0.6	41.6	1.4
765nm	0.6	12.4	2.2
865nm	0	0	2.7
910nm	0	0	31.1

在有云大气中，大气表观反射率主要来源于云层粒子反射 R_{cld}、大气分子散射 R_{mol}、气溶胶粒子散射 R_{aer} 和地表反射 R_{surf}，主要公式如下：

$$R_{TOA} = R_{cld} + R_{mol} + R_{aer} + R_{surf} \qquad (3.49)$$

假设大气分子、气溶胶粒子散射和地表反射的贡献忽略不计，且云层上方不存在气溶胶的存在，在 763nm 和 765nm 波段云层粒子的反射率是相同的，公式如下所示：

$$R_{TOA}^{763} = R_{mol}^{763} + R_{cld} \cdot T_{H_2O}^{763} \cdot T_{O_2}^{763} \cdot T_{O_3}^{763} \qquad (3.50)$$

$$R_{TOA}^{765} = R_{mol}^{765} + R_{cld} \cdot T_{H_2O}^{765} \cdot T_{O_2}^{765} \cdot T_{O_3}^{765} \qquad (3.51)$$

式中，R_{TOA}^{763} 和 R_{TOA}^{765} 分别对应的是 763nm 和 765nm 的大气层顶的反射率；R_{mol}^{763} 和 R_{mol}^{765} 是云顶大气粒子的反射率；$T_{H_2O}^{763}$、$T_{O_2}^{763}$、$T_{O_3}^{763}$ 和 $T_{H_2O}^{765}$、$T_{O_2}^{765}$、$T_{O_3}^{765}$ 分别是 763nm 与 765nm 波段的水汽、氧气和臭氧的吸收透过率。

根据表 3.41 提供的 DPC 数据中 763nm 和 765nm 光谱通道的臭氧、水汽和氧气的吸收贡献率，其中臭氧和水汽的吸收贡献率相对于氧气要少得多；所以在下面的研究中，对 763nm 和 765nm 光谱通道的 TOA 反射率假设忽略臭氧和水汽的吸收贡献率，则式（3.50）和式（3.51）可以改写为

$$R_{\text{TOA}}^{763} = R_{\text{mol}}^{763} + R_{\text{cld}} \cdot T_{\text{O}_2}^{763} \tag{3.52}$$

$$R_{\text{TOA}}^{765} = R_{\text{mol}}^{765} + R_{\text{cld}} \cdot T_{\text{O}_2}^{765} \tag{3.53}$$

$$\frac{R_{\text{TOA}}^{763} - R_{\text{mol}}^{763}}{R_{\text{TOA}}^{765} - R_{\text{mol}}^{765}} = \frac{T_{\text{O}_2}^{763}}{T_{\text{O}_2}^{765}} = X \tag{3.54}$$

通过改写后的公式，可以获得如式（3.54）所示的氧气吸收透过率与 763nm 和 765nm 反射率比值 X 的关系。通过对氧气的吸收透过率进行逐线积分，由于氧气在大气分子中所占的比例是一定的，通过计算，可以将氧气的吸收系数单位转化为压强单位。在大气条件已知的情况下，表观压强 P_{app} 与氧气的大气透过率和观测几何（太阳天顶角和观测天顶角）存在多项式的关系[49, 50]。关系式如下所示：

$$P_{\text{app}} = P_0 \sqrt{\frac{A\exp(-\beta X) + G(m, X)}{m}} \tag{3.55}$$

$$G(m, X) = \sum_{i=0}^{2} \sum_{j=0}^{2} a_i^j m^i X^j \tag{3.56}$$

$$m = \frac{1}{\mu_{\text{S}}} + \frac{1}{\mu_{\text{V}}} \tag{3.57}$$

式（3.55）～式（3.57）中，P_0 为标准大气压强，取值为 1013 hPa；A 和 β 为常量，与 DPC 仪器的光谱响应函数有关，这里是通过 DPC 数据 763nm 和 765nm 波段的半峰全宽（FWHM）拟合获得的，在这里分别取值为 1728.1 和 9.4017；a_i^j 系数值见表 3.42 所示；m 为空气质量因子，与太阳天顶角余弦值 μ_{S} 和观测天顶角余弦值 μ_{V} 有关。

表 3.42 a_i^j 系数

j	i		
	0	1	2
0	4.714	−4.243	0.541
1	−11.562	11.445	−1.479
2	7.174	−7.813	1.021

通过式（3.55）提供的表观压强 P_{app} 的计算公式，对 DPC 真实观测数据进行样本的选择，选择陆地和海洋上空（非太阳耀光区）若干区域进行表观压强的统计，结果如图 3.139 所示。

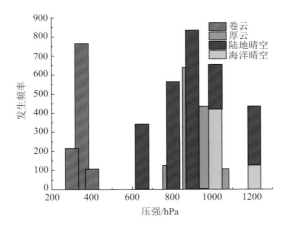

图 3.139 卷云、厚云、陆地晴空和海洋晴空的表观压强统计结果

从图 3.139 中展示的结果可以看出，卷云的表观压强 P_{app} 统计结果范围为 230～420hPa，与其他 3 种类型地物在表观压强上具有很好的区分性，而厚云与陆地晴空和海洋晴空表面在表观压强上具有重叠性，不易区分；同时海洋晴空的表观压强在 1000hPa 附近，这主要是在非太阳耀光区域外的海洋表面反射率过低导致的。前人的研究资料表明，当实测获得的地表反射率足够低的时候，其光谱辐射噪声将会给表观压强结果带来极大的误差。同时对于不可忽略的大气粒子和气溶胶微粒，其反射和散射的信号也将会影响表观压强的大小。所以当表观压强显示为高值时，则表明该地表很大可能为海洋地表。

从图 3.139 中可以看出，当表观压强 P_{app} 值小于 600hPa 时，可以很好地将薄卷云区分开来，但是对于大于 600hPa 的厚云来说，则无法将其从晴空地表对应的表观压强中区分出来。基于云和地表表观压强表现出的混合特征，将表观压强结果加上一个校正因子 Δ_p，以保证云和晴空条件下的地表值具有足够的区分性，构建如下判识公式：

$$P_{surf} > MP_{app} + \Delta_p \tag{3.58}$$

$$P_{surf} = 1012.44 - 118.945H + 5.43875H^2 - 0.109778H^3 + 0.000780614H^4 \tag{3.59}$$

式（3.58）和式（3.59）中，P_{surf} 为地表压强；H 为海拔；MP_{app} 为选取有效观测方向表观压强计算结果的平均值，可以减少像元单个观测方向结果的不确定性；Δ_p 为进氧气 A 表观压强云检测的阈值。通过辐射传输模拟获得的不同大气模式下地表压强随着海拔的变化曲线图，可以清晰地看出在不同的大气模式下，地表压强随高度变化的曲线图是不同的（图 3.140），基于这种特征现象，根据不同大气模式构建了动态的表观压强云检测方法。根据欧洲中期天气预报中心（ECMWF）

统计结果[49]可知，当地表压强 P_{surf} 大于校正后的表观压强 $\mathrm{MP_{app}} + \varDelta_p$ 时，可以判定该像元为云像元。

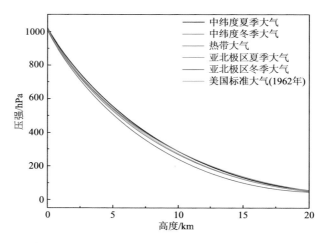

图 3.140　不同大气模式下压强随着高度的变化图

对于海洋和陆地两种地表类型，云检测阈值 $\varDelta_p$ 的取值方式也有所不同，其中针对陆地上空的云检测阈值 $\varDelta_p$ 由归一化植被指数进行确定，公式如下：

$$\varDelta_p = 50 + 210 \mathrm{NDVI} \qquad (3.60)$$

而针对海洋上空的云检测阈值 $\varDelta_p$ 主要通过宽谱段的 765nm 波段的大气分子散射反射率 R_{mol}^{765} 与表观反射率 R_{mes}^{765} 的比值确定，公式如下所示：

$$\varDelta_p = \frac{R_{mol}^{765}}{R_{mes}^{765}} \qquad (3.61)$$

基于海洋和陆地上空的云检测阈值 $\varDelta_p$ 均通过模拟和统计获得，由于目前 DPC 数据总量少，上述的 $\varDelta_p$ 阈值将在数据充足后被进一步的验证，修正氧气 A 表观压强云判识阈值的正确性。

6）晴空云判识

在完成对 DPC 数据的陆地上空蓝光云判识、海洋上空近红外云判识、偏振信号云判识和表观压强云判识后，最终云判识的结果为非云情况（消极云判识）。在上述的四步判识中，主要是为了从待检测数据中提取出云像元，而对于非云像元并没有给出进一步的判断，判断其是否为晴空像元和不确定类型的像元。基于这种情况，以下将针对晴空像元进行进一步的判断，以获取高准确度的晴空像元。

在 3.1.5 节第 2 部分中所使用到的陆地上空蓝光云判识和海洋上空近红外云判识算法中,通过模拟仿真获得了在不同月份和大气模式下水体、裸土和植被上空不同气溶胶和云光学厚度下的蓝光和近红外波段的表观反射率结果,从模拟的结果中获得基于不同时间和大气模式的最终云检测阈值,并基于 DPC 真实观测数据对阈值的准确性进行了验证并获取了最终云识别阈值。

基于 3.1.5 节第 2 部分中的云识别阈值统计结果,分别对海洋和陆地上空构建了如下晴空判识准则:

$$R_{865}^{\mathrm{mes}} - R_{865}^{\mathrm{mol}} < \Delta_{865}^{\mathrm{clear}} \qquad (3.62)$$

$$R_{490}^{\mathrm{mes}} - R_{490}^{\mathrm{mol}} < \Delta_{490}^{\mathrm{clear}} \qquad (3.63)$$

式中,R_{865}^{mes} 和 R_{490}^{mes} 分别为卫星观测的近红外 865nm 和蓝光 490nm 的表观反射率观测值;R_{865}^{mol} 和 R_{490}^{mol} 分别为近红外和蓝光波段的大气分子散射反射率;$\Delta_{865}^{\mathrm{clear}}$ 和 $\Delta_{490}^{\mathrm{clear}}$ 分别为海洋上空近红外波段的晴空云判识阈值和陆地上空蓝光波段云判识阈值,同时对应的晴空判识阈值分别为 0.05 和 0.15。其中,在利用上述两种方法进行晴空判识的过程中,需要待测像元所有有效观测方向都满足上述的判断标准才能被判识为晴空像元,否则将不予通过。

为了验证上述通过模拟获得的海洋和陆地上空近红外和蓝光波段的晴空判识阈值的准确性,将对 DPC 真实观测数据进行样本选择(选择纯陆地和海洋无云地表,验证数据中不存在混合像元的情况),样本选择情况和最终的验证结果如图 3.141 所示。

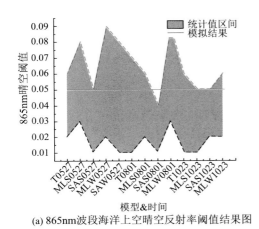
(a) 865nm 波段海洋上空晴空反射率阈值结果图

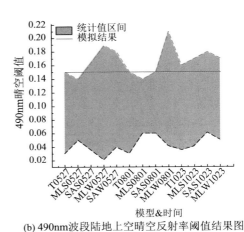
(b) 490nm 波段陆地上空晴空反射率阈值结果图

图 3.141 海洋近红外 865nm 和陆地蓝光 490nm 晴空检测阈值统计和模拟结果

从图 3.141 显示的统计和模拟的结果对比来看,海洋上空近红外 865nm 的晴空检测模拟阈值 0.05 在统计的 13 个场景中可以较为准确地识别出晴空像元，识别准确度达 93%，但也存在一定的晴空像元未被正确判识而被丢失。陆地上空蓝光 490nm 的晴空模拟阈值 0.15 在 13 个场景的阈值统计结果中，准确度达到了 90%，但下垫面在不同区域和时间的反射率存在一定的差异，所以也会导致一定的漏识。从晴空像元识别阈值的总体评价来看，两种模拟阈值与实际观测统计的结果存在很好的关联性，其中存在被漏识的晴空像元将会进入下一步的晴空判识。

在海洋和陆地上空，由于不同的地物类型在不同的波段所表现出的特征也是不同的，如植被在近红外波段表现出很高的反射率特征，而在蓝光波段的反射率却很低；而在海洋上空，水体在可见光波段表现出很低的反射率特征，这一点也被很好地用于海洋上空具有高反射率云的识别上。基于不同地物在不同光谱上的特征差异，类似于利用不同光谱波段反射率的比值，如归一化植被指数，进行晴空像元的判识，可以将那些具有光谱变异的非云像元剔除出去，同时可以达到消除单一光谱信息本身存在的误差，以达到晴空像元判识的目的。

基于 DPC 数据光谱谱段信息，构建了基于海洋和陆地上空的光谱变异晴空识别模型，具体的公式如下：

$$\frac{R_{865}}{R_{443}} > \Delta_{\text{ratio}}^{\text{landclear}} \quad\quad (3.64)$$

$$\frac{R_{865}}{R_{443}} < \Delta_{\text{ratio}}^{\text{seaclear}} \qu\quad (3.65)$$

式中，R_{865} 和 R_{443} 分别为卫星观测的表观反射率；$\Delta_{\text{ratio}}^{\text{landclear}}$ 和 $\Delta_{\text{ratio}}^{\text{seaclear}}$ 分别为陆地和海洋上空的光谱变异晴空判识阈值。在这里通过辐射传输模型分别模拟获得了陆地和海洋上空光谱变异晴空判识理论阈值，假设大气模式为美国标准大气模式，太阳天顶角、观测天顶角和相对方位角分别设置为 45°、0° 和 0°，云光学厚度设置为 1、5、15、30 和 50，地表类型设置为裸地、森林、水体三种，分别模拟 865nm 的表观反射率和 443nm 的表观反射率，将两者进行相除计算获得反射率比值结果，具体的模拟结果如图 3.142 所示。

从图 3.142 模拟获得的陆地和海洋上空近红外 865nm 和蓝光 443nm 的反射率比值随着光学厚度的增加而变化的曲线图可以看出，在无云和有云覆盖情况下的地表反射率比值存在明显差异，可以被用来从待测像元中区分出晴空像元。从图 3.142（a）中可以获得在理论反射率比值大于 1.0 的情况下，待测陆地上空的像元被判识为晴空像元；从图 3.142（b）中可以获得在理论反射率比值小于 0.7 时，待测海洋上空的像元被判识为晴空像元。将通过辐射传输模型获得的反射率比值结果与真实 DPC 数据统计结果进行比较，判识模拟阈值结果的准确性。

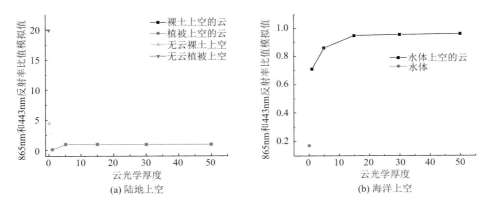

(a) 陆地上空 (b) 海洋上空

图 3.142 陆地和海洋上空 865nm 与 443nm 波段反射率比值模拟结果

通过图 3.143 中对陆地和海洋上空近红外和蓝光波段反射率比值阈值的模拟和统计结果可以看出，图 3.143（a）中蓝色线表示反射率比值阈值统计的晴空条件下的最小值，与模拟获得的理论阈值范围对比可以发现，理论阈值范围包含了真实统计阈值的所有结果，将理论与统计阈值进行比较，可以确定最终陆地上空光谱变异的阈值 $\Delta_{ratio}^{landclear}$ 取值为 1.2，这样可以更加准确地识别出来晴空像元，准确度为 96%。在图 3.143（b）中蓝色线表示在晴空条件下海洋上空比值阈值统计的最大值，从统计阈值的结果来看，首先模拟阈值范围可以很好地将真实统计的阈值结果包含在内，通过两种阈值的对比，最终确定海洋上空光谱变异的阈值 $\Delta_{ratio}^{seaclear}$ 取值为 0.55，选择该阈值虽然丢失了部分的海洋晴空像元，但是最大限度地保留了更为准确的晴空像元，经过统计，晴空像元的识别准确度为 91.3%。

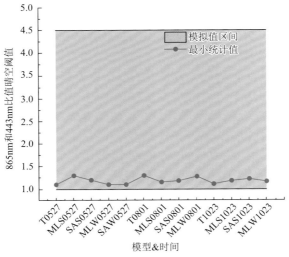

(a) 865nm和443nm反射率比值统计和模拟陆地晴空阈值结果图

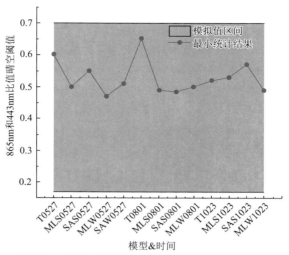

(b) 865nm和443nm反射率比值统计和模拟海洋晴空阈值结果图

图 3.143　陆地和海洋上空 865nm 与 443nm 波段反射比值阈值模拟与统计结果对比

　　通过上述描述的两种海陆上空晴空像元的检测方法，可以很好地将晴空像元从云识别后的非云像元类别中区分出来，这从一定程度上提高了最终云识别结果的准确性，也为后续 DPC 数据的云置信度提供了判识准则。由于 DPC 数据目前总量的不足，基于 DPC 数据的晴空像元判识阈值主要通过模拟和少量数据统计的方法获得，在后面的研究中将会对此部分的阈值做进一步的统计。

　　7）特殊地表判识

　　（1）冰雪地表判识。冰雪地表覆盖上空的反射率相对于其他地物的反射率高，这与云在可见光和近红外波段里所表现出的特征非常相似，这导致了最终云判识结果中大量的冰雪像元被误判成云像元，并造成了最终云判识结果准确度的下降，特别是在云层较薄情况下的卷云，容易受到冰雪地表覆盖的影响。其中，DPC 数据的光谱通道范围为 0.423～0.935μm，没有冰雪判识中常用的亮温通道，因此无法直接通过 DPC 数据提供的光谱信息对冰雪像元进行直接的云判识。所以在基于 DPC 数据的冰雪地表判识中，将使用两种方法结合的方式进行联合判识，第一步将全球冰雪覆盖数据库作为辅助数据库进行全球冰雪地表的预判断；第二步将待检测区域获得的冰雪预标识与冰雪像元在 DPC 数据光谱范围内所表现的特征进行联合的冰雪判识。

　　在全球冰雪覆盖数据库中，提供了全球每天冰雪覆盖产品，其中冰覆盖产品给出了 1%～100%的概率结果；在进行 DPC 数据的冰雪地表判识中，冰覆盖结果概率的大小将会直接影响后面冰雪判识的结果。由于 DPC 数据的星下点空间分辨率为 3km×3km，而全球冰雪覆盖数据库提供的冰雪覆盖结果的空间分辨率为 25km×25km，所以这里需要将 DPC 数据和辅助冰雪数据库（IDB）进行匹配，主要的方法示意图如图 3.144 所示。

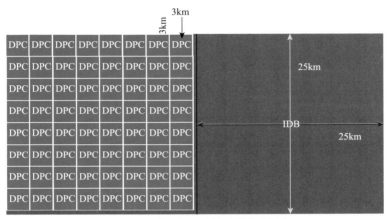

(a) IDB数据和DPC数据分辨率示意图

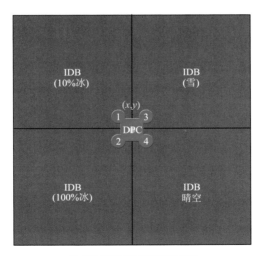

(b) IDB和DPC数据匹配示意图

图 3.144　DPC 数据与冰雪覆盖数据库匹配方法示意图

图 3.144 中给出了两种类型数据的匹配方法，从图 3.144（a）可以明显看出 IDB 的数据分辨率是远远低于 DPC 的数据分辨率的，IDB 数据的 1 个像元相当于 36 个 DPC 数据像元的组合，所以不能将两种数据进行直接使用。基于

两种数据的分辨率差异，采用了经纬度匹配的方法，当遇到如图3.144（b）所示的情况，DPC数据的一个像元通过经纬度匹配到4个IDB数据并均有关联，此时将计算DPC单个像元中心到其他4个IDB数据像元中心的距离，以此作为权重，对4个IDB像元的冰雪标识结果进行权重乘积求和计算。在图3.144（b）中4个IDB数据像元的标识结果为10%冰、100%冰、雪和晴空，如果前3个冰雪覆盖的结果最终权重和大于晴空像元权重结果，将最终判识该DPC数据像元对应的冰雪标识为冰雪覆盖地表类型。

在完成DPC数据与辅助冰雪数据库的匹配后，第二步冰雪判识准则如下：①在氧气A表观压强检测中，最终云判识结果为非云；②在偏振虹效应检测中，最终云判识结果为非云；③在蓝光490nm波段的云检测中，待测像元被判识为云像元；④在红光670nm波段，待测像元存在极大的反射率值。

当上述的判断条件都满足时，则表示该像元极有可能是被误识别为云的冰雪像元。此时IDB冰雪覆盖数据将会辅助最终的冰雪判识结果，当DPC数据中被判识为冰雪像元在IDB数据中周围均为冰雪像元时，可以断定标识为"冰雪像元"；否则将DPC第二步判识的冰雪结果标识为"可能冰雪像元"。

（2）浓密森林地表判识。相对于冰雪地表判识，还有一种由浓密植被覆盖的地表类型，虽然相对于亮地表的云误判率要低，但在可见光波段对云的判识也会产生很大影响。

在针对DPC数据的陆地上空云判识中，从每种云判识准则中查找出云和浓密地表所表现出的反射率特征并进行逐一区分，构建了如下的判识准则：①在氧气A表观压强检测中，待测像元被判识为非云；②在偏振判识中，待测像元被判识为非云；③在蓝光490nm波段的云检测中，待测像元被判识为非云；④NDVI值偏大。

当已经通过云判识的云像元在上述提供的4个判识准则中满足①～③中的任意一个和④中的判识准则，则可以认为该像元被误判为了云像元，其实质为浓密植被覆盖的非云地表像元。

8）云置信度判识

通过DPC数据的云判识后，获得了针对DPC数据的云判识结果，但获得的这些云识别结果的可信度是未知的，其中也存在着被错误判识为云像元的结果。所以针对DPC数据的云判识结果，进行了云置信度的评价，将获得的云结果和晴空结果分为高置信度云、可能性云、高置信度晴空和可能性晴空四类，其中高置信度云表示该结果为100%的云判识结果，没有混杂其他错误判识的云结果；高置信度晴空表示该结果为100%的晴空判识结果，没有混杂其他可能为云的像元判识结果；而可能性云和可能性晴空判识结果中会存在一些误判的结果，可信度是低于100%的，如图3.145所示。

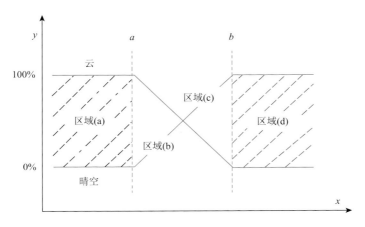

图 3.145　云置信度示意图

在图 3.145 中，红色和蓝色线条分别表示云和晴空线，虚线 a 前面的区域（a）表示 100% 的高置信度云，虚线 b 后面的区域（d）表示 100% 的高置信度晴空，而在虚线 a 和 b 中间，区域（b）和区域（c）分别表示低于 100% 的可能性云或可能性晴空。同时上述的云和晴空线均经过了从 100% 高置信度结果到 0% 无可能性发生的情况变化。所以在下面的研究中，需要确定 4 种可能性的云和晴空结果。

下面是云置信度判识的准则，如表 3.43 和表 3.44 所示。

表 3.43　DPC 数据的云置信度分类标准

产品标识名称	判识结果标准	判识结果标准全名（定义）
云置信度标识	0	100% 云（高置信度云）
	1	低于 100%（可能性云）
	2	低于 100%（可能性晴空）
	3	100% 晴空（高置信度晴空）

表 3.44　DPC 数据的云置信度分类方法

检测方法	判识结果标准和定义	检测方法	判识结果标准和定义
$R_\lambda - R_\lambda^{clear} < 0.02$	0：云 1：晴空	氧气 A 表观压强检测	0：晴空 1：云
R_{865} / R_{443}	0：云 1：晴空	蓝光反射率检测	0：晴空 1：云

检测方法	判识结果标准和定义	检测方法	判识结果标准和定义
偏振虹效应检测	0：晴空 1：云	近红外反射率检测	0：晴空 1：云

根据表 3.43 和表 3.44 中提供的 DPC 数据的云置信度分类标准和分类方法，总共将最终的 DPC 云识别结果分为 4 类（0：高置信度云，1：可能性云，2：可能性晴空，3：高置信度晴空）。在云置信度的判断中，海洋和陆地上空是进行单独判识的，在陆地上空进行蓝光 490nm 波段的反射率及近红外 865nm 波段和蓝光 443nm 波段的反射率比值判识确定高置信度云的结果，其中两者的判识对象来源于 DPC 云检测结果，具体的公式如式（3.66）和式（3.67）所示。

$$R_{490} - R_{490}^{\mathrm{clear}} < 0.02 \qquad (3.66)$$

$$R_{865} / R_{443} > 1.2 \qquad (3.67)$$

式中，R_{490} 为蓝光 490nm 波段的反射率观测值；R_{490}^{clear} 为晴空条件下蓝光波段的大气分子散射反射率；R_{443} 为蓝光 443nm 波段的反射率观测值；R_{865} 为近红外 865nm 波段的反射率观测值。当满足式（3.66）和式（3.67）的判断时，可以判定 DPC 数据的云判识结果为高置信度的晴空像元。

在陆地上空的高置信度云的判断中，采用了近红外 865nm 的偏振反射率检测和氧气 A 表观压强的综合判识准则，具体的公式如式（3.68）和式（3.69）所示：

$$(\mu_{\mathrm{S}} + \mu_{\mathrm{V}}) \mathrm{RP}_{865} \geqslant 0.03 \qquad (3.68)$$

$$P_{\mathrm{surf}} - \mathrm{MP}_{\mathrm{app}} > 50 + 210 \times \mathrm{NDVI} \qquad (3.69)$$

式中，μ_{S} 和 μ_{V} 分别为太阳天顶角和观测天顶角的余弦值；RP_{865} 为近红外 865nm 波段的偏振反射率；P_{surf} 为待测像元的地表压强；$\mathrm{MP}_{\mathrm{app}}$ 为待测像元所有观测方向的平均表观压强；NDVI 为归一化植被指数。当满足式（3.68）和式（3.69）其中一个时，则可以断定该像元为高置信度的云像元。

在陆地上空云置信度评价中，当不满足式（3.66）和式（3.67）的高置信度的晴空判识及式（3.68）和式（3.69）的高置信度云判识时，将对 DPC 最终的云判识结果进行评价，当 DPC 数据的云判识结果为云时，则对应该待测像元的云置信度结果为可能性云像元；否则为可能性晴空像元。

在海洋上空的云置信度判断中，在高置信度晴空的判断中，引入了近红外 865nm 波段的反射率及近红外 865nm 与蓝光 443nm 反射率比值两种判识准则，具体的判断公式如下：

$$R_{865} - R_{865}^{\text{clear}} < 0.15 \tag{3.70}$$

$$R_{865} / R_{443} < 0.4 \tag{3.71}$$

式中，R_{865} 为近红外 865nm 波段的反射率观测值；R_{865}^{clear} 为晴空条件下的近红外波段的大气分子散射反射率；R_{443} 为蓝光 443nm 波段的反射率观测值。当满足式（3.70）和式（3.71）的判断时，则可以判定该待测像元为高置信度的晴空像元。

在对高置信度晴空像元进行的判断完成后，需要进行海洋上空的高置信度云的判断。相对于陆地表面，海洋表面类型较为简单，所以地表对最终云识别结果的影响相对少。在海洋上空的高置信度云判识准则中，引入了氧气 A 表观压强和近红外波段的偏振反射率检测，具体的云置信度检测公式如下：

$$P_{\text{surf}} - P_{\text{app}} > R_{765}^{\text{mol}} / R_{765} \tag{3.72}$$

$$(\mu_{\text{S}} + \mu_{\text{V}}) \text{RP}_{865} \geqslant 0.02 \tag{3.73}$$

式中，P_{surf} 为待测像元的地表压强；P_{app} 为待测像元有效方向的表观压强；R_{765} 为氧气 A 吸收宽谱段 765nm 波段的反射率观测值；R_{765}^{mol} 为晴空条件下 765nm 波段的大气分子散射反射率；μ_{S} 和 μ_{V} 分别为太阳天顶角和观测天顶角的余弦值；RP_{865} 为近红外 865nm 波段的偏振反射率。当满足式（3.72）和式（3.73）的判断时，则可以判定该待测像元为高置信度的云像元。

在海洋上空云置信度评价中，当不满足式（3.70）和式（3.71）的高置信度的晴空判识及式（3.72）和式（3.73）的高置信度云判识时，对 DPC 最终的云判识结果进行评价，当 DPC 数据的云判识结果为云时，则该待测像元对应的云置信度结果为可能性云像元；否则为可能性晴空像元。

通过上述海洋和陆地上空的云置信度判断，获得了高置信度云、高置信度晴空、可能性云和可能性晴空四类云置信度结果。其中高置信度的晴空像元结果，在气溶胶参量的反演中具有重要的作用，可直接将判定得到的晴空像元结果进行气溶胶参量反演，将有效地去除云像元的存在对气溶胶反演的影响。高置信度的云像元，可以用于云参量的反演，可以减少非云像元对云参量反演的影响，提高云参量反演的准确性。可能性云和可能性晴空，可以用于定性和定量的遥感数据分析。

3. DPC 传感器影像云检测算法模型结果及验证

1）DPC 数据的云识别结果及验证

（1）DPC 数据的云识别结果。在进行 DPC 数据的云检测中，选取了 2018 年 05 月 27 日整天共 12 轨数据，数据相关信息如表 3.45 所示。

表 3.45　DPC 数据云识别中所使用的 DPC 数据相关信息

日期	DPC 数据轨道
2018-05-27	GF5_DPC_20180527_009901_L10000006601
2018-05-27	GF5_DPC_20180527_009901_L10000006602
2018-05-27	GF5_DPC_20180527_009901_L10000006603
2018-05-27	GF5_DPC_20180527_009901_L10000006604
2018-05-27	GF5_DPC_20180527_009901_L10000006605
2018-05-27	GF5_DPC_20180527_009901_L10000006606
2018-05-27	GF5_DPC_20180527_009901_L10000006607
2018-05-27	GF5_DPC_20180527_009901_L10000006608
2018-05-27	GF5_DPC_20180527_009901_L10000006609
2018-05-27	GF5_DPC_20180527_009901_L10000006610
2018-05-27	GF5_DPC_20180527_009901_L10000006611
2018-05-27	GF5_DPC_20180527_009901_L10000006612

根据表 3.45 选择的 12 轨 DPC 数据，采用上面构建完成的 DPC 云识别算法模型，在 DPC 数据的云识别过程中，分别进行了特殊地表上空、全球整轨数据、单天全球覆盖数据三种类型的云识别结果，将最终获得的云识别结果用红色标识出来。

首先进行特殊地表上空的云识别，在这里选择沙漠和裸土亮地表上空、冰雪覆盖上空的特殊地表类型，云识别结果如图 3.146 所示。

[案例一]轨道号：6607　类型：沙漠和裸土亮地表类型

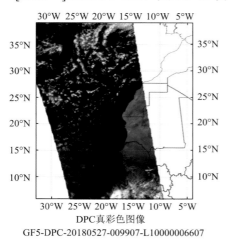
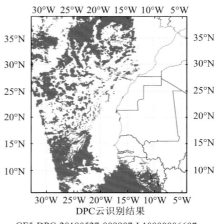

DPC真彩色图像　　　　　　　　　　　DPC云识别结果
GF5-DPC-20180527-009907-L10000006607　　GF5-DPC-20180527-009907-L10000006607

[案例二]轨道号：6601 类型：冰雪覆盖亮地表类型

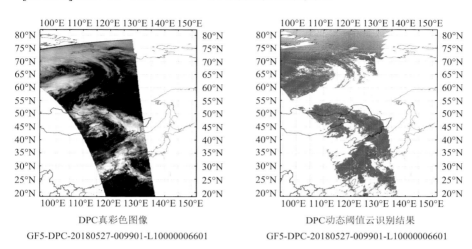

DPC 真彩色图像
GF5-DPC-20180527-009901-L10000006601

DPC 动态阈值云识别结果
GF5-DPC-20180527-009901-L10000006601

图 3.146 DPC 数据特殊地表上空的云识别结果

在上述图 3.146 的两种特殊地表类型的云识别结果中可以看出，在沙漠亮地表上空的非洲无云区域地表，没有被误识别为云像元，且识别正确率较高。从冰雪覆盖亮地表类型区域地表上空的云识别结果中可以很明显地看出，中国上部区域的冰雪地表没有被误识别为云像元。从 DPC 数据在上述两个特殊地表类型的云识别结果中，可以认为 DPC 云识别算法在亮地表上空的判识结果具有一定的可信度，亮地表的特殊地表类型未被错误地识别为云像元，云识别的准确度较高。

在针对 DPC 数据的特殊地表上空的云识别结果分析后，进一步对全球整轨的 DPC 数据进行云识别，以此验证构建的 DPC 云识别算法对于全球范围数据云识别的可执行性。随机选取了 2018 年 05 月 27 日 6601 和 6607 两轨数据进行云识别，单轨的云识别结果如图 3.147 所示。

从图 3.147 的两轨云识别结果中，可以粗略地将两轨的云识别结果与真彩色影像图进行比对可以发现，两者具有很好的一致性，可以看出 DPC 云识别算法在整轨数据的云识别中是可信的，并在针对单轨范围的云识别中具有可执行性。以下将单轨的云识别扩展到全球范围内，选取了 2018 年 05 月 27 日全球 12 轨 DPC 观测数据进行云识别，云识别的结果如图 3.148 所示。

从图 3.148 提供的 DPC 全球观测数据的云识别结果可以看出，对比真彩色影像图具有很好的一致性，全球云的分布表现出了在赤道附近较为集中、同时在中纬度区域云的出现频率也较大、海洋上空的云分布较为广泛的特点。在下面的 DPC 数据的云识别结果验证中将对全球范围的云识别结果进行进一步的定量验证，验证全球云识别结果的准确性。

[案例一]轨道号：6601

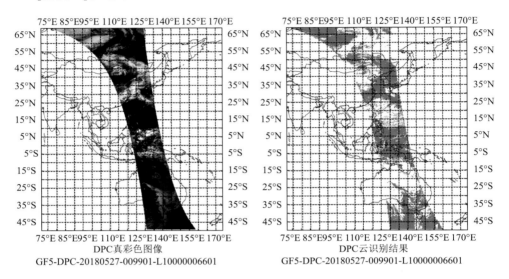

DPC真彩色图像
GF5-DPC-20180527-009901-L10000006601

DPC云识别结果
GF5-DPC-20180527-009901-L10000006601

[案例二]轨道号：6607

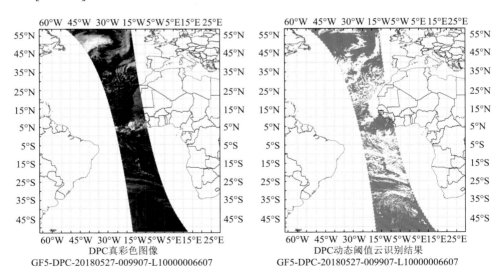

DPC真彩色图像
GF5-DPC-20180527-009907-L10000006607

DPC动态阈值云识别结果
GF5-DPC-20180527-009907-L10000006607

图 3.147　DPC 数据单轨的云识别结果

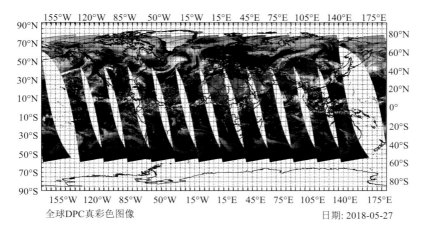

(a) 2018年05月27日全球的DPC观测数据的真彩色影像图

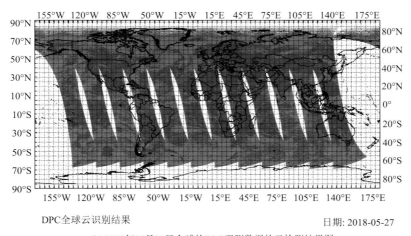

(b) 2018年05月27日全球的DPC观测数据的云检测结果图

图 3.148 DPC 数据 2018 年 05 月 27 日全球的云识别结果

（b）图中红色为云识别结果，紫色为晴空观测结果

（2）DPC 数据的云识别结果验证。针对上面获得的 DPC 云识别结果，在这里将对整轨和全球范围内的云识别结果进行进一步的验证，其中针对单轨的 DPC 云识别结果，将其云识别结果与 CALIPSO 云识别结果进行对比验证；DPC 全球范围的云识别结果将与 MODIS 云识别结果进行定量化的对比验证，获得 DPC 云识别结果与 MODIS 云识别结果在 2018 年 05 月 27 日的差异。

首先，对 DPC 数据的 2018 年 05 月 27 日的 6601 和 6607 两轨的整轨云识别结果进行验证，验证结果如图 3.149 所示。

[案例一]DPC 数据轨道号：6601

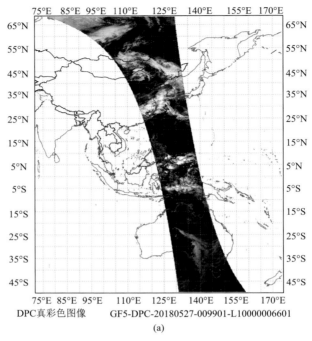

DPC真彩色图像　　　GF5-DPC-20180527-009901-L10000006601

(a)

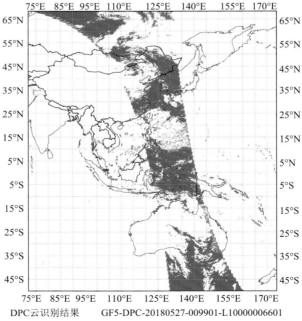

DPC云识别结果　　　GF5-DPC-20180527-009901-L10000006601

(b)

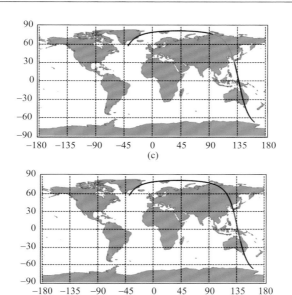

(c)

(d)

垂直分类掩膜国际协调时间:2018-05-27　04:43:29.8～
2018-05-27　04:56:58.5　版本:4.10

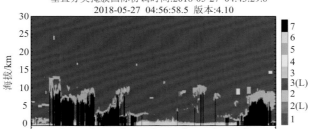

纬度　29.43　35.50　41.56　47.58　53.57　59.50　65.33　70.99　76.21
经度　130.75 129.10 127.25 125.10 122.51 119.20 114.68 107.86 96.30

1:晴空　　　　　2:云　　　　3:对流层气溶胶　　　　4:平流层气溶胶
5:地表　　　　　6:地下　　　7:完全衰减　　　　　　L:低置信度

(e)

垂直分类掩膜国际协调时间:2018-05-27　04:30:00.4 ～
2018-05-27　04:43:29.0　版本:4.10

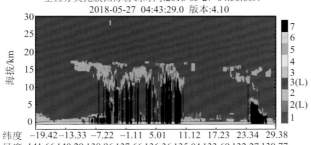

纬度　−19.42 −13.33 −7.22　−1.11　5.01　11.12　17.23　23.34　29.38
经度　141.66 140.29 138.96 137.66 136.36 135.04 133.69 132.27 130.77

1:晴空　　　　2:云　　　　3:对流层气溶胶　　　　4:平流层气溶胶
5:地表　　　　6:地下　　　7:完全衰减　　　　　　L:低置信度

(f)

[案例二]DPC 数据轨道号：6607

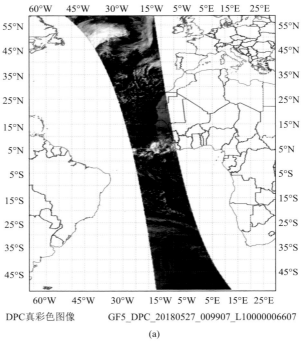

DPC真彩色图像　　　　GF5_DPC_20180527_009907_L10000006607

(a)

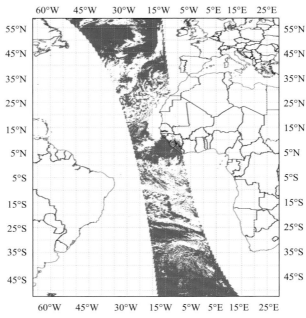

DPC动态阈值云识别结果　　　GF5_DPC_20180527_009907_L10000006607

(b)

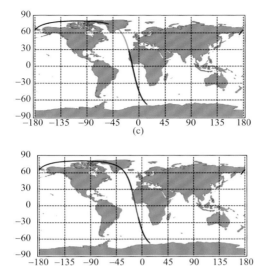

(c)

(d)

垂直分类掩膜国际协调时间:2018-05-27　14:36:48.4 ～
2018-05-27　14:50:17.0　版本:4.10

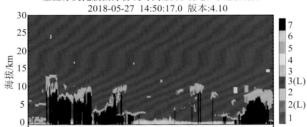

纬度　29.45　35.54　41.59　47.62　53.61　59.53　65.37　71.02　76.24
经度　−17.58　−19.23　−21.09　−23.24　−25.84　−29.15　−33.68　−40.51　−52.12

1:晴空　　　　2:云　　　　3:对流层气溶胶　　　　4:平流层气溶胶
5:地表　　　　6:地下　　　7:完全衰减　　　　　　L:低置信度

(e)

垂直分类掩膜国际协调时间:2018-05-27　14:36:47.6 ～
2018-05-27　14:23:18.9　版本:4.10

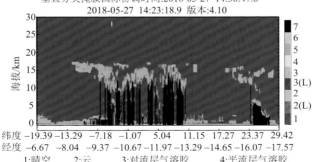

纬度　−19.39　−13.29　−7.18　−1.07　5.04　11.15　17.27　23.37　29.42
经度　−6.67　−8.04　−9.37　−10.67　−11.97　−14.65　−16.07　−17.57

1:晴空　　　　2:云　　　　3:对流层气溶胶　　　　4:平流层气溶胶
5:地表　　　　6:地下　　　7:完全衰减　　　　　　L:低置信度

(f)

图 3.149　单轨云检测结果验证对比图

图 3.149 中对 DPC 数据的整轨云检测结果中，图 3.149（a）为 DPC 数据的真彩色影像图，图 3.149（b）为 DPC 数据的云检测结果图（图中红色覆盖为云识别结果），图 3.149（c）和图 3.149（d）为验证对比数据 CALIPSO 的轨道图，图 3.149（c）中的绿色轨道对应图 3.149（e）中的 CALIPSO 云垂直分布结果（其中颜色标识为 2 对应的为云像元结果），图 3.149（d）中的蓝色轨道对应图 3.149（f）中的 CALIPSO 云垂直分布结果。通过直接将 DPC 云识别结果与过轨的 CALIPSO 云垂直结果中标识为 2 的云结果进行比对，发现基本上在 CALIPSO 云垂直结果图中云出现的位置可以很好地对应 DPC 的云识别结果，这也表明了两者在定性上的观测结果是比较一致的。下面将 DPC 的云检测结果和相互位置匹配的 CALIPSO 云结果进行像元数量级别的比较，对比结果如表 3.46 所示，表中显示了两轨 DPC 云检测结果与 CALIPSO 云识别结果匹配准确率。

表 3.46　DPC 单轨云识别结果与 CALIPSO 云识别结果的对比准确率表

DPC 数据的轨道号	DPC 云检测结果与 CALIPSO 结果对比
6601[案例一]	云像元的相同率：91.37%
	云像元的不同率：8.63%
6607[案例二]	云像元的相同率：93.67%
	云像元的不同率：6.33%

通过表 3.46 中的对比数据，将 DPC 云检测结果与 CALIPSO 云结果进行对比发现，两者的云像元的相同率在案例一中为 91.37%，在案例二中为 93.67%，相同率均达到了 90% 以上，这表明了 DPC 通过构建的云检测算法获得云识别结果的准确性是可信的，在进行单轨数据的云识别中准确度较高。但 DPC 云识别在全球范围内的云识别结果的准确性和覆盖率是否可信，需要进一步的验证。将获得的 2018 年 05 月 27 日的 DPC 全球云检测结果与 MODIS 在当天观测获得的结果进行对比，具体的对比数据如图 3.150 所示。

在图 3.150 中，将 2017 年 05 月 27 日当天全球的 DPC 数据获取的云覆盖结果与 MODIS 云覆盖结果进行比对，其中红色部分为云识别结果，紫色部分为晴空像元结果。从数量分布上看，DPC 的云识别结果明显低于 MODIS，但从云的时空分布位置和特征上来看，DPC 的云识别结果和 MODIS 的云识别结果具有比较一致的区域分布，均表现为热带区域有云覆盖，中高纬度南北半球的云覆盖也较为广泛，云的分布位置在两种传感器获得的数据进行的云识别结果中是比较一致的。将最终的 MODIS 云识别结果与 DPC 云识别结果进行位置匹配，获得了这两种不同的传感器获得数据的云检测结果相同率为 80.34%。相同率达到 80% 以上，这也表明 DPC 数据的全球云识别结果的分布特征和量级与

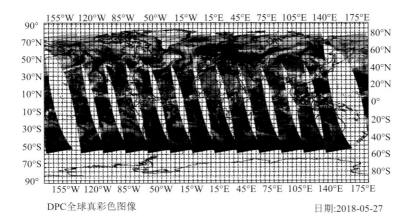

DPC全球真彩色图像 日期:2018-05-27

(a) 2018年05月27日全球的DPC观测数据的真彩色影像图

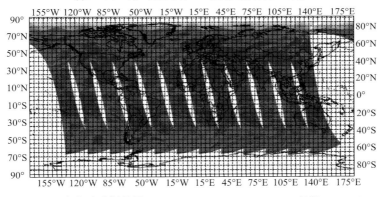

DPC全球云识别结果图 日期:2018-05-27

(b) 2018年05月27日全球的DPC观测数据的云检测结果图

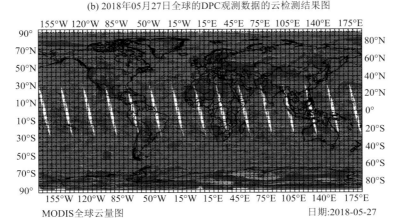

MODIS全球云量图 日期:2018-05-27

(c) 2018年05月27日全球的MODIS观测数据的云检测结果图

图 3.150　2018 年 05 月 27 日 DPC 全球覆盖数据的云检测结果验证对比图

MODIS 获得的云识别结果是较为相近的，如果 MODIS 的云识别结果准确，则表明 DPC 数据的全球云识别算法的准确性是可信的，云识别结果贴近真实全球的云分布位置和特征。

2）DPC 数据的云置信度评价结果及验证

（1）DPC 数据的云置信度评价结果。在对比验证 DPC 数据的云识别结果的准确性中，获得了 DPC 数据云识别结果的准确性是可信的。针对基于 DPC 云识别算法对 DPC 数据进行云识别获得的云结果，进行了云置信度的评价，将 DPC 云识别结果进一步分为了高置信度云结果、高置信度晴空结果、可能性云结果和可能性晴空结果，进一步对 DPC 云识别结果做了分级。

以下将通过构建的 DPC 云置信度评价标准对 DPC 云识别结果进行云置信度的评价，获得了 DPC 云置信度评价结果，结果图像展示在图 3.151 中，其中在右图中显示的云置信度结果中蓝色表示高置信度晴空结果；红色表示高置信度云结果；黄色表示可能性晴空结果；粉色表示可能性云结果。粉色标识的可能性云包裹在红色标识的高置信度云结果的周围，这表明在云边缘区域或薄云存在遗漏识别的情况；同时黄色标识的可能性晴空结果主要存在于晴空与云交界处，在这些区域中，云和晴空像元在像元分辨率方面的限制导致了两种类型像元的混合，这些结果（可能性晴空）在未进行云置信度评价前会直接纳入最终的晴空判识结果中，导致最终晴空判识结果的不准确性，为后续如气溶胶参量反演引入不必要的误差。

[案例一]DPC 数据的轨道号：6601

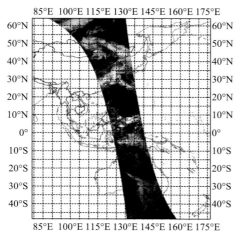

DPC真彩色图像
GF5-DPC-20180527-009901-L10000006601

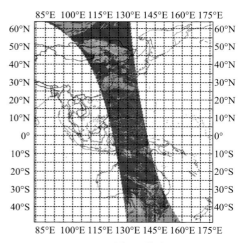

DPC云识别结果置信度
GF5-DPC-20180527-009901-L10000006601

[案例二]DPC 数据的轨道号：6610

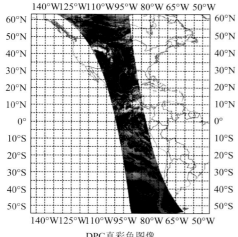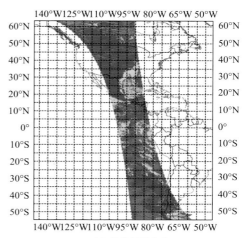

DPC真彩色图像
GF5-DPC-20180527-001053-L10000006610

DPC云识别结果置信度
GF5-DPC-20180527-001053-L10000006610

图 3.151 DPC 数据单轨的云置信度评价结果

（2）DPC 数据的云置信度评价结果验证。在图 3.151 中，展示了两轨 DPC 数据的云置信度评价结果，下面将两轨云置信度结果与主动卫星 CALIPSO 云识别结果进行对比，验证 DPC 云置信度评价结果的准确性；同时对最终的对比结果进行定量化的分析，得到两种数据获得云结果的相同率和差异率。具体的云置信度结果的对比验证结果如图 3.152 所示。

图 3.152 是 DPC 数据的云置信度评价结果，图 3.152（a）为 DPC 数据的真彩色影像图，图 3.152（b）为 DPC 数据的云置信度评价结果图（图中蓝色表示高置信度晴空结果；红色表示高置信度云结果；黄色表示可能性晴空结果；粉色表示可能性云结果），图 3.152（c）和图 3.152（d）为验证对比数据 CALIPSO 的轨道图，其中图 3.152（c）中的绿色轨道对应图 3.152（e）中的 CALIPSO 云垂直分布结果（其中颜色标识为 2 对应的为云像元结果），图 3.152（d）中的蓝色轨道对应图 3.152（f）中的 CALIPSO 云垂直分布结果。通过直接将 DPC 云置信度评价结果与过轨的 CALIPSO 云垂直结果中标识为 2 的云结果进行比对，发现高置信度的云和晴空与 CALIPSO 云垂直结果图中云出现的位置有很好的对应关系，这也表明了两者在定性上的观测结果是比较一致的。下面将 DPC 的云检测结果和相互位置匹配的 CALIPSO 云结果进行像元数量级别的比较，对比结果如表 3.47 所示，表中显示了两轨 DPC 云置信度评价结果与 CALIPSO 云识别结果的匹配准确率。

[案例一]DPC 数据的轨道号：6601

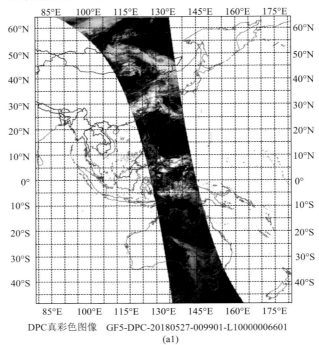

DPC真彩色图像　　GF5-DPC-20180527-009901-L10000006601

(a1)

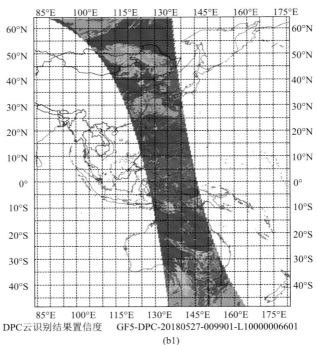

DPC云识别结果置信度　　GF5-DPC-20180527-009901-L10000006601

(b1)

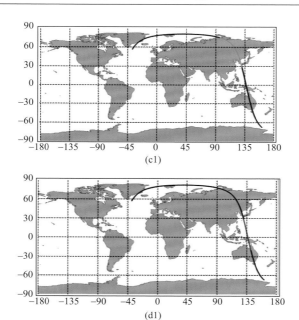

(c1)

(d1)

垂直分类掩膜国际协调时间:2018-05-27 04:43:29.8 ～
2018-05-27 04:56:58.5 版本:4.10

| 纬度 | 29.43 | 35.50 | 41.56 | 47.58 | 53.57 | 59.50 | 65.33 | 70.99 | 76.21 |
| 经度 | 130.75 | 129.10 | 127.25 | 125.10 | 122.51 | 119.20 | 114.68 | 107.86 | 96.30 |

1:晴空　　　2:云　　　3:对流层气溶胶　　　4:平流层气溶胶
5:地表　　　6:地下　　　7:完全衰减　　　L:低置信度

(e1)

垂直分类掩膜国际协调时间:2018-05-27 04:30:00.4 ～
2018-05-27 04:43:29.0 版本:4.10

| 纬度 | −19.42 | −13.33 | −7.22 | −1.11 | 5.01 | 11.12 | 17.23 | 23.34 | 29.38 |
| 经度 | 141.66 | 140.29 | 138.96 | 137.66 | 136.36 | 135.04 | 133.69 | 132.27 | 130.77 |

1:晴空　　　2:云　　　3:对流层气溶胶　　　4:平流层气溶胶
5:地表　　　6:地下　　　7:完全衰减　　　L:低置信度

(f1)

[案例二]DPC 数据的轨道号：6610

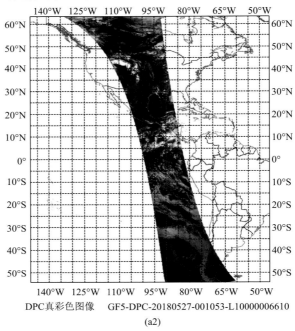

DPC真彩色图像　　GF5-DPC-20180527-001053-L10000006610

(a2)

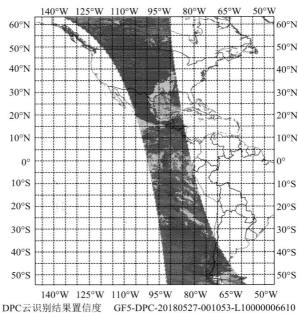

DPC云识别结果置信度　　GF5-DPC-20180527-001053-L10000006610

(b2)

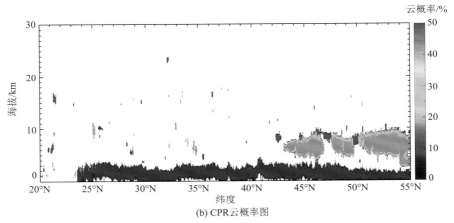

(b) CPR云概率图

图 3.154 2009 年 2 月 1 日美国西海岸 CALIPSO 雷达后向散射及 CPR 云概率图

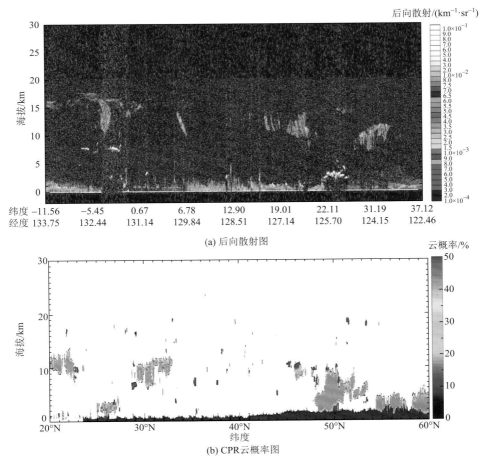

图 3.155 2009 年 11 月 6 日中国华北 CALIPSO 雷达后向散射和 CPR 云概率图

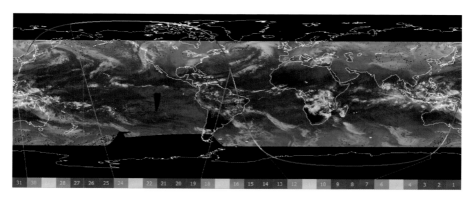

(a) 2010年12月25日轨迹真彩色图

(b) CloudSat 雷达反射率图

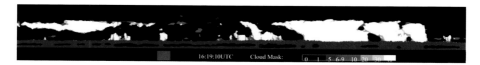

(c) CloudSat 云识别结果

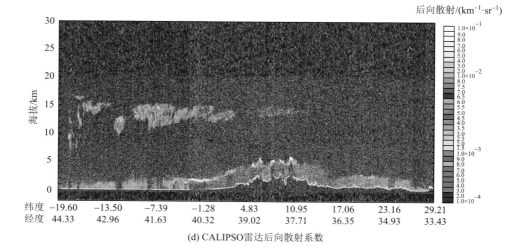

(d) CALIPSO雷达后向散射系数

垂直分类掩膜国际协调时间:2010-12-24　10:58:55.8 ～
2010-12-24　11:12:24.5　版本:4.10

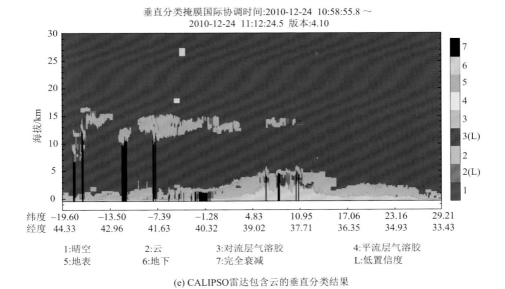

1:晴空　　　　　　2:云　　　　　　　3:对流层气溶胶　　　　　　4:平流层气溶胶
5:地表　　　　　　6:地下　　　　　　7:完全衰减　　　　　　　　L:低置信度

(e) CALIPSO雷达包含云的垂直分类结果

图 3.156　2010 年 12 月 25 日非洲东海岸 CALIPSO 雷达后向散射和 CPR 2B-GEOPROF 图
（b）和（c）为（a）中区域 15 的结果；（d）和（e）为（a）中区域 14～区域 16 的结果

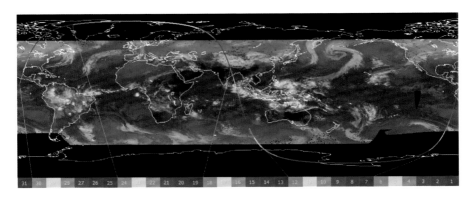

(a) 2011年2月26日轨迹真彩色图

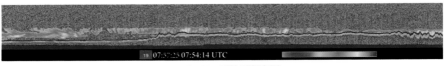

(b) CloudSat 雷达反射率图

(c) CloudSat 云识别结果

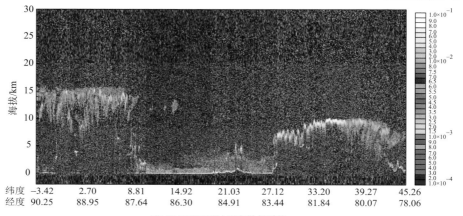

(d) CALIPSO雷达后向散射系统

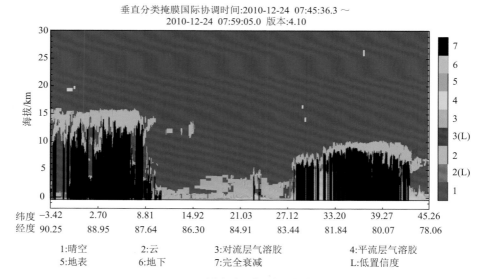

1:晴空　　　　　　2:云　　　　　　3:对流层气溶胶　　　　4:平流层气溶胶
5:地表　　　　　　6:地下　　　　　7:完全衰减　　　　　　L:低置信度

(e) CALIPSO雷达包含云的垂直分类结果

图 3.157　2011 年 2 月 26 日中亚地区 CALIPSO 雷达后向散射和 CPR 2B-GEOPROF 图

（b）和（c）为（a）中区域 19 的结果；（d）和（e）为（a）中区域 18 和区域 19 的结果

参 考 文 献

[1]　Rossow W B，Mosher F，Kinsella E，et al. ISCCP cloud algorithm intercomparison[J]. Journal of Applied Meteorology，1985，24（9）：184-192.

[2]　刘玉洁，杨忠东. MODIS 遥感信息处理原理与方法[M]. 北京：科学出版社，2001.

[3]　Saunders R W，Kriebel K T. An improved method for detecting clear sky and cloudy radiances from AVHRR data[J]. International Journal of Remote. Sensing，1988，9（1）：123-150.

[4]　Stowe L L，McClain E P，Carey R，et al. Global distribution of cloud cover derived from NOAA/AVHRR operational satellite data[J]. Advances in Space Research，1991，11（3）：51-54.

[5]　Wylie D P，Menzel W P. Two years of cloud cover statistics using VAS[J]. Journal of Climate，1989，2（4）：380-392.

[6]　中国资源卫星应用中心. 2016 年国产陆地观测卫星绝对辐射定标系数[EB/OL]. http://www.cresda.com/CN/Downloads/dbcs/index.shtml[2006-10-10].

[7]　郝建亭，杨武年，李玉霞，等. 基于 FLAASH 的多光谱影像大气校正应用研究[J]. 遥感信息，2008，（1）：78-81.

[8]　孙慧贤，张玉华，罗飞路. 基于 HSI 颜色空间的彩色边缘检测方法研究[J]. 光学技术，2009，35（2）：221-224.

[9]　李微，李德仁. 基于 HSV 色彩空间的 MODIS 云检测算法研究[J]. 中国图像图形学报，2011，16（9）：1696-1701.

[10]　刘华波. RGB 与 HSI 颜色模型的转换方法对比研究[EB/OL].北京：中国科技论文在线，2008. http://www.paper.edu.cn/releasepaper/content/200804-1063[2019-3-15].

[11]　Zhang Q，Xiao C. Cloud detection of RGB color aerial photographs by progressive refinement scheme[J]. IEEE Transactions on Geoscience and Remote Sensing，2014，52（11）：7264-7275.

[12]　Yang Y，Zheng H，Chen H. Automated Cloud Detection Algorithm for Multi-spectral High Spatial Resolution Images Using Landsat-8 OLI[M]. Tan T，Ruan Q Q，Wang S J，et al. Advances in Image and Graphics Technologies. Berlin Heidelberg：Springer 2015.

[13]　Otsu N. A threshold selection method from gray-level histogram[J]. IEEE Transactions on Systems Man and Cybernetics，1979，9（1）：62-66.

[14]　付忠良. 图像阈值选取方法——Otsu 方法的推广[J]. 计算机应用，2000，20（5）：37-39.

[15]　韩青松，贾振红，杨杰，等. 基于改进的 Otsu 算法的遥感图像阈值分割[J]. 激光杂志，2010，31（6）：33-34.

[16]　章小平，范九伦，裴继红. Otsu 阈值方法的二种修改形式[J]. 西安邮电大学学报，2003，8（4）：94-96.

[17]　黎显平，冯仲科. 高分一号卫星影像水体信息提取方法比较研究[J]. 黑龙江科技信息，2016，（19）：152-153.

[18]　Zhang Y，Guindon B，Cihlar J. An image transform to characterize and compensate for spatial variations in thin cloud contamination of Landsat images[J]. Remote Sensing of Environment，2002，82（2-3）：173-187.

[19]　刘泽树，陈甫，刘建波，等. 改进 HOT 的高分影像自动去薄云算法[J]. 地理与地理信息科学，2015，31（1）：41-44.

[20]　梅安新. 遥感导论[M]. 北京：高等教育出版社，2001.

[21]　王家成. 东南沿海 MODIS 图像自动云检测研究[D]. 合肥：中国科学院研究生院（安徽光学精密机械研究所），2005.

[22]　王家成，杨世植，麻金继，等. 东南沿海 MODIS 图像自动云检测的实现[J].武汉大学学报（信息科学版），2006，（3）：270-273.

[23] Saunders R W. An automated scheme for the removal of cloud contamination from AVGHRR radiances over western Europe [J]. International Journal Remote Sensing，1986，7（7）：867-886.

[24] Derrien M，Farki B，Harang L，et al. Automatic cloud detection applied to NOAA-11/AVHRR imagery[J]. Remote Sensing of Environment，1993，46（3）：246-267.

[25] McClain E P，Pichel W G，Walton C C. Comparative performance of AVHRR‐based multichannel sea surface temperatures[J]. Journal of Geophysical Research：Oceans，1985，90（C6）：11587-11601.

[26] Gao Bc，Kaufman Y J. Selection of 1.375 MODIS channel for remote sensing of cirrus clouds and stratospheric aerosols from space[J]. American Meteorological Society，1995，52（23）：4231-4237.

[27] Ackerman S，Strabala K，Menzel P，et al. Discriminating clear-sky from cloud with MODIS—Algorithm theoretical basis document[J]. Products：MOD35. ATBD Version，2002：1-125.

[28] Wu X，Bates J J，Singh khalsa S. A climatology of the water vapor band brightness temperatures from NOAA operational satellites[J]. Journal of Climate，1993，6（7）：1282-1300.

[29] Minnett P J. A numerical study of the effects of anomalous North Atlantic atmospheric conditions on the infrared measurement of sea surface temperature from space[J]. Journal of Geophysical Research：Oceans，1986，91（C7）：8509-8521.

[30] Minnett P J，Zavody A M，Llewellyn-Jones D T. Satellite Measurements of Sea-Surface Temperature for Climate Research[M]. Dordrecht：Springer，1984：57-85.

[31] Platt C M R. Infrared emissivity of cirrus-simultaneous satellite，lidar and radiometric observations[J]. Quarterly Journal of the Royal Meteorological Society，1975，101（427）：119-126.

[32] Inoue T. On the temperature and effective emissivity determination of semi-transparent cirrus clouds by bi-spectral measurements in the 10μm window region[J]. Journal of the Meteorological Society of Japan. Ser. II，1985，63（1）：88-99.

[33] Olesen F S，Grassl H. Cloud detection and classification over oceans at night with NOAA-7[J]. International Journal of Remote Sensing，1985，6（8）：1435-1444.

[34] Paulus R F. On the discrimination between snow and fog in satellite pictures of high-resolution[J]. Meteorologische Rundschau，1983，36（5）：220-222.

[35] Coakley Jr J A，Bretherton F P. Cloud cover from high‐resolution scanner data：Detecting and allowing for partially filled fields of view[J]. Journal of Geophysical Research：Oceans，1982，87（C7）：4917-4932.

[36] Rossow W B，Garder L C. Cloud detection using satellite measurements of infrared and visible radiances for ISCCP[J]. Journal of Climate，1993，6（12）：2341-2369.

[37] 赵英时. 遥感应用分析原理与方法[M].北京：科学出版社，2003.

[38] 都金康，黄永胜，冯学智，等. SPOT 卫星影像的水体提取方法及分类研究[J]. 遥感学报，2001，5（3）：55-60.

[39] 盛永伟，肖乾广. 应用气象卫星识别薄云覆盖下的水体[J]. 遥感学报，1994，（4）：247-255.

[40] 吴炜，骆剑承，沈占锋，等. 分类线性回归的 Landsat 影像去云方法[J].武汉大学学报（信息科学版），2013，38（8）：983-987.

[41] Chan M A，Comiso J C. Arctic cloud characteristics as derived from MODIS，CALIPSO，and cloudsat[J]. Journal of Climate，2013，26（10）：3285-3306.

[42] 马占山，刘奇俊，秦琰琰，等. 云探测卫星 CloudSat[J]. 气象，2008，34（8）：104-111.

[43] 方乐锌，李昀英，高翠翠，等. 基于 CloudSat 资料的东亚区域不同地形上不同云类的垂直分布特征[C]. 南京：第 31 届中国气象学会年会，2014.

[44] Zhu Z，Woodcock C E. Automated cloud，cloud shadow，and snow detection in multitemporal Landsat data：An

algorithm designed specifically for monitoring land cover change[J]. Remote Sensing of Environment，2014，152：217-234.

[45] Salomonson V V，Appel I. Development of the Aqua MODIS NDSI fractional snow cover algorithm and validation results[J]. IEEE Transactions on Geoscience and Remote Sensing，2006，44（7）：1747-1756.

[46] Frey R A，Ackerman S A，Liu Y，et al. Cloud detection with MODIS. Part I：Improvements in the MODIS cloud mask for collection 5[J]. Journal of Atmospheric and Oceanic Technology，2008，25（7）：1057-1072.

[47] Li C，Ma J，Yang P，et al. Detection of cloud cover using dynamic thresholds and radiative transfer models from the polarization satellite image[J]. Journal of Quantitative Spectroscopy and Radiative Transfer，2019，222：196-214.

[48] Young A T. Rayleigh scattering[J]. Applied Optics，1981，20（4）：533-535.

[49] Buriez J C，Vanbauce C，Parol F，et al. Cloud detection and derivation of cloud properties from POLDER[J]. International Journal of Remote Sensing，1997，18（13）：2785-2813.

[50] Heyvaerts J，Priest E R，Rust D M. An emerging flux model for the solar flare phenomenon[J]. The Astrophysical Journal，1977，216：123-137.

[51] 相坤生，程天海，顾行发，等. 基于多角度偏振载荷数据的中国典型地物偏振特性研究[J]. 物理学报，2015，64（22）：227801.

[52] Nadal F，Bréon F M. Parameterization of surface polarized reflectance derived from POLDER spaceborne measurements[J]. IEEE Transactions on Geoscience and Remote Sensing，1999，37（3）：1709-1718.

[53] Cox C，Munk W. Measurement of the roughness of the sea surface from photographs of the sun's glitter[J]. Josa，1954，44（11）：838-850.

[54] Parol F，Buriez J C，Vanbauce C，et al. First results of the POLDER"Earth Radiation Budget and Clouds"operational algorithm[J]. IEEE Transactions on Geoscience and Remote Sensing，1999，37（3）：1597-1612.

[55] Vanbauce C，Buriez J C，Parol F，et al. Apparent pressure derived from ADEOS-POLDER observations in the oxygen A-band over ocean[J]. Geophysical Research Letters，1998，25（16）：3159-3162.

[56] 陈震霆. 基于卫星偏振辐射信息的云相态空间协同反演研究[D]. 合肥：中国科学技术大学，2018.

[57] 陶宗明，刘东，史博，等. 基于三波长激光雷达对强卷云后向散射系数波长关系研究[J]. 北京理工大学学报，2013，33（8）：857-861.

第 4 章　单传感器数据的云相态识别

4.1　被动传感器的云相态反演

4.1.1　MODIS 数据反演云相态

本小节主要介绍 MODIS 云相态识别的方法——双光谱、多光谱法，并在这两个算法反演结果分析的基础上，提出了新的适合中国区域的 BP 神经网络算法。

进行云相态反演前，首先必须进行云检测，本书采用的 MODIS 云检测是逐像元进行的。根据 MODIS 数据特点，检测前首先要对所检测像元的下垫面进行分类（分为白天海洋、夜晚海洋、白天陆地、夜晚陆地、白天冰/雪、夜晚冰/雪、白天海岸、夜晚海岸、白天沙漠、夜晚沙漠十种类型），然后根据下垫面类型，选用相应的 MODIS 波段测量数据进行检测。MODIS 云检测的实质是利用阈值对各波段像元值进行判定，并把判定结果用可信度表示出来，所采用方法参见 3.1.3 节第 1 部分。

1. 识别算法原理及流程

1）双光谱法反演云相态

由于云的辐射性质由其粒子的单次散射特性和几何特征决定，而单次散射性质又由粒子的复折射指数、大小及形状决定，所以云吸收和发射辐射的能力取决于粒子的复折射指数[1]。双光谱法就是利用水粒子和冰粒子在 8.5μm 和 11μm 处的吸收性质和散射性质的不同。Baum 等[2]通过辐射传输模拟发现，对于光学厚度大于 1 的冰相态云，其中心波长为 8.5μm 和 11μm 通道的亮温差趋于正值，而对于具有较大光学厚度的水相态云，其亮温差趋于负值，通常小于–2K，且该亮温差对于大气吸收特别是水汽吸收比较敏感。在该模拟研究的基础上，Baum 等[2]提出了基于中心波长为 8.5μm 和 11μm 通道的亮温差的双光谱法来进行云相态识别，其具体流程如图 4.1 所示。

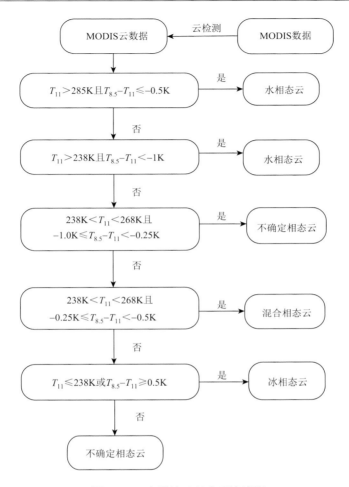

图 4.1　双光谱法云相态反演流程

基于 MODIS 数据运用双光谱法识别云相态，通常把云相态识别为四类：水相态、冰相态、混合相态和不确定相态。用该方法对 2008 年 05 月 01 日和 05 月 02 日中国区域的 MODIS 数据进行了云相态识别，识别结果如图 4.2～图 4.5 所示，其中各图中红色代表所在区域的冰相态云，蓝色代表所在区域的水相态云，黄色代表所在区域的不确定相态云，绿色代表所在区域的混合相态云，白色代表晴空。图像获取时间如相应图题所示，均为 UTC 时间。

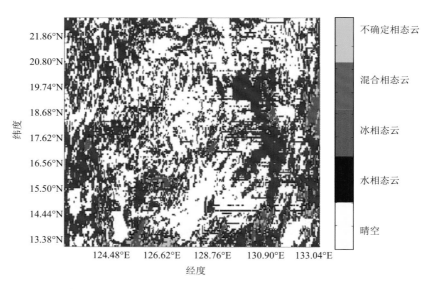

图 4.2　2008 年 05 月 01 日 04：25（UTC）云相态反演结果

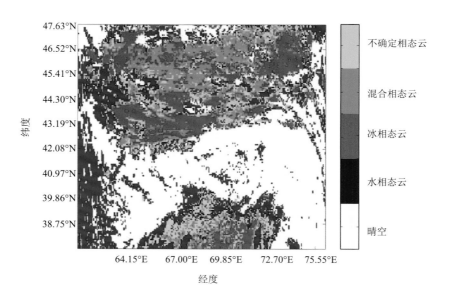

图 4.3　2008 年 05 月 01 日 07：50（UTC）云相态反演结果

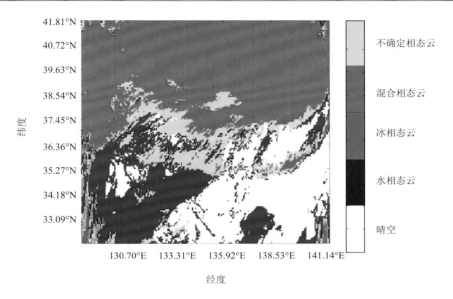

图 4.4　2008 年 05 月 02 日 03：35（UTC）云相态反演结果

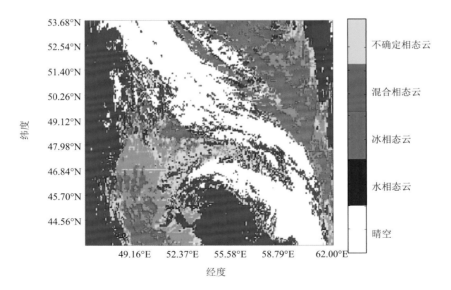

图 4.5　2008 年 05 月 02 日 08：35（UTC）云相态反演结果

2）三光谱法反演云相态

粒子的吸收系数 $K=\dfrac{4\pi m_i}{\lambda}$（$\lambda$ 是入射光波长），故考察粒子的复折射虚部可以估计粒子吸收的大小。图 4.6 是冰、水相态云粒子在 8～13μm 区域中 m_i 随波长变化曲线，即对应 MODIS 相应的波段。

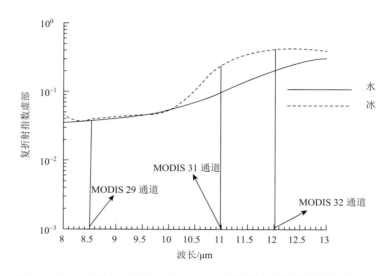

图 4.6　冰、水相态云粒子对应 MODIS 通道的复折射指数虚部的变化

　　从图 4.6 中可以看到，水相态云粒子的吸收在 11～12μm 比其在 10～11μm 增长得多，而冰相态云粒子的吸收却在 10～11μm 比在 11～12μm 增长得多。因此冰相态云粒子在 11～12μm 处的亮温变化小，而在 8.5～11μm 亮温变化比较大；反之，水相态云粒子在 11～12μm 处的亮温变化大，而在 8.5～11μm 亮温变化比较小[3]。三光谱法的核心原理就是利用亮温差散点图（以 11～12μm 处的亮温差为横坐标，8.5～11μm 亮温差为纵坐标）来判识云的相态。在亮温差散点图中，8.5～11μm 或 11～12μm 处的亮温差值很小，即接近于零或者为负值的像元点可认为是晴空区域；斜率大于 1 对应的像元点是冰相态云像元点；斜率小于 1 的像元点是水相态云像元点；而斜率接近于 1 的那些像元点则是混合相态云像元点。

　　基于 MODIS 数据应用三光谱法识别云相态，同双光谱法类似，通常也把云相态识别为四类：水相态、冰相态、混合相态和不确定相态。用三光谱法对 2008 年 05 月 01 日和 05 月 02 日中国区域的相同 MODIS 数据进行了云相态识别，识别结果如图 4.7～图 4.10 所示，其中各图中红色代表所在区域的冰相态云，蓝色代表所在区域的水相态云，黄色代表所在区域的不确定相态云，绿色代表所在区域的混合相态云，白色代表晴空。

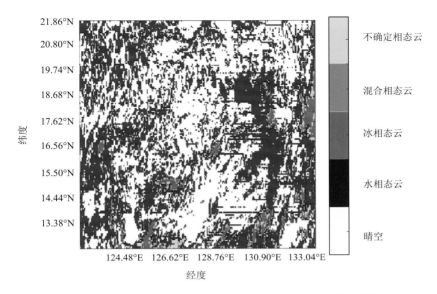

图 4.7　2008 年 05 月 01 日 04：25（UTC）云相态反演结果

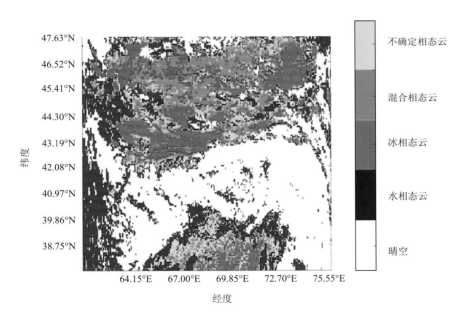

图 4.8　2008 年 05 月 01 日 07：50（UTC）云相态反演结果

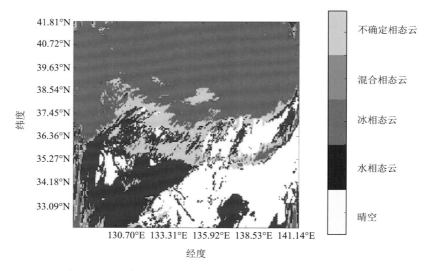

图4.9　2008 年 05 月 02 日 03：35（UTC）云相态反演结果

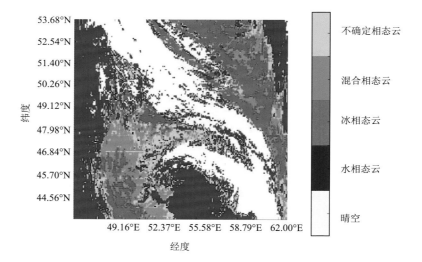

图4.10　2008 年 05 月 02 日 08：35（UTC）云相态反演结果

3）BP 神经网络法反演云相态

由于 MODIS 数据的共享性，许多科研人员利用 MODIS 数据进行云相态的研究。Menzel 和 Strabala 利用 MODIS 数据中的热红外三个波段（8.5μm、11μm、12μm）进行了云相态的反演，反演结果表明该方法对薄卷云重叠在低层云上的反演效果不是很理想[4]。为了解决薄卷云重叠的问题，Baum 等[2]在热红外三波段的基础上又添加了可见光（0.65μm）和近红外（1.6μm、1.9μm）三个波段的数据对云相态进行反演。King 等利用近红外和可见光处冰相态云粒子和水相态云粒子折射指数虚部存在差异的特性，使用 $\rho_{1.64}/\rho_{0.645}$、$\rho_{2.1}/\rho_{0.66}$ 和 11μm 处的亮温进行了云相态反演（ρ 代表反照率），但是这种方法受粒子大小、太阳天顶角和反照率的影响较大，若反照率较高，薄卷云很可能会被误判[5]。这些方法主要是通过多光谱阈值法进行云相态反演。目前无论 MODIS 的业务算法还是现有的神经网络法大多没考虑到阈值受季节和纬度的影响，本部分在建立 BP 网络时考虑了阈值受季节和纬度的影响、中国南北差异大等特点，把一年分为春、夏、秋、冬四季，把研究区域按纬度分为高纬度（30°N～55°N）和低纬度（0°N～30°N）两大区域，共八种情况来取样，并分别对每一种情况进行训练，从而得到不同区域不同时间段内的阈值，以便提高云相态识别的精度。基于 MODIS 图像，选取 $\rho_{1.64}/\rho_{0.645}$、BTD（8.6，11）（8.6μm 和 11μm 处的亮温差值）、BTD（11，12）、$\rho_{1.38}$、$\rho_{3.9}$ 五个特征进行云相态分类。在分类中，不仅把冰相态云、水相态云粒子在同一云体中共存的像元点判为混合相态云，还把低层水相态云上覆盖一层冰相态云也判定为混合相态云。

（1）特征提取。多光谱阈值法的优点在于简单易行，并且对于线性可分的分类问题，如果有合适的阈值则结果较为理想。但是由于云相态的分类所涉及的特征较多，受到季节及纬度的影响较大，如果季节、地理位置不同，则阈值也会不同，并且可能产生较大的差异。为了避免该差异的出现，本算法在建立网络结构时，按一年中春、夏、秋、冬四个季节以及高纬度（30°N～55°N）和低纬度（0°N～30°N）两大区域，每个季节按照纬度的高低来建立神经网络，一年共得到八种阈值，在网络训练过程中，隐含层会自动选择最为理想的阈值保存下来。

基于 MODIS 图像，选取 $\rho_{1.64}/\rho_{0.645}$、BTD（8.6，11）、BTD（11，12）、$\rho_{1.38}$、$\rho_{3.9}$ 五个特征进行云相态分类。在本书中，首先基于中国区域不同季节的多景的 MODIS 图像为研究数据（2008 年，12 个月份的数据），分别利用 King 等、Baum 等和 Menzel 等的方法反演出对应的各自相态；然后选择三种方法反演结果完全相同的像元作为神经网络的训练样本和测试值。

（2）BP 神经网络的训练。BP 神经网络模型是近年来应用最广泛的网络，它通过对具有代表性例子的学习和训练，能够掌握事物的本质特征，进而解决所需要解决的问题，BP 神经网络可由一个输入层、一个或者多个隐含层和一个输出层组成，每一层上有若干节点，这些节点可看成处理信息的神经元，神经元的输入与输出之间存在一种非线性关系，一般选用 S 型函数来处理神经元的输入、输出，其输出值的范围为[0,1]，可连续变化。而神经网络的学习过程则是神经网络连接权的自我适应、自我组织的过程，经过多次训练后，神经网络就具有了对学习样本的记忆能力。通过训练网络过程可以发现，BP 神经网络在初始随机赋给的权重和阈值的情况下，经过多次的学习训练，网络收敛性能很好，并且没有明显的网络振荡。网络训练结束后，会自动保存网络的权重和阈值。

把选择的样本点的 90% 作为训练点，其中输入参数为像元的几何位置和该像元的 $\rho_{1.64}/\rho_{0.645}$、BTD（8.6，11）、BTD（11，12）、$\rho_{1.38}$、$\rho_{3.9}$ 特征值，云相态结果为识别的输出结果，所以输出结果有四个，即水相态、冰相态、混合相态和不确定相态（图 4.11）。

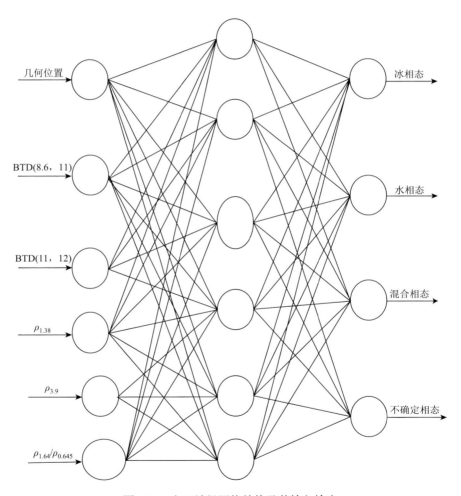

图 4.11　人工神经网络结构及其输入输出

（3）BP 神经网络的测试。BP 神经网络训练收敛后，即建立成功。把剩下不同区域的样本点作为该网络的测试点，BP 神经网络反演结果与综合反演结果的对比见表 4.1，可以看出该 BP 神经网络是可以用来反演中国区域的云相态。

表 4.1 BP 神经网络反演结果与综合反演结果的对比

季节	纬度	测试样本数/点	综合反演的结果/点	不同数目/点	精度/%
春季	0°N～30°N	470	470	6	98.72
	30°N～55°N	480	480	8	98.33
夏季	0°N～30°N	480	480	5	98.95
	30°N～55°N	444	444	6	98.64
秋季	0°N～30°N	418	418	7	98.32
	30°N～55°N	484	484	5	98.96
冬季	0°N～30°N	435	435	5	98.85
	30°N～55°N	450	450	6	92.67

（4）BP 神经网络的应用。利用该 BP 网络对 2008 年 05 月 01 日和 05 月 02 日中国区域的相同 MODIS 数据进行云相态识别，识别结果如图 4.12～图 4.15 所示。

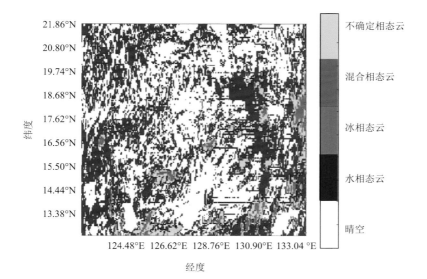

图 4.12 2008 年 05 月 01 日 04：25（UTC）云相态反演结果

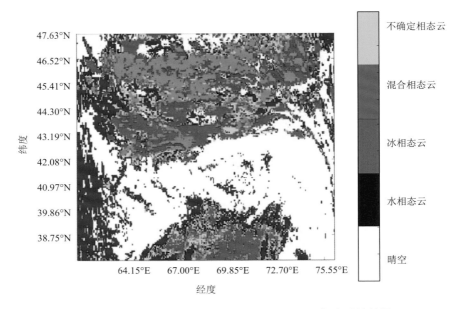

图 4.13　2008 年 05 月 01 日 07：50（UTC）云相态反演结果

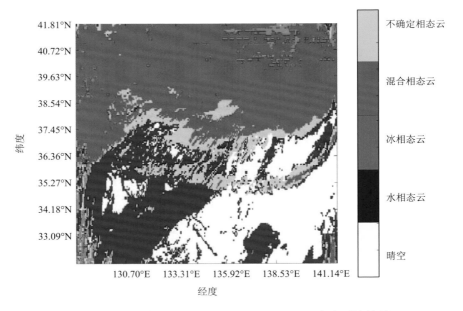

图 4.14　2008 年 05 月 02 日 03：35（UTC）云相态反演结果

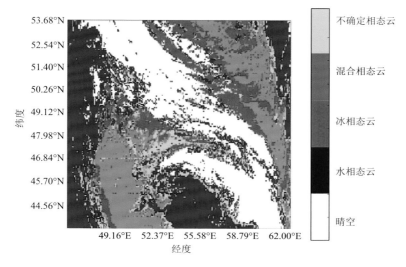

图 4.15　2008 年 05 月 02 日 08：35（UTC）云相态反演结果

2. MODIS 三种反演云相态方法对比

由于研究的都是中国区域的 2008 年 05 月 01 日和 05 月 02 日相同 MODIS 数据，仅仅是所用的方法不同，所以本书比较了相同区域内基于不同反演方法的云相态反演的情况，其中表 4.2 是图 4.2、图 4.7 和图 4.12 对比的结果；表 4.3 是图 4.3、图 4.8 和图 4.13 对比的结果；表 4.4 是图 4.4、图 4.9 和图 4.14 对比的结果；表 4.5 是图 4.5、图 4.10 和图 4.15 对比的结果。

表 4.2　对 2008 年 05 月 01 日中国低纬度区域不同方法反演云相态的结果对比　（单位：个）

方法	水相态像元个数	冰相态像元个数	混合相态像元个数	不确定相态像元个数
双光谱法	21253	1432	25	24090
三光谱法	21257	1432	25	24086
BP 神经网络法	21953	1334	25	23488

表 4.3　对 2008 年 05 月 01 日中国高纬度区域不同方法反演云相态的结果对比　（单位：个）

方法	水相态像元个数	冰相态像元个数	混合相态像元个数	不确定相态像元个数
双光谱法	10590	7307	4295	24608
三光谱法	10605	7307	4296	24592
BP 神经网络法	9709	9065	5202	22824

表 4.4　对 2008 年 05 月 02 日中国低纬度区域不同方法反演云相态的结果对比　（单位：个）

方法	水相态像元个数	冰相态像元个数	混合相态像元个数	不确定相态像元个数
双光谱法	9641	20978	382	15799
三光谱法	9676	20978	382	15764
BP 神经网络法	10806	20074	1070	14850

表 4.5　对 2008 年 05 月 02 日中国高纬度区域不同方法反演云相态的结果对比　（单位：个）

方法	水相态像元个数	冰相态像元个数	混合相态像元个数	不确定相态像元个数
双光谱法	15448	8145	4771	18436
三光谱法	15471	8145	4772	18412
BP 神经网络法	14136	6969	8185	17510

从表 4.2～表 4.5 可以看出，双光谱法和三光谱法基于 MODIS 图像在中国区域反演云相态的结果几乎是一样，而本书建立的 BP 神经网络法与双光谱法和三光谱法的反演结果还是有些差别的，主要表现在混合相态像元和不确定相态像元上；这是由于把"低层水相态云上覆盖一层冰相态云"判为了混合相态云，所以 BP 神经网络法判识得到的混合相态比其他两种方法要多，另外判定结果中不确定相态像元的个数无论在高纬度区域还是低纬度区域都表现得比其他两种方法判定的要少，而且在网络训练好后，反演云相态的速度比其他两种方法快得多。

4.1.2　POLDER 数据反演云相态

POLDER 系列卫星载荷给被动光学传感器反演云参量提供了新的思路，使得利用可见光近红外偏振探测云物理特性越来越受到重视。本小节主要介绍 POLDER 云相态识别方法——偏振多角度算法，将从相态识别算法的原理分析出发，介绍偏振多角度算法在云相态识别上的可行性，并在理论的基础上，给出 POLDER 数据的云相态识别算法流程。在最后的结果验证中，通过 A-Train 系列卫星群中的 MODIS、CALIPSO、CloudSat 卫星的云相态结果进行验证。

在进行 POLDER 云相态反演前，第一步需要进行的是 POLDER 数据的云识别，将云像元从整幅待检测影像中分离出来，具体的云识别算法流程和结果详见 3.1.4 节。针对云识别的结果，利用构建的 POLDER 云相态识别算法将云识别结果分为水相态云、冰相态云和不确定相态云三种类型。

1. 识别算法及流程

1）识别算法原理

云相态的识别是云光学厚度、云滴有效半径、云顶高度等元参量反演的前提，由于水相态云和冰相态云的粒子组成不同，水滴与冰晶的散射与吸收特性差异明显[6]。在卫星观测的大气窗口存在云的情况下，偏振信号主要来源于云层上方的上行辐射，偏振辐射强度相比于总辐射强度对多次散射不敏感，大量的理论和实验研究表明云偏振特性主要依赖于粒子的形状和尺寸，对水相态云云滴的单次散射敏感[7]，这也是进行偏振多角度云相态识别的理论基础。

在偏振云相态识别中，球形粒子构成的水相态云在散射角 140°附近偏振特性呈现峰值，通常称为主虹，在 150°附近出现多个附属虹；而冰晶粒子组成的冰相态云随着散射角的增大其偏振特性呈现逐渐减小的趋势[7]。偏振载荷仪器分辨率不高，且只能获取云层顶部辐射信息，导致对薄卷云和多层云的反演效果不好。

2）识别算法和流程

在实际地基和空基观测中显示，水相态云云滴的大小在 5～15μm[8]，其中海洋和陆地上空的云滴平均大小为 11μm 和 8μm[9]。在这里假设水相态云云滴形状为球形，复折射指数实部和虚部分别设置为 1.329 和 2.93×10^{-7}，利用米氏散射可以计算得到水相态云的散射相函数、不对称因子和吸收、散射系数等参数。在获得云滴粒子散射特性的基础上，设置太阳天顶角为 20°，观测天顶角为 0°～90°，相对方位角为 180°，利用 UNL-VRTM 大气辐射传输模型模拟大气顶层的偏振反射率。同时在模拟过程中设置大气介质，具体包括：0～3km 处设置为气溶胶和分子散射层，该层的气溶胶光学厚度设置为 0.3，分子散射层的光学厚度为 0.003；5km 以上设置为分子散射层，该层的光学厚度设置为 0.005，不考虑气溶胶的存在；其中 3～5km 范围设置为水相态云层。在上述理论设置的基础上，获得了在不同散射角情况下，不同水相态云云滴有效半径下的偏振反射率曲线图，如图 4.16 所示。

根据不同水相态云云滴有效粒子半径情况下的偏振反射率与散射角的关系图（图 4.16），可以明显观察到球形粒子在 90°～160°散射角范围内存在多个特征，具体特征如下。

（1）主虹。当散射角在 140°附近，水相态云云滴偏振反射率存在极大值，即水相态云的主虹现象。在不同的有效粒子半径下，水相态云的偏振反射率峰值出现的位置可能有所差异，随着水相态云云滴粒子有效半径的增大，偏振反射率的峰值越靠近散射角为 140°的位置；同时伴随着云滴粒子有效半径的增加，偏振反射率峰值的增速也在不断地放缓。水相态云的主虹现象也是识别水相态云一个至关重要的特征。

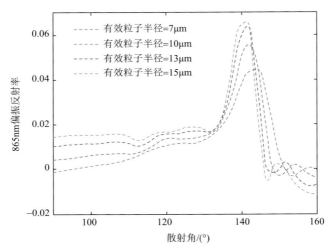

图 4.16 不同水相态云云滴有效粒子半径下 865nm 偏振反射率与散射角的关系图

（2）中立点。当散射角小于 140°时，水相态云云滴的偏振反射率与散射角横轴存在交点，即中立点（偏振反射率存在为 0 的情况）。随着云滴粒子有效半径不断增大，中立点的位置出现不断左移的现象，但当云滴粒子有效半径大于 15μm 时，偏振反射率曲线变化放缓，中立点的位置大致在 75°散射角附近。通过统计可见，在 75°～120°散射角范围内，水相态云云滴存在一个明显的中立点。

（3）副峰。水相态云除了存在主虹现象即偏振反射率峰值，在 140°散射角后，偏振反射率曲线存在很多的副峰。在水相态云云滴有效粒子半径比较小的情况下，偏振反射率曲线的副峰现象比较明显。随着云滴粒子有效粒子半径逐渐增大，偏振反射率曲线副峰的个数会逐渐减少。这个现象可以被用来反演水相态云云滴的有效粒子半径[10]。

（4）云辉。水相态云云滴的最后一个偏振特性——云辉现象，这个现象主要出现在散射角为 180°的时候，这是水相态云的一个经典现象，在上面给出的水相态云云滴偏振反射率曲线上没有直接显示出来，但在前人针对水相态云云滴的特性研究中给出了大量的论证[11]。

根据上述对于水相态云偏振特性的描述，水相态云具有主虹、中立点、副峰和云辉四种偏振特性，这些特性在后面水相态云和冰相态云相态的识别中发挥了重要的作用。

冰相态云主要是由冰晶粒子组成的，其形状一般从简单的柱状、盘状等单一形状到复杂的玫瑰子弹状、类树枝状及多种形状的聚合体等[12]。在已有的观测研究中，发现冰晶粒子的大小从几微米到 1000μm 不等，相对于水相态云云滴粒子的大小差异明显。其中柱状的冰晶大小一般在 50～200μm，玫瑰子弹状的冰晶粒子大小一般大于 200μm[12]。其中冰相态云的散射计算相较于水相态云云滴粒子要复杂得多,常用的方法包括 T-Matrix 法、离散偶极子近似法和几何光学法,在 Baum 等[13]的研究中提供了三种算法的联合,获得了从紫外 0.2μm 到远红外波段 100μm 的三种类型的冰相态云粒子体散射模型。选取 Baum 等的聚合物实心柱状模型(ASC)提供的不对称因子和散射相函数等粒子散射特性数据,利用 UNL-VRTM 大气辐射传输模型耦合冰相态云粒子的散射特性,可以很好地模拟大气顶层卫星观测到的冰相态云在任意观测几何下的偏振反射率。

在这里假设冰晶粒子为椭球状和盘状的非球形粒子,尺度参数 $L/2R$(L 和 R 分别为冰相态云粒子的棱长和半径)设置为 0.05、0.1 和 2.5,利用 T-Matrix 计算三种不同尺度冰晶粒子的散射相函数。在从冰相态云粒子体散射模型获得的冰相态云粒子散射特性的基础上,设置太阳天顶角为 20°,观测天顶角为 0°~90°,相对方位角为 180°,利用 UNL-VRTM 大气辐射传输模型模拟大气顶层的偏振反射率。同时在模拟过程中,大气介质设置包括:0~5km 范围设置为气溶胶和分子散射层,该层的气溶胶光学厚度设置为 0.3,分子散射层的光学厚度为 0.003;10km 以上设置为分子散射层,该层的光学厚度设置为 0.005,不考虑气溶胶的存在;其中 5~10km 范围设置为冰相态云层。下面是在三种尺度参数下冰晶粒子的 865nm 偏振反射率曲线图,如图 4.17 所示。

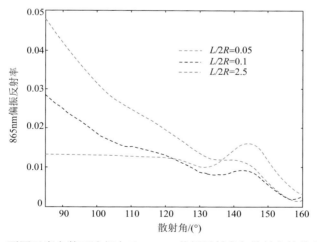

图 4.17　不同尺度参数下冰相态云 865nm 偏振反射率与散射角的关系曲线图

冰相态云和水相态云不同,冰相态云主要由形状和大小比较大的冰晶粒子组成,而云中的温度和相对湿度又会进一步决定了冰晶粒子形状和大小的多样性和复杂性,所以其光学特性相对于水相态云存在着比较大的差异。如图 4.17 所示,在 90°~160°散射角范围内,三种不同形状和大小的冰相态云粒子的偏振反射率曲线总体呈现出下降的趋势,偏振反射率值大于 0;随着冰相态云粒子尺度的增大,偏振反射率呈下降的趋势,且曲线形状趋于平缓,偏振反射率随着散射角的增加逐渐减小的趋势越明显。同时冰相态云粒子在散射角大于 160°时存在中立点，此时冰相态云粒子的偏振反射率存在零值。

在上面对于水相态云和冰相态云偏振特性的描述中，发现了水相态云和冰相态云偏振特性存在很多差异，这些差异可以被用来很好地区分水相态云和冰相态云相态。下面分别为水相态云和冰相态云选取了 3 条偏振反射率曲线，其中水相态云的偏振反射率曲线分别选取有效粒子半径为 7μm、10μm 和 15μm 的偏振反射率模拟结果，而冰相态云的三条偏振反射率曲线选择了尺度参数 $L/2R$ 分别为 0.05、0.1 和 2.5 的偏振反射率模拟结果，辐射仿真下不同粒子尺度下的水相态云和冰相态云 865nm 偏振反射率曲线图如图 4.18 所示。图 4.19 为 POLDER 真实观测条件下水相态云和冰相态云 865nm 偏振反射率的统计结果。

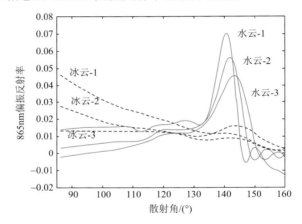

图 4.18　不同粒子尺度下的水相态云和冰相态云 865nm 偏振反射率曲线图

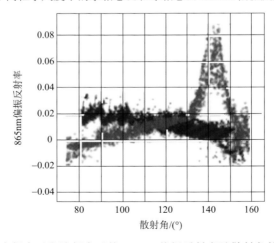

图 4.19　水相态云和冰相态云的 865nm 偏振反射率随散射角的变化图[14]

红色表示水相态云；蓝色表示冰相态云

从图4.18和图4.19中所表现出的模拟和真实观测数据下的水相态云和冰相态云特征差异可以明显发现，POLDER 实测的偏振多角度数据统计得到的水相态云和冰相态云偏振反射率曲线特征与模型模拟获得的水相态云和冰相态云的偏振特性有很好的一致性，从另一个方面证明了模拟获得的水相态云和冰相态云偏振特性的可信度。基于上述获得的水相态云和冰相态云的偏振特性，给出了以下偏振多角度云相态判识准则。

（1）根据散射角在 140°和 100°处 865nm 偏振反射率比值大小进行判识。当比值大于 1.0 时，判断待测云像元为水相态云像元；当比值小于 1.0 时，判断待测云像元为冰相态云像元。

（2）当不满足散射角为 140°和 100°的条件时，判断散射角范围是否在 60°～140°范围内，如果待测像元在该范围内，判断此时偏振反射率曲线斜率大小进行云相态判识。当曲线斜率大于 0 时，则待测像元为水相态云像元；当曲线斜率小于 0 时，则待测像元为冰相态云像元。

（3）当散射角范围不满足（1）和（2）的判识准则时，将进一步判断散射角范围是否在 140°～180°范围内，如果满足散射角范围，则计算待测云像元的标准差 σ（水相态云和冰相态云的标准差 σ 统计结果如图 4.20 所示），计算公式如式（4.1）所示。当标准差 σ 大于 10^{-5} 时，则该待测像元为冰相态云像元；当标准差 σ 小于 10^{-5} 时，则该待测像元为水相态云像元。

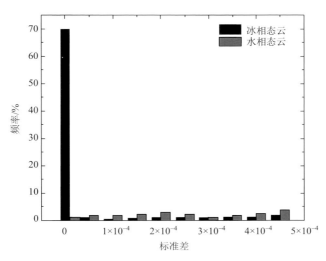

图 4.20　140°～180°散射角范围内冰相态云和水相态云的标准差统计概率分布图

$$\sigma = \sqrt{\frac{1}{N_{\mathrm{dir}}}\sum_{1}^{N_{\mathrm{dir}}}(L_{\mathrm{pol}}^{\mathrm{meas}} - a \times \Theta - b)^2} \qquad (4.1)$$

式中，N_{dir} 为每个像元的有效观测几何个数；$L_{\text{pol}}^{\text{meas}}$ 为像元在卫星观测下的 865nm 偏振反射率；Θ 为像元在观测几何下的散射角；a 和 b 分别对应曲线的斜率和截距。

（4）在散射角不满足所有判识准则的情况下，判断像元的单一观测方向的散射角是否在 75°～120°范围内，如果满足，则判断该待测云像元的 865nm 偏振反射率值。当满足偏振反射率值为 0 时，判断该待测像元为水相态云像元；否则为冰相态云像元。

（5）当待测云像元所有观测方向不满足上述散射角范围时，则判断该像元为不确定像元。

根据上述的判识准则，给出了 POLDER 云相态判识流程图，如图 4.21 所示。

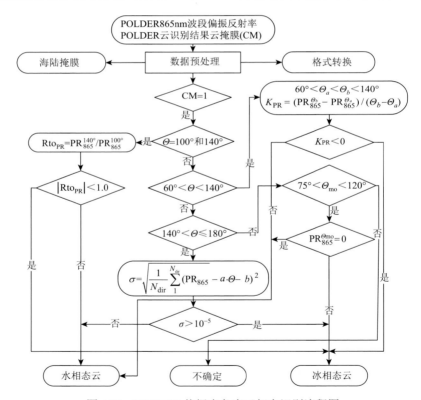

图 4.21　POLDER 偏振多角度云相态识别流程图

在图 4.21 给出的 POLDER 偏振多角度云相态识别流程图中，Θ 为每个像元观测几何对应的散射角；PR_{865}^{Θ} 为每个像元在散射角 Θ 下的 865nm 偏振反射率；Rto_{PR} 为每个像元在散射角为 140°和 100°下 865nm 偏振反射率的比值；K_{PR} 为散射角在 60°～140°范围内 865nm 偏振反射率曲线的斜率；σ 为水相态云和冰相态云下的 865nm 偏振反射率标准差。通过上述构建的偏振多角度云相态识别算法，充分利用了偏振和多角度观测下水相态云和冰相态云所表现出的特性差异，对 PODLER 数据进行云相态判识，可以很好地将水相态云和冰相态云相态区分开。

2. 云相态识别结果验证

在对 POLDER 偏振多角度数据的云相态识别中，选取 2009 年任意 3 个月中的任意一天数据，共三轨数据，选取的数据相关信息如表 4.6 所示。

表 4.6　POLDER 云相态识别中所使用到的 POLDER 数据相关信息

日期	轨道
2009-07-17	POLDER3_L1B-BG1-106076M_2009-07-17T04-49-31
2009-09-07	POLDER3_L1B-BG1-109143M_2009-09-07T19-10-24
2009-10-21	POLDER3_L1B-BG1-112081M_2009-10-21T12-54-21

根据上述选择的三轨 POLDER 数据，采用上面已经构建完成的偏振云相态识别算法模型，在 POLDER 云相态识别过程中，云覆盖结果选择 3.1.4 节构建的动态偏振多角度云识别算法获得的云覆盖结果，并基于该结果获得了不同相态类型的云，在这里将云像元判识为三种类型的云，分别为水相态云、冰相态云和不确定相态云。云相态判识结果如图 4.22 所示。

[案例一]

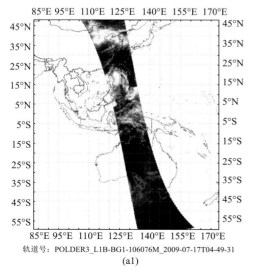

轨道号：POLDER3_L1B-BG1-106076M_2009-07-17T04-49-31

(a1)

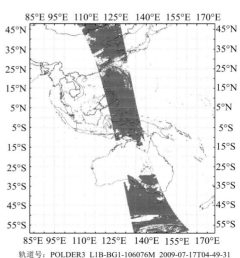

轨道号：POLDER3_L1B-BG1-106076M_2009-07-17T04-49-31

(b1)

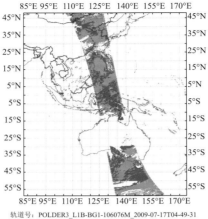

轨道号：POLDER3_L1B-BG1-106076M_2009-07-17T04-49-31

(c1)

[案例二]

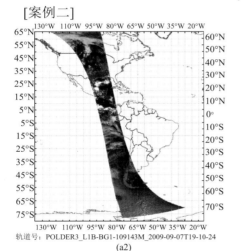

轨道号：POLDER3_L1B-BG1-109143M_2009-09-07T19-10-24

(a2)

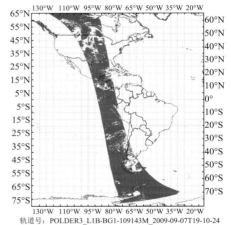

轨道号：POLDER3_L1B-BG1-109143M_2009-09-07T19-10-24

(b2)

轨道号：POLDER3_L1B-BG1-109143M_2009-09-07T19-10-24

(c2)

[案例三]

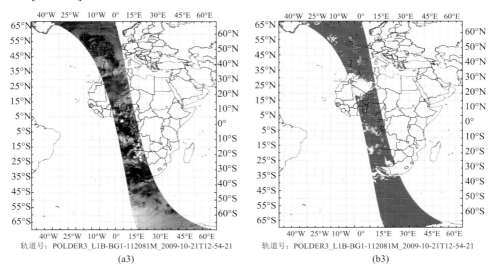

轨道号：POLDER3_L1B-BG1-112081M_2009-10-21T12-54-21

(a3)　　　　　　　　　　　　　　　　　　(b3)

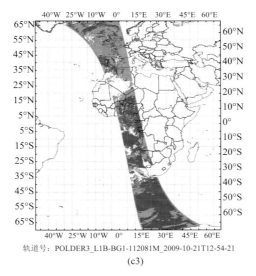

轨道号：POLDER3_L1B-112081M_2009-10-21T12-54-21

(c3)

图 4.22　POLDER 云相态识别结果图

　　在图 4.22 中，（a）图表示 POLDER 真彩色影像图；（b）图表示 POLDER 动态云识别结果图（红色标识为云）；（c）图表示 POLDER 云相态识别结果图（蓝色标识为水相态云，粉红色标识为冰相态云）。

　　图 4.22（c）给出了三个案例区域的云相态识别结果，其中水相态云和冰相态云的空间和时间分布与前人的研究有比较相似的分布，其中蓝色标识的水相态云

多分布在海洋上空，陆地上空多分布冰相态云[15,16]。为了验证 POLDER 偏振多角度云相态识别算法的正确性，将 POLDER 云相态识别的结果与 A-Train 系列中的 MODIS 和 CALIPSO 主被动卫星云相态识别结果进行对比，获得水相态云和冰相态云的识别准确度。下面将对三个案例进行单独对比分析（图 4.23～图 4.25），最终将三个案例的水相态云和冰相态云识别与 MODIS 和 CALIPSO 云相态产品对比的准确率综合在表 4.7 中给出。

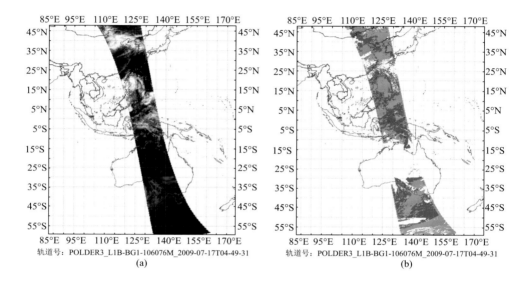

轨道号：POLDER3_L1B-BG1-106076M_2009-07-17T04-49-31
(a)

轨道号：POLDER3_L1B-BG1-106076M_2009-07-17T04-49-31
(b)

MODIS 20090717 云相态结果
(c)

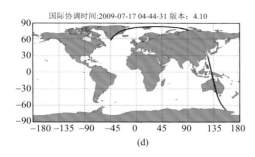
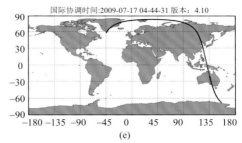

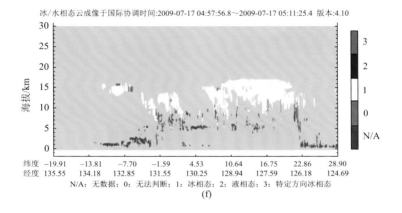

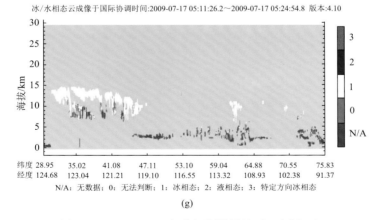

图 4.23　POLDER 云相态识别结果验证（案例一）

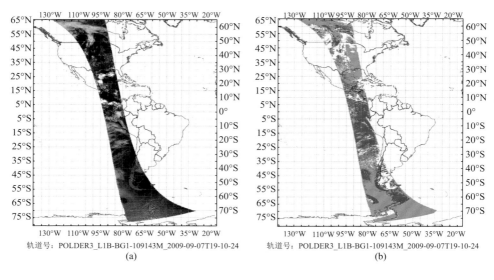

轨道号：POLDER3_L1B-BG1-109143M_2009-09-07T19-10-24
(a)

轨道号：POLDER3_L1B-BG1-109143M_2009-09-07T19-10-24
(b)

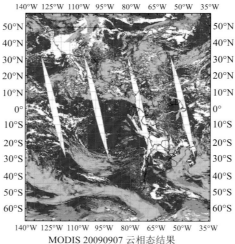

MODIS 20090907 云相态结果
(c)

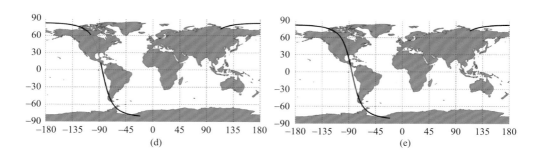

(d)   (e)

冰/水相态云成像于国际协调时间:2009-09-07 19:31:35.4～2009-09-07 19:45:04.1 版本:4.10

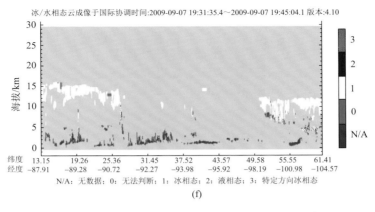

N/A：无数据；0：无法判断；1：冰相态；2：液相态；3：特定方向冰相态

(f)

冰/水相态云成像于国际协调时间:2009-09-07 19:18:06.0～2009-09-7 19:31:34.7 版本:4.10

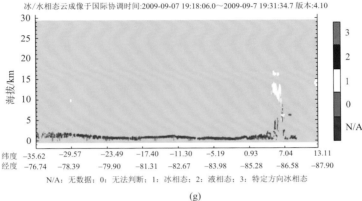

N/A：无数据；0：无法判断；1：冰相态；2：液相态；3：特定方向冰相态

(g)

图 4.24　POLDER 云相态识别结果验证（案例二）

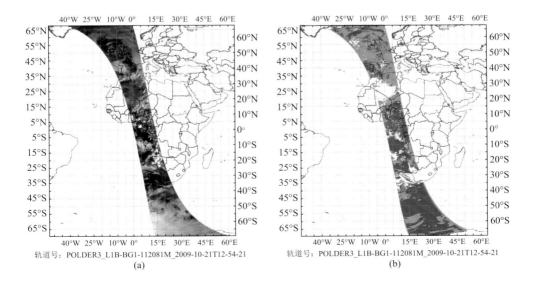

轨道号：POLDER3_L1B-BG1-112081M_2009-10-21T12-54-21　　　　轨道号：POLDER3_L1B-BG1-112081M_2009-10-21T12-54-21

(a)　　　　　　　　　　　　　　　　　　　　　(b)

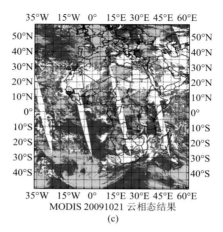

MODIS 20091021 云相态结果

(c)

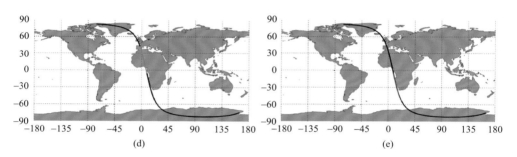

(d)　　　　　　　　　　　　　　　　　　　(e)

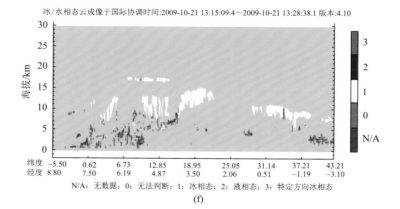

冰/水相态云成像于国际协调时间:2009-10-21 13:15:09.4～2009-10-21 13:28:38.1 版本:4.10

N/A: 无数据；0: 无法判断；1: 冰相态；2: 液相态；3: 特定方向冰相态

(f)

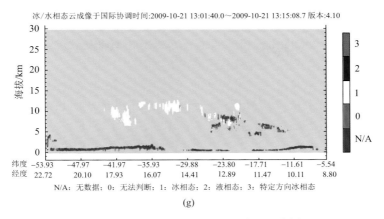

冰/水相态云成像于国际协调时间:2009-10-21 13:01:40.0～2009-10-21 13:15:08.7 版本:4.10

N/A: 无数据; 0: 无法判断; 1: 冰相态; 2: 液相态; 3: 特定方向冰相态

(g)

图 4.25　POLDER 云相态识别结果验证（案例三）

表 4.7　POLDER 云相态识别结果与 MODIS 和 CALIPSO 对比结果

案例	验证对象	POLDER 与 MODIS 对比	POLDER 与 CALIPSO 对比
案例一	水相态云	相同率: 90.58%	相同率: 95.67%
		差异率: 9.42%	差异率: 4.33%
	冰相态云	相同率: 89.59%	相同率: 93.61%
		差异率: 10.41%	差异率: 6.39%
案例二	水相态云	相同率: 87.69%	相同率: 90.15%
		差异率: 12.31%	差异率: 9.85%
	冰相态云	相同率: 85.80%	相同率: 87.32%
		差异率: 14.20%	差异率: 12.68%
案例三	水相态云	相同率: 90.50%	相同率: 95.38%
		差异率: 9.50%	差异率: 4.62%
	冰相态云	相同率: 89.14%	相同率: 91.02%
		差异率: 10.86%	差异率: 8.98%

　　在图 4.23～图 4.25 三个 POLDER 云相态识别案例中，引入了主被动卫星的验证，其中（a）图表示待验证 POLDER 真彩色影像图；（b）图表示待验证 POLDER 云相态识别结果图；(c)图表示近同一时间和同一覆盖区域的 MODIS 云相态识别结果图，其中蓝色标识为水相态云，灰白色标识为冰相态云，黄色标识为不确定相态云；（d）图和（e）图分别代表近同一时间经过 POLDER 相机拍摄区域的 CALIPSO 运行轨道图，其中（d）图的 CALIPSO 轨道线中一段为绿色标识的，对应 CALIPSO 云相态结果（f）图；（e）图的 CALIPSO 轨道线中一段为蓝色标识的，对应 CALIPSO 云相态结果（g）图；（f）图和（g）图分别对应（d）图和（e）图颜色标识轨道的云相态结果图，其中图中白色标

识为冰相态云，红色标识为水相态云。通过像元级别的比对，最终将 POLDER 云相态识别结果与 MODIS 云相态结果及 CALIPSO 云相态结果进行单独比对，统计获得两两之间比对的相同和不同概率，如表 4.7 所示。

从 POLDER 云相态识别结果验证的三个案例（图 4.23～图 4.25）中可以看出：POLDER 与 MODIS 的云相态结果表明在海洋和陆地上空的分布具有很好的一致性；在像元级别的对比中发现（表 4.7），三个案例水相态云和冰相态云的识别相同率均达到了 85%以上，其中案例一和案例三水相态云的识别相同率达到了 95%以上，这里与水相态云的偏振特性有很大的关联性，可以很好地将水相态云区分出来；POLDER 和 MODIS 的冰相态云识别相同率与水相态云的识别相同率相比要低，这与 POLDER 自身缺失远红外冰相态云通道有很大的关联，相对于 MODIS，POLDER 的冰相态云识别率更低。同时在与 MODIS 的对比中可以看出，对于 MODIS 不确定的云类型结果，POLDER 给出了对应的更加准确的水相态云和冰相态云的识别结果，这一点也进一步说明了偏振多角度云相态识别算法可以减少不确定云类型像元的概率，提高水相态云和冰相态云的识别效率。

在与被动 MODIS 传感器数据的云相态结果对比完成后，将 POLDER 云相态结果与可获得大气垂直剖面的主动 CALIPSO 传感器数据的云相态结果进行对比。CALIPSO 相对于 MODIS 和 POLDER 而言，可以获得云的垂直分布结果，相对于被动卫星的云相态识别结果将更加准确。在与 CALIPSO 云相态结果对比中，水相态云的识别相同率均在 90%以上，而冰相态云除了案例二识别的相同率在 90%以下，其他两个案例均在 90%以上，但识别的相同率相对于水相态云偏低，这进一步说明了 POLDER 水相态云相态的识别准确率相对于冰相态云要高；同时从两种类型的云相态识别结果对比的相同率来看，POLDER 云相态的识别结果是比较可信的。

4.1.3　DPC 数据反演云相态

1. 判识原理

在 DPC 多角度偏振数据中，选择 2018 年 05 月 29 日的 6605 和 6607 两个场景分别对应的海洋和陆地云区域，该区域内存在明显的水相态云，对这个区域云像元的 865nm 波段的偏振反射率进行统计，获得了如图 4.26 所示的 865nm 偏振反射率图。

从图 4.26（b）的 865nm 的偏振反射率合成图中可以明显看出，当存在水相态云时，DPC 多角度偏振数据出现了非常明显的虹效应，说明 DPC 数据提供的

865nm 偏振反射率数据可以用于偏振云相态的判识。以下将从模型理论模拟出发，获取基于偏振 DPC 数据进行云相态的具体判识准则。

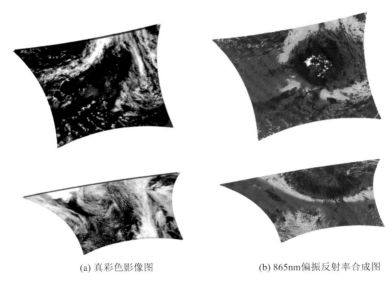

(a) 真彩色影像图　　　　　　　　　(b) 865nm偏振反射率合成图

图 4.26　DPC 数据 865nm 偏振反射率合成图和真彩色影像图

根据不同水相态云云滴有效粒子半径下 865nm 模拟偏振反射率与散射角的关系图（图 4.27），可以明显观察到球形粒子在 100°～170°散射角范围内存在多个特征，具体的特征参见 4.1.2 节第 1 部分中 POLDER 云相态反演部分，这里不再赘述。

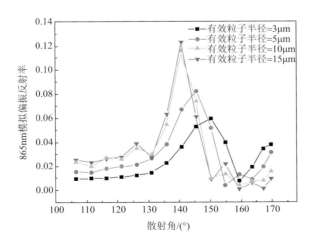

图 4.27　不同水相态云云滴有效粒子半径下 865nm 模拟偏振反射率与散射角的关系图

　　图4.28是三种不同有效粒子半径下冰晶粒子的865nm模拟偏振反射率曲线图。根据上述对于水相态云偏振特性的描述，水相态云具有主虹、中立点、副峰和云辉四种偏振特性，这些特性在水相态云和冰相态云相态的识别中发挥了重要的作用。

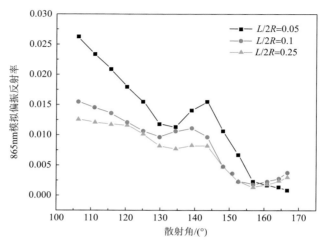

图4.28　不同尺度参数冰相态云粒子865nm模拟偏振反射率与散射角的关系曲线图

　　从图4.29和图4.30中表现出的模拟和真实观测数据下的水相态云和冰相态云特征差异可以明显看出，DPC实测的偏振多角度数据统计得到的水相态云和冰相态云偏振反射率曲线特征与模拟获得的水相态云和冰相态云的偏振特性有很好的一致性，从另一个方面证明了模拟获得的水相态云和冰相态云偏振特性的可信度。基于上述获得的水相态云和冰相态云偏振特性，得到与POLDER类似的DPC的偏振多角度云相态判识准则，详见4.1.2节第1部分。

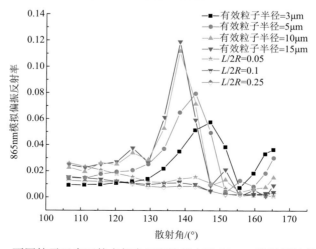

图4.29　不同粒子尺度下的水相态云和冰相态云865nm偏振反射率曲线图

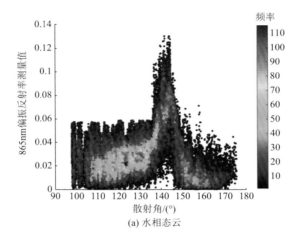

(a) 水相态云

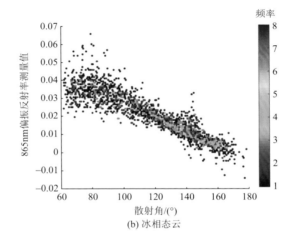

(b) 冰相态云

图 4.30 水相态云和冰相态云的 865nm 偏振反射率密度分布统计图

2. 算法流程

基于上述 DPC 数据偏振云相态的原理讨论，对云判识产品进行冰、水两种云相态的区分，具体的 DPC 云相态判识算法流程图如图 4.31 所示。首先，需要获取 DPC 多角度偏振 865nm 波段的偏振反射率数据、DPC 云判识结果（包括：0-晴空；1-云；2-冰雪；3-不确定）、观测几何信息，其次，进行数据的预处理，选择出标识为 1 的云像元结果；最后，通过构建的五步云相态判识流程，获取水相态云、冰相态云和不确定相态云这三种相态的云。

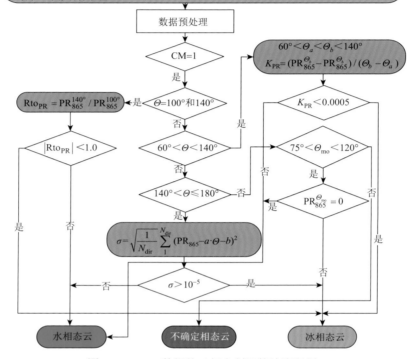

图 4.31　DPC 数据的云相态判识算法流程图

3. DPC 云相态结果验证

选取 2018 年 05 月 27 日任意两轨数据，其中选择的数据包含了海洋和陆地区域，覆盖类型和区域较为广泛，数据选取如表 4.8 所示。

表 4.8　DPC 云相态识别中所使用到的 DPC 数据相关信息

日期	DPC 数据轨道信息
2018-05-27	GF5_DPC_20180527_009901_L10000006601
2018-05-27	GF5_DPC_20180527_009901_L10000006607

根据上述选择的两轨 DPC 数据，采用本书构建的偏振多角度云相态识别算法模型，在 DPC 云相态识别过程中，云覆盖结果选择 3.1.5 节中构建的 DPC 偏振多角度云相态识别算法获得的云覆盖结果，并基于该结果获得了不同相态类型的云，

在这里将云像元判识为三种类型的云，分别为水相态云、冰相态云和不确定相态云。云相态判识结果如图 4.32 所示。

[案例一]

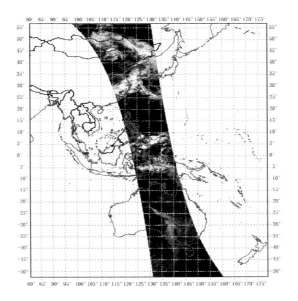

DPC真彩色影像　　GF5_DPC_20180527_009901_L10000006601

(a1)

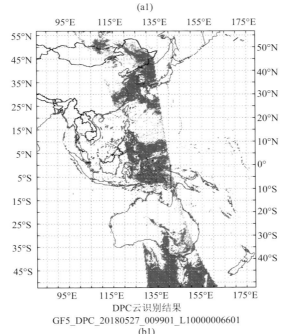

DPC云识别结果
GF5_DPC_20180527_009901_L10000006601

(b1)

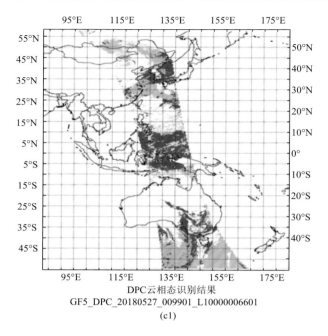

DPC云相态识别结果
GF5_DPC_20180527_009901_L10000006601
(c1)

[案例二]

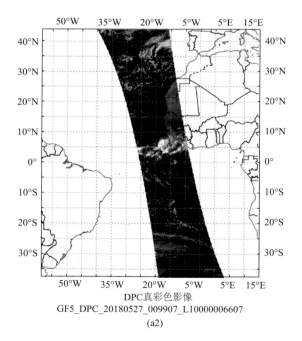

DPC真彩色影像
GF5_DPC_20180527_009907_L10000006607
(a2)

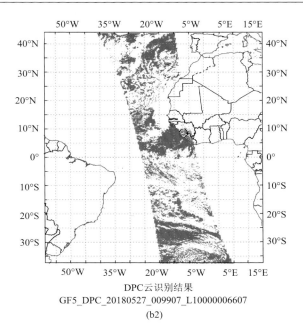

DPC云识别结果
GF5_DPC_20180527_009907_L10000006607
(b2)

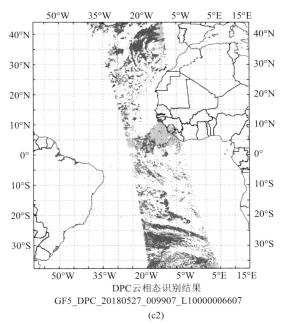

DPC云相态识别结果
GF5_DPC_20180527_009907_L10000006607
(c2)

图 4.32　DPC 数据的云相态识别结果图

在图 4.32 中，（a）图表示 DPC 真彩色影像图；（b）图表示 DPC 云识别结果

图（红色标识为云）；（c）图表示 DPC 云相态识别结果图（蓝色标识为水相态云，黄色标识为冰相态云）

图 4.32 给出了两个案例区域的云相态识别结果 [（c）图]，其中水相态云和冰相态云相态的空间和时间分布与前人的研究有比较相似的分布，其中蓝色标识的水相态云多分布在海洋上空，陆地上空多分布冰相态云；而冰相态云多分布在陆地上空，且从结果中可以看出高纬度区域存在较大范围的冰相态云分布[15,16]。为了验证 DPC 云识别算法的正确性，将 DPC 云相态识别的结果与 CALIPSO 主动卫星云相态识别结果进行对比分析（图 4.33），最终将两个案例的水相态云和冰相态云识别与 CALIPSO 云相态产品对比的准确率综合在表 4.9 中给出。

在图 4.33 中的两个 DPC 云相态识别案例中，引入了主动卫星的验证。其中（a）图表示待验证 DPC 真彩色影像图；（b）图表示待验证 DPC 云相态识别结果图；（c）图表示近同一时间经过 DPC 相机拍摄区域的 CALIPSO 运行轨道图，其中 CALIPSO 的轨道位置在图中用粉色标识出。该轨道上的云相态判识结果如（c）图所示。其中图中白色标识为冰相态云，红色标识为水相态云。通过像元级别的对比，最终将 DPC 云相态识别结果与 CALIPSO 云相态结果进行单独对比，统计获得两两之间对比的相同和不同概率（表 4.9）。

[案例一验证]

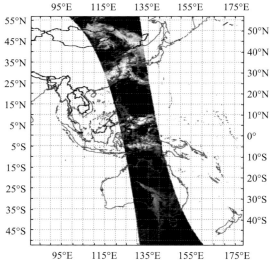

DPC真彩色影像　GF5_DPC_20180527_009901_L10000006601

(a1)

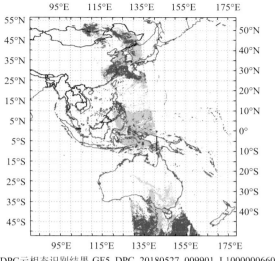

DPC云相态识别结果 GF5_DPC_20180527_009901_L10000006601

(b1)

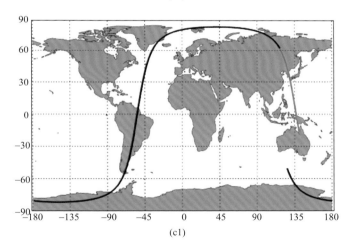

(c1)

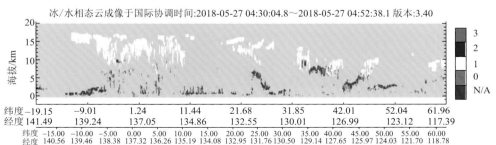

N/A：无数据；0：无法判断；1：冰相态；2：液相态；3：特定方向冰相态

(d1)

[案例二验证]

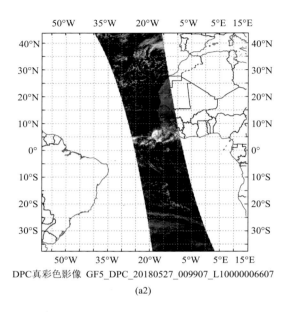

DPC真彩色影像 GF5_DPC_20180527_009907_L10000006607

(a2)

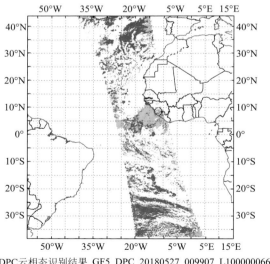

DPC云相态识别结果 GF5_DPC_20180527_009907_L10000006607

(b2)

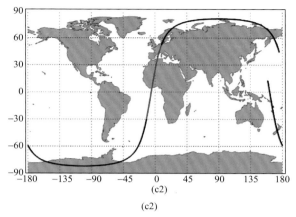

(c2)

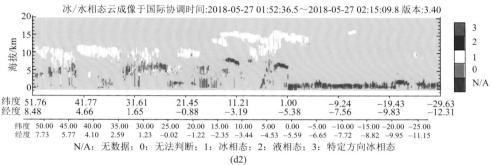

N/A：无数据；0：无法判断；1：冰相态；2：液相态；3：特定方向冰相态

(d2)

图 4.33　DPC 云相态识别结果验证

表 4.9　DPC 云相态识别结果与 CALIPSO 云相态结果对比统计表

案例	验证对象	POLDER 与 CALIPSO 对比
案例一[6601]	水相态云	相同率：93.70%
		差异率：6.30%
	冰相态云	相同率：89.12%
		差异率：10.88%
案例二[6607]	水相态云	相同率：98.73%
		差异率：1.37%
	冰相态云	相同率：97.81%
		差异率：2.19%

　　通过 DPC 云相态识别结果验证的两个案例（图 4.33），将 DPC 云相态识别结果与可获得大气垂直剖面的主动 CALIPSO 传感器数据的云相态结果进行对比，CALIPSO 相对于被动观测传感器 DPC 而言，可以获得云的垂直分布结果，云相态识别结果会更加准确。在与 CALIPSO 云相态结果对比中，案例一中水相态云

的识别相同率为 93.70%，案例二水相态云的识别相同率为 98.73%，可以得到水相态云的准确识别率均在 90%以上。而从 DPC 数据冰相态云的识别结果可以看出，案例一中冰相态云的识别相同率为 89.12%，案例二中冰相态云的识别相同率为 97.81%，可以得到冰相态云的识别准确率在 90%左右，两种类型的云相态识别结果与 CALIPSO 的云相态结果对比后，可以断定 DPC 数据的云相态识别结果是具有一定可信度的。对比 DPC 数据水相态云和冰相态云相态的相同率发现，冰相态云相态识别的相同率相对于水相态云偏低，这进一步说明了 DPC 水相态云相态的识别准确率相对于冰相态云较高；同时从两种类型的云相态识别结果对比的相同率来看，DPC 云相态的识别结果是比较可信的。

4.2 主动雷达的云相态反演

4.2.1 CALIPSO 数据反演云相态

CALIPSO 卫星是 A-Train 系列卫星中的一颗极轨卫星，由 NASA 于 2006 年 04 月 28 日成功发射，由三部分组成：云和气溶胶偏振激光雷达（the cloud-aerosol lidar with orthogonal polarization，CALIOP）、红外成像辐射计（the imaging infrared radiometer，IIR）和宽幅照相机（wide field camera，WFC）。其中 CALIOP 提供的去偏振信息可用于区分冰相态云和水相态云以及识别非球形气溶胶粒子。CALIOP 的最大特点是对小粒子敏感，对云顶识别较准确。

目前国内利用 CALIPSO 对云相态进行判识的研究非常少，国际上现有基于云相态反演的方法是 Shupe 等提出的，其原理主要是依赖于退偏比 δ 和温度的概率函数法[18]；但当水平导向冰粒子存在时，退偏比 δ 变化异常，从而导致判断结果不明确。Hu 等提出了一种改进的方法，该方法主要利用水相态云和水平导向冰相态云有明显不同的 δ-β 空间相关性来识别（β 是指后向散射值）[19]。本小节对这两种云相态的识别方法进行了实现，用该方法对同一区域的 CALIPSO 数据进行了云相态的识别，并比较了两种方法的异同。

1. 概率函数法反演云相态

1）原理

基于 CALIPSO 数据概率函数法反演云相态主要是用退偏比 δ 和温度将云相态分为冰相或水相。激光雷达激光束是 100%线性偏振，冰相态云因其明显的不对称性，改变后向散射的偏振比[20]。冰晶退偏比在 30%～50%，主要由冰晶的形状和所占比例来决定。当水平导向粒子存在的时候，δ 值相应较低；反之，球形水粒子保留了后向散射光的偏振特性，即 δ 较小；但如果水相态云的光学厚度较大，多重散射也将会增加退偏比，即 δ 变大。根据蒙特卡罗（Monte Carlo）模型模拟的冰相态云和水相态云多重散射的辐射和退偏的结论，如果在使用退偏比 δ 来判别云相态仍然不起作用时，可以再采用云顶温度来识别云相态[21]。

2）算法描述

Liu 等[21]根据多种卫星和地面观测的统计结果发现，冰相态云和水相态云出现的概率是云温度的一个统计函数。众所周知，云温度可以根据观测的云高来估算，而温度廓线是可以从基于网格天气分析产品中得到的；若云底温度低于 $-45\,℃$，则该云被识别为冰相态云；若云顶温度高于 $0\,℃$，则该云被识别为水相态云；若云场的温度高于 $-45\,℃$ 而低于 $0\,℃$，则冰水共存，则该云被识别为混合相态的云。由于激光雷达的能量有限，而且大部分的混合相态的云场都是比较厚的云，所以激光雷达对混合相态的厚云层都是无法判识的，这是激光雷达识别云相态的致命缺陷；但对于一些冰相态云上空附有一些薄的水相态云时，空基激光还是可以准确判定的。

由于激光雷达无法提供厚云层的退偏比的垂直廓线，所以不能识别混合相态的云。根据该原理，概率函数法只能识别冰相态云和水相态云，所以把冰相态云和水相态云都表示成概率（P）与退偏比或概率与温度的函数关系式：

$$P_{\mathrm{w}}(\delta,\Delta\delta)=\frac{1}{1+\exp\left[-2.3\dfrac{\mathrm{SNR}}{\delta}(\delta-c_{\mathrm{w}})\right]} \tag{4.2}$$

$$P_{\mathrm{i}}(\delta,\Delta\delta)=1-\frac{1}{1+\exp\left[-2.3\dfrac{\mathrm{SNR}}{\delta}(\delta-c_{\mathrm{i}})\right]} \tag{4.3}$$

$$P_{\mathrm{w}}(T_{\mathrm{top}})=\frac{1}{1+\exp(-a\cdot(T_{\mathrm{top}}-c)+d)} \tag{4.4}$$

$$P_{\mathrm{i}}(T_{\mathrm{top}})=1-P_{\mathrm{w}}(T_{\mathrm{top}}) \tag{4.5}$$

式（4.2）~式（4.5）中，下标 w 表示水，下标 i 表示冰；a、c、d 均为常数；c_{w} 和 c_{i} 分别为层平均积分衰减后向散射计算出来的系数；信噪比 $\mathrm{SNR}=\dfrac{\delta}{\Delta\delta}$，$\Delta\delta$ 是 δ 的不确定度。对用退偏比来识别相态不清楚的云，引进了综合概率函数，如图 4.34 所示，即

$$P_{K}(T,\delta)=P_{K}(T)\times P_{K}(\delta)，\quad K=1,2 \tag{4.6}$$

式中，$K=1$ 代表冰；$K=2$ 代表水；T 为云顶的温度。将 CALIPSO 探测的数据代入式（4.2）~式（4.5）计算，根据式（4.6）的计算结果，按照流程图 4.35 来识别云相态。

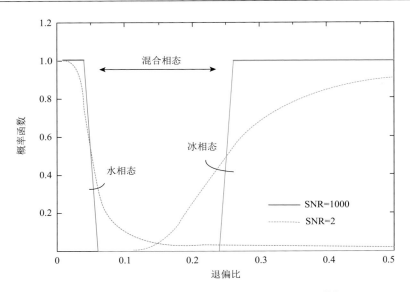

图 4.34　冰、水相态的退偏比与概率函数的关系[21]

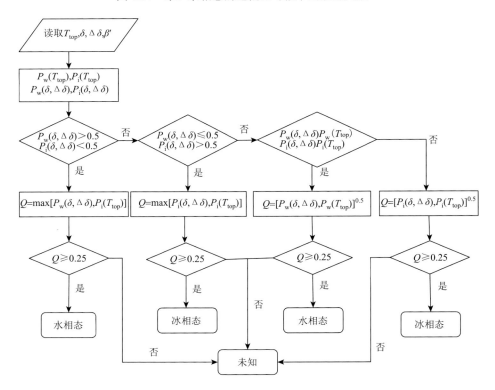

图 4.35　概率函数识别云的冰、水相态流程图[21]

基于 CALIPSO 数据阈值法反演云相态首先由退偏比来识别云相态；当退偏比识别的结果不理想时，再用退偏比和云顶温度的综合概率函数来识别，整个流程见图 4.35。其中 Q 为品质因子（$0 \leqslant Q \leqslant 1$），它是评价识别结果的因子，显然品质因子越大，其识别精度越高。对品质因子的定义如下：当识别结果只有退偏比决定时，Q 是 $P(\delta, \Delta\delta)$ 和 $P(T_{\text{top}})$ 中的最大值；当识别结果用综合概率函数判别时，Q 是 $P(\delta, \Delta\delta)$ 乘以 $P(T_{\text{top}})$ 之后的开方，在整个识别过程中，取 a、c、d 分别为−0.3、20、−2.4。

3）算法应用

基于 CALIPSO 测量的 2010 年 03 月 03 日中国西部白天和晚上的数据，利用概率函数按流程图（图 4.35）识别其云相态，识别结果如图 4.36 所示。

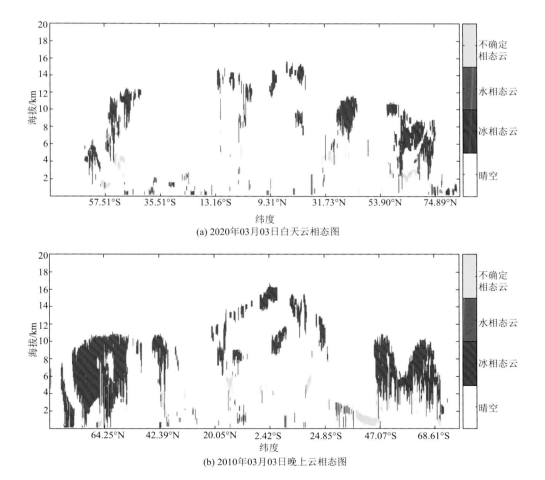

(a) 2020年03月03日白天云相态图

(b) 2010年03月03日晚上云相态图

图 4.36　概率函数法识别的云相态图

在图 4.36 中，白色代表晴空，蓝色代表冰相态云，红色代表水相态云，黄色代表不确定相态云。从图 4.36 中可以看到，2010 年 03 月 03 日晚上较白天云量多，冰相态云的数量增加明显；在地理位置较相近的区域，晚上比白天的冰相态云厚度增加显著；水相态云在冰相态云的下方，水相态云的含量并不是很多；此外其云顶高度在 16km 左右。

2. 空间相关法反演云相态

通过蒙特卡罗模型模拟得到激光雷达的退偏比对于多层厚云和水相态云都是无效的。另外为了避免卷云中水平导向粒子特定方向的反射，从 2006 年 11 月 06 日开始 CALIPSO 的接收角度由原来的 0.3°改为 3°，这个角度的增大使得对于 CALIPSO 激光雷达接收的云后向散射值必须考虑多次散射，因而原来用概率函数识别云相态的方法会进一步退化。Hu 等利用蒙特卡罗模型模拟 CALIPSO 的信号发现：层积分退偏比 δ 和后向散射值 β 有一定的空间相关性。如果用 β 和 δ 作为空间的两个坐标系，那么模拟值或基于 CALIPSO 的实际测量的值在该空间中都有相关性，利用该相关性可以识别云的相态[22,23]。

1）原理

根据 Hu 等给出的定义，线性退偏比 δ 定义为激光雷达垂直偏振部分 $\beta_\perp$ 和平行部分 $\beta_{//}$ 的比

$$\delta = \frac{\beta_\perp}{\beta_{//}} \tag{4.7}$$

对于 CALIPSO 的激光束线性偏振，斯托克斯参数通过 $U_0 = V_0 = 0$ 和 $I_0 = Q_0$ 给出；对于单次散射，退偏比可与散射相矩阵联系起来：

$$\delta = \frac{\beta_\perp}{\beta_{//}} = \frac{I-Q}{I+Q} \tag{4.8}$$

$$= \frac{I_0\left[P_{11} - P_{21}\cos(2\varphi_2)\right] + Q_0\left[P_{12}\cos(2\varphi_1) - P_{22}\cos(2\varphi_1)\cos(2\varphi_1) + P_{33}\sin(2\varphi_1)\sin(2\varphi_1)\right]}{I_0\left[P_{11} + P_{21}\cos(2\varphi_2)\right] + Q_0\left[P_{12}\cos(2\varphi_1) + P_{22}\cos(2\varphi_1)\cos(2\varphi_1) - P_{33}\sin(2\varphi_1)\sin(2\varphi_1)\right]}$$

式中，P_{ij} 为散射相矩阵的元素；φ_1 和 φ_2 分别为散射物和散射测量器的方位角；对于随机导向粒子 $P_{12} = P_{21}$；在后向散射方向上有 $\cos(2\varphi_1) = \cos(2\varphi_2) = 1$ 和 $\sin(2\varphi_1) = \sin(2\varphi_2) = 0$ 成立，故单次散射退偏比为

$$\delta = \frac{P_{11} - P_{22}}{P_{11} + P_{22}} \tag{4.9}$$

对于球形粒子，如水相态云水粒子 $P_{11} = P_{22}$，因此 $\delta = 0$；对于随机导向的冰粒云，P_{22} 理论计算的值大部分在 0.3～0.6，因此 δ 在 0.25～0.54，该值的大小一般受粒子的形状和大小影响。由于 CALIPSO 不能直接测量粒子的退偏比，它测量的是单位体积内粒子的退偏比的总值，这包括分子和粒子后向散射的总贡献；对于比较厚的云层和中等厚云，体积退偏比和粒子的退偏差别不大。基于 CALIPSO 的测量，假定云粒子在 532nm 和 1064nm 通道后向散射相等，且分子散射在 532nm 垂直偏振通道与 1064nm 通道可以忽略不计，根据式（4.9）估算的云粒子退偏比如下：

$$\delta_{\mathrm{p}} \approx \frac{\beta_{532,\perp}}{\beta_{1064,/\!/}} \approx \frac{\beta_{532,\perp}}{\beta_{1064} - \beta_{532,\perp}} \approx \frac{1}{\beta_{1064}/\beta_{532,\perp} - 1} \qquad (4.10)$$

由于水相态云的非退偏性，根据 Hu 等利用蒙特卡罗模型模拟的 CALIPSO 的多次散射结果，发现其总的退偏特性与退偏比呈简单的线性关系[19]：

$$r'_{\mathrm{total}} = r'_{\mathrm{single}}\left(\frac{1+\delta}{1-\delta}\right)^2 = \frac{1}{2S_{\mathrm{c}}}\left(\frac{1+\delta}{1-\delta}\right)^2 \approx 0.0265\left(\frac{1+\delta}{1-\delta}\right)^2 \qquad (4.11)$$

Hu 等利用地面激光雷达和空基激光雷达 CALIPSO 的观测结果证明了式（4.11）的正确性。图 4.37 是 CALIPSO 观测结果的统计图[19]。

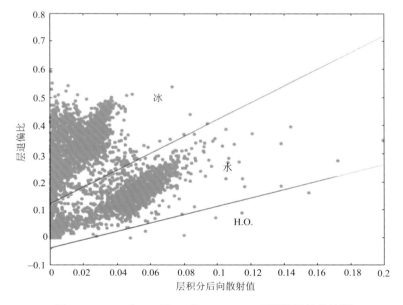

图 4.37　2010 年 05 月 02 日 CALIPSO 观测结果的统计图

图中 H.O.表示游离基状态的水

根据图 4.37 的统计图，如果所有冰相态云是随机导向粒子或是水平导向均匀片状颗粒，那么用这个简单的线性关系式［式（4.10）］就足够区分云相态了；但是在实际情况中，水平导向粒子冰相态云中混有随机导向粒子，从而对退偏比的依赖呈非离散分布的特征；所以用简单的线性关系［式（4.10）］就无法区分了。对于水相态云或者随机导向粒子构成的冰相态云，层积分后向散射值高的云也会有更高的退偏比；而对于毗邻相同云系的云场，后向散射值较大的云场是厚云或者密云，其多次散射增强了，测量的退偏比也增加了；相反，对于水平导向粒子冰相态云，层积分后向散射值较大的云场，有较低的退偏比值，因为水平导向粒子特定方向反射，其信号没有退偏振。因此得出在水相态云和随机导向冰相态云中 β 和 δ 之间是正相关的结论；当激光雷达后向散射信号主要来自水平导向冰粒子时，β 和 δ 是负相关的。在正相关和负相关值较低时，云相态识别通过其他的信息来进行，如色散率和退偏振垂直廓线的标准方差等。

2）算法流程及其应用

把 CALIPSO 的二级产品——1km 或 5km 分辨率的激光雷达后向散射廓线作为研究用的输入参量，其反演云相态的方法如下。

（1）根据 CALIPSO 雷达的后向散射值和偏振比估算云的层粒子退偏比 δ。

（2）根据退偏比 δ 和后向散射 β 的空间相关性，用阈值区分出水相态云、冰相态云；同时区分出冰相态云的导向。

（3）利用 δ-β 的空间相关信息从水相态云和随机导向冰相态云中去除水平导向粒子构成的冰相态云。

（4）对多层云观测中的低层云，特别对于 δ-β 的值较低的云，由气候学上得到的温度、退偏比 δ 和标准方差统计来估算它们是水相态云或是冰相态云的概率。对每个参数用确定的方法，估算质量因子 Q，然后相乘。如果相关概率大于 0.5，判定为不确定相态云。

（5）将温度大于 0℃ 而被判定为冰相态云的，改为水相态云；将低于 -40℃ 判定为不确定相态云的，重新判定为冰相态云。

基于 CALIPSO 测量 2010 年 03 月 03 日中国西部白天和晚上的数据，利用 δ-β 空间相关方法识别了其上空的云相态，识别结果如图 4.38 所示。

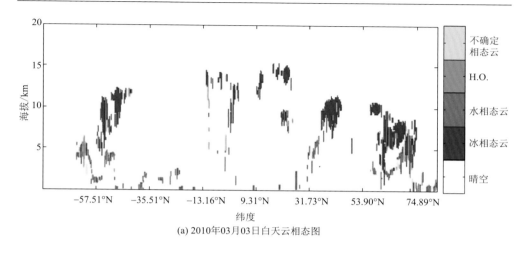

(a) 2010年03月03日白天云相态图

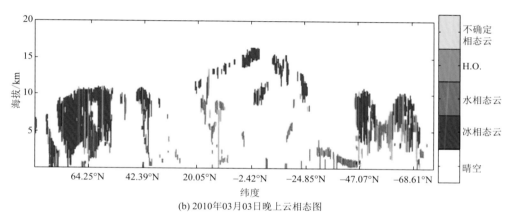

(b) 2010年03月03日晚上云相态图

图 4.38 δ-β 空间相关法识别的云相态图

在图 4.38 中，白色代表晴空，蓝色代表冰相态云，红色代表水相态云，黄色代表不确定相态云，绿色代表水平导向的冰相态云。从图 4.38 可以看到，2010 年 03 月 03 日晚上较白天云量多，冰相态云的数量增加明显；在地理位置较相近的区域，晚上比白天的冰相态云厚度增加显著；水相态云在冰相态云的下方，水相态云的含量并不是很多。

为了能让 δ-β 空间相关法和概率法识别的结果具有可比性（减少了云相态分类数目），把应用 δ-β 空间相关法判定为随机导向的云看成冰相态云，那么 2010 年 03 月 03 日应用 δ-β 空间相关法的云相态识别结果如图 4.39 所示。

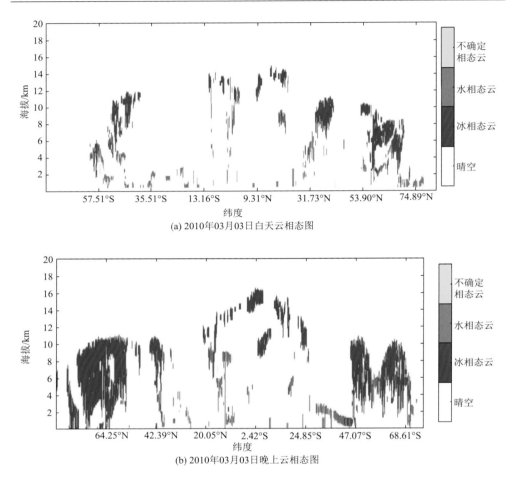

(a) 2010年03月03日白天云相态图

(b) 2010年03月03日晚上云相态图

图 4.39　δ-β 空间相关法识别的云相态图

把分别利用概率函数法和 δ-β 空间相关法识别的云相态进行对比，即把图 4.36 和图 4.39 进行对比，其结果如表 4.10 和表 4.11 所示。

表 4.10　基于 2010 年 03 月 03 日白天数据相态反演结果对比

方法	冰相态云	水相态云	不确定相态云
概率函数法	35286	1986	3506
δ-β 空间相关法	32798	7557	423
两种方法差值	2488	−5571	3083

表 4.11　基于 2010 年 03 月 03 日晚上数据相态反演结果对比

方法	冰相态云	水相态云	不确定相态云
概率函数法	80943	2083	6432
δ-β 空间相关法	76580	12430	448
两种方法差值	4363	−10347	5984

从表 4.10 和表 4.11 可以看出，相对于概率函数法来说，δ-β 空间相关法识别出的冰相态云面积减少，而水相态云的面积明显增多，这是因为概率函数法仅依靠退偏比和温度的概率，而 δ-β 空间相关法不仅用到退偏比和温度的阈值，还用到云层的垂直剖面信息；对于不确定区域的云数量，δ-β 空间相关法比概率函数法要少得多，这也是因为用概率函数法判定相态时，对多层云中的低层云仅利用了低信噪比信息而不是垂直剖面信息，而 δ-β 空间相关法不仅有退偏比的关系，还用到云层的垂直剖面信息；对于冰相态云的判断结果，δ-β 空间相关法和概率函数法虽然有一定的差别，但差别不大，所占比例较小。因而相对来说，δ-β 空间相关法识别云相态所用的信息量要比概率函数法多，所以其判定结果要好一些，其进一步的结论有待与地面传感器的测量结果进行对比验证。

4.2.2　CloudSat 数据反演云相态

CloudSat 是第一颗使用主动毫米波雷达在全球范围内专门观测云量、云的分布、垂直结构、辐射特性及降水信息的卫星。CPR 雷达工作在 94GHz 频率上，观测方向为星下点方向，是用来探测云层中后向散射能量的毫米波雷达。它可以提供云层系统垂直结构的信息。详细介绍见 2.3.2 节。

1. 识别算法及流程

基于 CloudSat 卫星探测的数据是无法进行云相态反演的，它必须联合 CALIPSO 激光雷达提供的信息以及 ECMWF 模式所提供的温度数据才能反演云相态。云相态识别流程如图 4.40 所示，输入数据为毫米波雷达提供的雷达反射率、激光雷达提供的后向散射以及 ECMWF 模式提供的温度数据，输出是水相态云、冰相态云和混合相态云等。使用毫米波雷达回波和 ECMWF 模式提供的温度数据进行判断。该部分将雷达云柱看作一个整体，确保云在垂直方向的一致性；判断的依据是：温度随着高度的增加逐渐降低，当云顶温度大于 0℃时，可以断定该云层中所有粒子的温度都大于 0℃，该云层被确定为由水组成，故该云层为水相态；当云底温度小于–40℃时，断定该云层中所有粒子的温度都低于–40℃，该云层被确定为由冰组成，故该云层为冰相态；当云顶温度和云底温度处于二者之间时，需要测量云层内每个粒子的温度来确定该粒子所处的相态，当云层温度大于0℃时，该粒子被判定为水相态，当云层温度小于–40℃时，该粒子被判定为冰相态，若云层温度处于–40～0℃时，则该粒子被判定为混合相态。

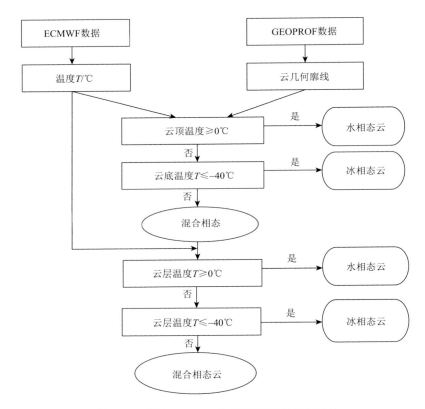

图 4.40　基于 CloudSat 数据反演云相态流程图

2. 云相态识别结果验证

基于 CloudSat 数据，利用温度阈值法反演的云相态结果如图 4.41 所示。从图中可以看出，利用 CloudSat 数据识别得到的云相态结果与实际情况有较好的一致性。

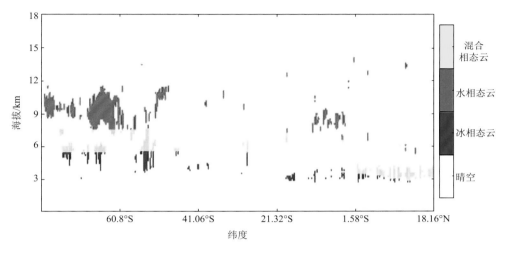

图 4.41 云剖面雷达垂直方向上云相态分布图

4.3 单传感器数据反演案例

4.3.1 单传感器云相态反演案例

  分别用三光谱法对 MODIS 数据,空间相关法对 CALIPSO 数据和温度阈值法对 CloudSat 数据进行了云相态反演;所用数据是 2008 年 05 月 01 日某轨的 A-Train 的数据(A-Train 系列卫星中,MODIS、CALIPSO 和 CloudSat 数据的匹配方法见 5.2.1 节),反演所用数据的轨道如图 4.42 所示。三个传感器的原数据如图 4.43 所示,其中图 4.43(a)是 MODIS 数据的三个通道的亮温图;图 4.43(b)是 CALIPSO 的 532nm 的后向散射图,图 4.43(c)是 CALIPSO 的退偏比图;图 4.43(d)是 CloudSat 的数据图。从图 4.43 中可以看到:对于高层比较薄的冰相态云(图 4.44 的识别结果证明是冰相态云)以及中低层的水相态云,CALIPSO 能探测到信息,CloudSat 几乎没有探测到信息,而此时 MODIS 三通道的亮温变化是比较快的;对于单一的云层,MODIS 三通道的亮温变化非常缓慢,其他两个传感器也能探测到其信号;而对于多层云,对应 MODIS 三通道的亮温变化非常快,CALIPSO 对其下面的探测信号不是太清晰,这正反映了 CALIPSO 探测器无法探测到云内部的信息,而 CloudSat 的信号却比较清晰(尤其在对流云层)。这些特征表明 MODIS 只能探测到整层云的信息,而且受地面反射因素影响比较大;CALIPSO 对云的顶部、薄云和卷云的探测都比较清晰,但对厚云如对流云无法探测;CloudSat 可以探测到厚云的内部信息,但对薄的高层卷云和中层水相态云的探测是没有信号的。

图 4.44 是基于图 4.43 的原数据，分别用三光谱法、空间相关法和阈值法识别出来的云相态图。

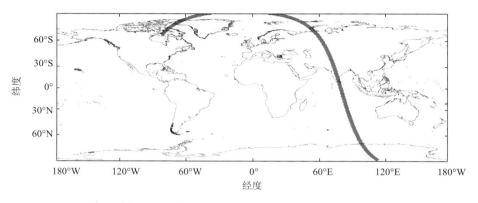

图 4.42　所用 A-Train 数据的卫星运行轨迹图

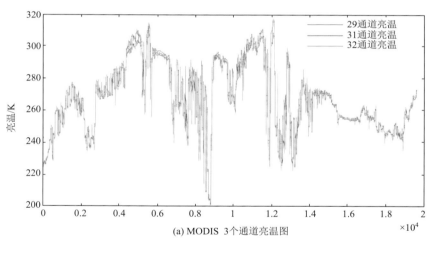

(a) MODIS 3个通道亮温图

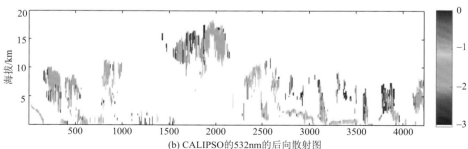

(b) CALIPSO的532nm的后向散射图

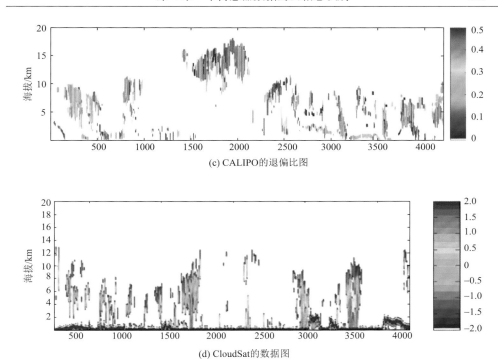

(c) CALIPO的退偏比图

(d) CloudSat的数据图

图 4.43　2008 年 05 月 01 日 MODIS、CALIPSO 和 CloudSat 三传感器的数据图

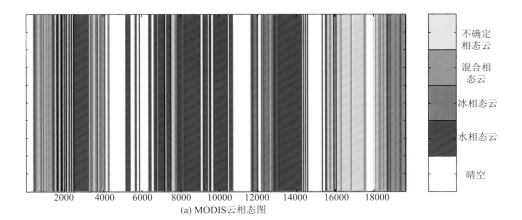

(a) MODIS云相态图

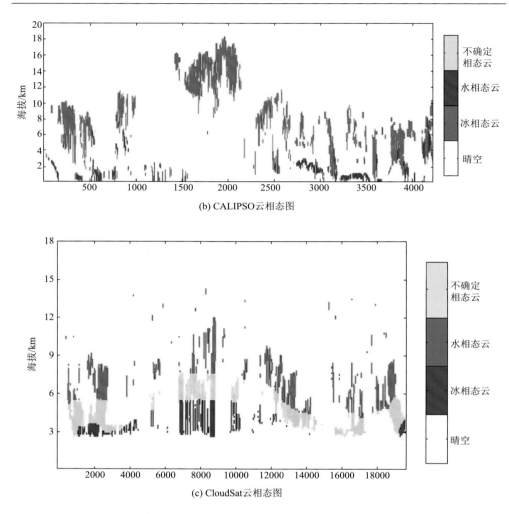

(b) CALIPSO云相态图

(c) CloudSat云相态图

图 4.44   基于三传感器的数据反演的云相态图

4.3.2   单传感器数据反演结果验证

根据图 4.43 的云数据，用统计的方法在有云信号的区域比较了图 4.44 中基于三个传感器数据反演出的云相态，得到的结果如表 4.12 所示。

分析表 4.12 和图 4.43 的传感器的原始数据以及反演云相态所需的时间，得出如下结论。

表 4.12　云层和云相态分布

名称	MODIS	CALIPSO	CloudSat
单层云	冰相态	冰相态	冰相态
	水相态	水相态	水相态
	混合相态或不确定相态	上：冰相态 下：不确定相态	上：冰相态 下：混合相态
	混合相态或不确定相态	上：冰相态 下：不确定相态	上：混合相态 下：水相态
	混合相态或不确定相态	上：冰相态 下：不确定相态	上：冰相态 中：混合相态 下：水相态
多层云	不确定相态	上：冰相态 下：水相态	上：冰相态 下：水相态

1. 单一传感器反演云相态的缺陷

目前单一传感器反演的云相态产品有许多缺陷，如针对 MODIS 三通道算法的缺陷有：

（1）MODIS 云相态产品对高云的识别效果较好，对中云的识别效果次之，对低云的识别效果最不理想，这主要是因为地面辐射的干扰使得地物和低云的光谱特征比较相像；

（2）冰相态云和水相态云对辐射吸收和散射的差异使得高云和中云很容易被区别开来，但目前三光谱技术对稀疏的薄卷云的识别效果不理想；

（3）未知相态和混合相态区域太多，如低层水相态云上覆盖一层冰相态云在MODIS 产品中被划分为混合相态；

（4）计算中假设地面发射率是均匀的，但实际情况并非如此；

（5）对云的内部结构无法探测，即对双层云无法判断；

（6）相态判断计算时间比较长等。

而对于激光雷达而言，其主要是受到云偏振信息测量时的多次散射及对光学厚度较厚云的穿透能力较弱的影响；对于毫米波雷达，则主要受到了大气廓线假设和大气中大量存在的混合相态云带来的不确定性影响，同时雷达回波的有效高度也对其产生限制。

2. CALIPSO 探测云的特点

（1）对小粒子比较敏感（如气溶胶粒子等）；

（2）对高层卷云和中层液态水相态云比较敏感；

（3）对云的顶部探测比较清楚；

（4）对厚云的穿越非常困难，如对对流云团的探测；

（5）反演参量时，需要假设云粒子的模式等。

3. CloudSat 探测云的特点

（1）对冰相态云具有穿透性（可探测到云内部特性，但对高层薄卷云没有探测信号，如对对流云团的探测）；

（2）对大粒子（如冰晶、小雨）比较敏感；

（3）对云整层的探测比较敏感；

（4）反演云参量时，需要假设粒子的谱模式。

综上所述，可以看出三种传感器对云的探测信号具有互补性：

（1）对于微波雷达，其探测信号与粒子大小的 6 次方成正比（$Z \propto D^6$），而对于激光雷达，其探测信号与粒子大小的 2 次方成正比（$b \propto D^2$），因此如果基于激光和微波雷达协同反演将会有利于不同尺度的粒子共同起作用；

（2）辐射亮度的协同应用能确保反演的粒子形状正确；

（3）不同的传感器对不同相态粒子的敏感性不一样，可以相互弥补；

（4）单一传感器的信号有时候有误差或没有获得，而用多传感器协同可处理信号偶尔丢失和有问题的情况；

（5）还可以处理云的内部多层结构和不同下垫面发射率以及云顶部问题。在目前多传感器探测的基础上，开发协同反演算法有利于正确地认识云相态和云的其他光学和物理参量；而且目前国际上发射的 A-Train 系列卫星提供了从可见、红外、微波和偏振等多波段、多方式的探测信号，为协同反演提供了数据源的保证；另外中国已经发射的风云-4 卫星上搭载的多传感器，也能为协同反演提供数据源；反过来说，协同算法的建立也可以为风云-4 数据源的应用提供科学技术参考和科学技术基础。

4.4　云参量反演的新方法

深度学习是一种类似于人类神经网络结构的，由大量神经元连接组成的非线性、自适应的计算机系统，其在输入输出函数非常复杂的关系模型中具有独特的优势[24]。

深度学习的基本原理就是输入层获得信号，然后通过若干隐含层中的中间节点，对输出要素进行调节，并对结果产生非线性变换，最终输出信号。在进行深度学习的运算之前，需要对其赋予样本训练，样本既要包括输入层信号，也要包括期望输出层参数，对深度学习系统进行调整就是不断修正各输入节点和隐含层节点之间的权重配置，以及隐含层与输出层之间的阈值，不断降低误差的过程。

在经过反复训练后，训练样本的输出值最后满足与期望值偏差最小，运算最稳定，即深度学习模型构建完毕[25]。

在构建深度学习模型过程中，对隐含层的层数和节点数进行适当的设置是模拟最终能否成功的关键。隐含层的节点太少，深度学习的训练程度不够，错误率高，不能很好地分辨实际运行过程中的未知样本。节点太多，则会影响深度学习算法效率，出现过拟合现象，无法提供高效、准确的运行结果。一般以计算结果作为最佳隐含层节点的参考。

$$k < n - 1$$
$$k < \sqrt{m + n} + a \qquad\qquad (4.12)$$
$$k = \log_2 n$$

式中，k 为隐含层节点数；n 为输入层节点数；m 为输出层节点数；a 为[1,10]之间的常数。

由于深度学习的优越性能，这里介绍 Segal-Rozenhaimer 等[26]使用样本训练，构建的一个可以预测大气下层水相态云的微观物理特性深度学习模型，对 R_{eff}、V_{eff} 和 COD 等云参量进行预测和反演的方法。

该方法的样本数据来源于 NASA，戈达德太空研究所（Goddard Institute for Space Studies）的机载多角度偏振仪器 RSP，其通道范围为 410~2260nm，并且具有偏振和全辐射传感器。其是 2011 年发射失利的 APS 星载传感器的机载原型样机。具体参数见 2.2.2 节第 1 部分。

4.4.1　新方法原理及流程[26]

常见的深度学习网络有前向神经网络、霍普菲尔德神经网络、卷积神经网络和周期神经网络等，这里构建的深度学习云参量反演方法采用前向神经网络的方式进行算法的构建，其优势在于其可以实现各种复杂非线性关系的映射功能，特别适合求解模型内部机制非常复杂的问题，并且可以通过学习样本中的正确反馈，自我学习，容错率高，可以自动修正运算规则，并不断改进。同时还能够进行并行及分布式计算[27]。构建这样一个网络，需要对该网络中各个因子的权重、隐含层及其包含的字节点数目进行设置，进而对层间传递函数及其训练参数进行优化。

深度学习云参量反演方法的内容包括三大模块：算法开发、参数优化和网络架构，最终选择最优算法模型进行野外实地测量数据水相态云特性的反演，把此次构建的算法云产品与业务化的 RSP 偏振参量（PP）产品进行对比，并进行误差分析。

在进行算法构建的过程中，首先需要选取样本数据，对构建的模型不断进行灵敏度和精度的测试。这里就需要涉及输入变量的数量和形式以及信号噪声的模拟这两个关键性问题。通过分析及评估云属性预测的最佳变量输入组合，以及各种噪声对检索参数的影响，为开发一种深度学习算法，检索不同云场景下的云参量及属性提供支持。

1. 数据归一化处理

在构建深度学习模型的过程中，首先要对各种输入数据进行归一化处理，消除数据量纲，减少算法运行负担，常用的归一化公式为

$$P_{\text{norm}} = \frac{P - P_{\min}}{P_{\max} - P_{\min}} \qquad (4.13)$$

式中，P_{norm} 和 P 分别为归一化之后和之前的变量值；$P_{\max}$ 和 $P_{\min}$ 分别为变量 P 的最大值和最小值。

2. 深度学习模型的结构设计

深度学习模型在设计结构的时候需要充分考虑输入、输出数据特点，这里输入层数据有 $I(\lambda, \text{vza})$、$Q(\lambda, \text{vza})$ 和 $\text{DoLP}(\lambda, \text{vza})$，其中 DoLP 为线偏振度，vza 为观测天顶角，输出层数据为粒子有效半径 R_{eff}、有效方差 V_{eff} 和光学厚度 COD。经过大量测试发现，模型包含两个隐含层，每个隐含层有 40 个节点时效果最佳。

虽然增加隐含层数可以提高仿真精度，但是盲目增加隐含层数，也会导致模型运算时间过长的问题。因此设计深度学习模型有两个隐含层，每个隐含层各有 40 个节点，此时模型运行效果最佳，由此可得深度学习模型的结构为 3-40-40-3，如图 4.45 所示。

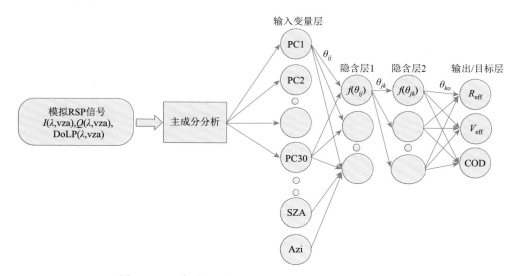

图 4.45 深度学习网络设计结构（根据文献[26]修改）

图 4.45 中，$I(\lambda, \mathrm{vza})$、$Q(\lambda, \mathrm{vza})$ 和 $\mathrm{DoLP}(\lambda, \mathrm{vza})$ 为输入层 i 个节点的输入（$i = 1, 2, 3$），θ_{ij} 表示隐含层 1 中的 j 个节点与输入层的 i 个节点之间的权重值，θ_{jk} 表示隐含层 2 中的第 k 个节点和隐含层 1 中的第 j 个节点之间的权重值，θ_{ko} 表示输出层 3 个节点和隐含层 2 中的第 k 个节点的权重值。输出值有 R_{eff}、V_{eff} 和 COD。

3. 训练数据集的构建

在进行深度学习的设计时，通过使用辐射传输模型，生成不同条件下 RSP 的仿真观测结果。对于辐射传输模拟产生的矢量，进行了如表 4.13 中的参数设置，并进行了 R_{eff}、V_{eff} 和 COD、太阳天顶角（solar zenith angle，SZA）和相对方位角（relative azimuth angle，RAA）每个参量的组合。

表 4.13　训练样本取值范围（根据文献[26]修改）

参数	栅格间距
R_{eff} / μm	5~20，每 1.25 取样，共计 13
V_{eff}	0.01~0.05，每 0.01 取样，共计 5
COD	5~30，每 2.5 取样，另有 40 和 50，共计 13
SZA	10、15、20、22.5、25、27.5、30、35、40，共计 9
RAA	0°~10°，每 1°取样，共计 11

其中每个矢量包括 112 个视角、7 个通道和 1 个偏振态，用以训练神经网络（neural network，NN）。在进行算法构建时，充分考虑了误差的可能性，并将测量的不确定性纳入 NN 训练过程，结果如图 4.46 所示，步骤如下。

（1）计算每个模拟观测向量的误差协方差矩阵 S。

（2）利用"随机数生成器"，基于该误差协方差矩阵 S，利用"随机数生成器"向模拟场景中添加"噪声"。

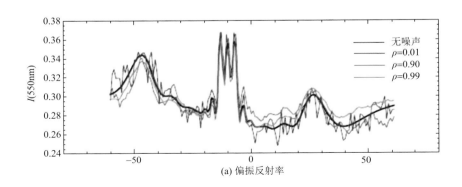

(a) 偏振反射率

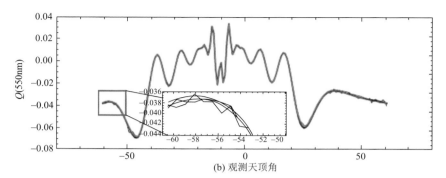

图 4.46 灵敏度研究训练集的 R_I 和 R_Q 的通道示意图（根据文献[26]修改）

4. 网络架构设计与实现

在进行深度学习的网络架构设计中，输入层和隐含层一般选择 S 型函数，而输出层选择线性函数。在隐含层的设计中，隐含层的层数和节点个数很大程度上决定了网络的准确度和运行效率，结果数据对比验证，认为包含两个隐含层，每个隐含层有 40 个节点效果最佳。因为拥有更多层和节点的复杂网络并没有通过训练集获得更高的预测精度，反倒增加了时间。

那么在进行架构的设计中，需要进行测试灵敏度分析，包括有架构方案准确性和灵敏度，那么就要进行辐射输入变量的选择以及噪声稳定性的评价。

1）输入变量

基于偏振测量的现有检索方案使用不同的变量作为主要输入，见表 4.14。例如，

表 4.14 不确定性 $\rho = 0.001$ 的输入变量组合的检索精度灵敏度（根据文献[26]修改）

输入量	输入说明	输入变量	有效半径 R_{eff} RMSE	有效方差 V_{eff} RMSE	光学厚度 COD RMSE
R_I	总反射率	30	1.01（0.98）0.20	0.016（0.34）0.03	2.210（1.00）0.24
R_Q	偏振反射率	30	0.927（0.99）0.19	0.008（0.86）0.02	9.040（0.80）0.97
$\lvert R_Q \rvert$	偏振反射率的绝对值	20	0.740（0.99）0.15	0.006（0.92）0.01	10.851（0.78）1.16
DoLP	线偏振度	100	0.539（1.00）0.11	0.006（0.93）0.01	1.712（1.00）0.18
$R_I + R_Q$	总反射率 + 偏振反射率	60	0.779（0.99）0.16	0.010（0.81）0.02	0.447（1.00）0.05
$R_I + \lvert R_Q \rvert$	总反射率 + |偏振反射率的绝对值|	50	0.603（0.99）0.12	0.009（0.85）0.02	0.974（1.00）0.10
$R_I + \text{DoLP}$	总反射率 + 线偏振度	130	0.367（1.00）0.07	0.006（0.93）0.01	1.155（1.00）0.12
$R_Q + \lvert R_Q \rvert$	偏振反射率 + |偏振反射率的绝对值|	50	0.801（1.00）0.16	0.005（0.96）0.01	6.884（0.87）0.74
$R_Q + \text{DoLP}$	偏振反射率 + 线偏振度	130	0.353（1.00）0.07	0.004（0.96）0.01	0.805（1.00）0.09
$\lvert R_Q \rvert + \text{DoLP}$	|偏振反射率的绝对值| + 线偏振度	120	0.451（1.00）0.09	0.004（0.96）0.01	1.184（1.00）0.13

注：RMSE 为均方根差。表中并排的 3 个数值，从左到右依次为预测目标值、皮尔森相关系数、真实模拟值。

反演 R_{eff}、V_{eff} 使用 R_Q 线偏振进行测量，而反演 COD 使用 R_I 和 R_{eff} 进行测量。

对每个参数训练组合，单独组成一个训练网络，并且随机选取 15% 独立于测试数据集的样本进行训练。通过计算不同变量组合的 RMSE，与地基真实数据对比，对比结果见表 4.14，可以得出：

（1）RMSE 模拟/RMSE 标准＞1，说明深度学习方法中不比随机训练好，当包含 DoLP 且同时有 R_I、R_Q 或者 $|R_Q|$（消除了方向）时效果更好。

（2）当将 DoLP 作为变量之一时，可以得到更小的 RMSE、更高的相关系数和更高的检索技能。

同时也考虑了每个波长和观测天顶角（VZA）对每个输入变量组合敏感度的影响。得到了每个变量在这个空间的相对重要性。有如下结论：

（1）在各波段中，偏振参量 R_Q 和不考虑方向的 $|R_Q|$ 权重类似。在每个波段，R_Q 比 VZA 的重要性要高得多，即更高的 VZA 有更高的重要性。

（2）除了 410nm 和 2260nm，几乎所有波段，与 R_Q 相比，VZA 和 DoLP 权重均较大。

图 4.47 展示的是归一化的 RMSE，按照表 4.14 中的命名方法命名的用作网络输入的可变组合的归一化 RMSE，其中

$$\frac{\text{RMSE}}{R_{\text{eff}}}=0.03 , \quad \frac{\text{RMSE}}{V_{\text{eff}}}=13 , \quad \frac{\text{RMSE}}{\text{COD}}=20 \qquad （4.14）$$

RMSE 越大，这说明该变量的预测值准确性越低，即预测能力越差，从图 4.47 中可以看出 V_{eff} 最高，说明这套算法对其反演仍然存在缺陷。此外，排除 R_I 和 DoLP 输入组合时，COD 的 RMSE 值较大，故 R_I 和 DoLP 作为输入组合反演 COD 效果最好。

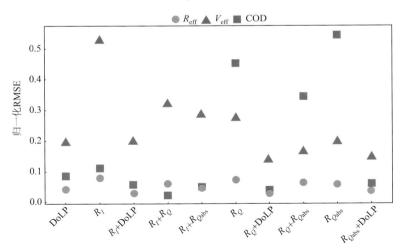

图 4.47　变量组合的归一化 RMSE 值和预测 NN 值与测试集的真值之间的差值图（根据文献[26]修改）

下标 abs 表示绝对值

2）噪声稳定性

噪声的存在,可能会导致部分输入变量在网络中分离输出值的能力下降。图 4.48 展示了随机因素 $\rho=0.01$ 和 $\rho=0.99$ 时, R_{eff} 和 COD 的反演差异,左侧为随机因素 $\rho=0.01$ 时,可见深度学习方法对于 R_{eff} 和 COD 的反演较好,但随着取值的不断增大,其敏感性不断减弱。

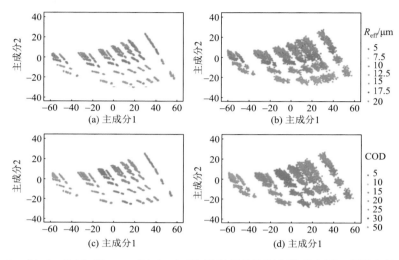

图 4.48　R_{eff}〔（a）、（b）〕和 COD〔（c）、（d）〕进行颜色编码离散示意图（根据文献[26]修改）

右侧为 $\rho=0.99$ 时,可以明显看出,此时对 R_{eff} 和 COD 的分离能力均较弱,故在量化不同随机不确定因素对于深度学习方法水相态云属性的检索能力时,可以使用 $\rho=0.01$ 不确定模型去预测结果,效果更佳。

使用 R_I 和 DoLP 作为输入的 NN,结果见表 4.15,随着噪声水平的增加,RMSE 和 MAE（平均绝对误差）增加, r^2 减少。其中受噪声影响最大的是 COD,因为在低噪声环境下,COD 有很高的可分离性,但即使在最低的噪声水平下, R_{eff} 的可分离性依然很差。然而,在使用错误随机因素模型的深度学习方案中,反演精度虽然有所下降,但仍然在可接受的范围内。

表 4.15　输出层参量不同噪声下稳定度（根据文献[26]修改）

噪声	有效半径 R_{eff}			有效方差 V_{eff}			光学厚度 COD		
	RMSE	MAE	r^2	RMSE	MAE	r^2	RMSE	MAE	r^2
0.01	0.1492	0.1139	0.9997	0.0013	0.0004	0.9965	0.2456	0.1869	0.9999
0.50	0.2186	0.1616	0.9992	0.0035	0.0013	0.9738	0.4151	0.3112	0.9998
0.90	0.2816	0.2063	0.9984	0.0042	0.0016	0.9608	0.8450	0.5556	0.9992
0.99	0.4496	0.3254	0.9967	0.0058	0.0024	0.9240	1.2470	0.7324	0.9971

所以，在深度学习算法构建过程中，偏振和强度结合的效果比单独使用效果要好。其中在 DoLP 的反演中尤为明显，尤其对于 COD 反演，包含 R_I 的输入最好。并且由于不确定性（噪声）水平升高，反演能力下降，使得在所有输入情况下，V_{eff} 有较高的 RMSE 值，说明该参量反演难度较高。

4.4.2　新方法反演结果验证

由于模拟训练集没有涵盖野外所有实际情况。为了可以提供对整个数据集的分析，首先进行数据的筛选，选择 RAA：$0\sim10$，SZA：$7\sim35$，COD>5，$R_{\text{eff}} >5$ 的数据，与训练集对应，此外，还对 ER-2 下的云场景应用（机载 MODIS 验证仪器 eMAS）进行额外的过滤，在这里，没有考虑到破碎层积云的情况。

图 4.49 中是对机载 ORACLES2016 数据，分别使用深度学习方法和传统偏振通道反演方法反演 COD 和 R_{eff} 结果的对比。这里的深度学习网络是以 R_I 和 DoLP 为输入变量，误差不确定性 ρ 为 0.01。这种联合方法与 RSP 而言有较好的相关性。而 ρ 为 0.9 时，R_{eff} 的相关系数较低，但 COD 仍未有很大的变化。

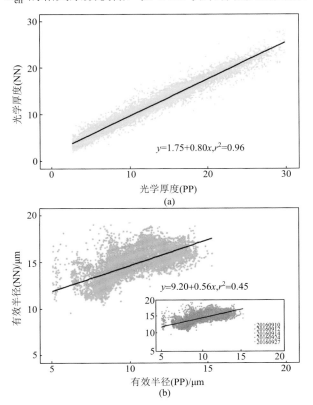

图 4.49　ORACLES2016 数据的偏振参数拟合 COD 和 R_{eff} 的相关图（根据文献[26]修改）

基于 RSP 数据，利用深度学习方法反演相较于偏振通道反演 R_{eff} 和 COD，确实存在正偏差。

当研究对于 COD 和 R_{eff} 而言的云上气溶胶（above cloud aerosol，ACA）反演偏差影响因素时，没有发现 ACA 和偏差之间的相关性。当然这也不能排除 ACA 对反演能力的影响，但如果同时有影响，也该是非线性的。图 4.49 是 COD 和 R_{eff} 深度学习方法和偏振通道方法反演结果的拟合情况。

由图 4.50 可知，NN 和 PP 对 COD 的反演都很稳定，且日期间具有很好的相关性。

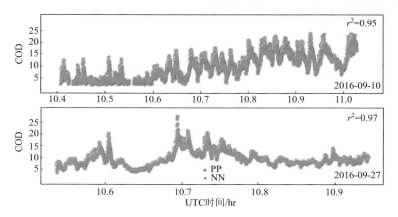

图 4.50　COD 深度学习预测结果与偏振通道法结果拟合图（根据文献[26]修改）

然而在图 4.51 中，发现两个架次对 R_{eff} 的反演在时间序列上和相关性上存在差异。图 4.51（a）中存在的灰色区域，NN 和 PP 都有大量的噪声，是因为破碎层积云的干扰（参见图 4.51 中的 eMAS 图像）。并且图 4.51（a）右侧更加均匀的云场景相对于 09 月 27 日的云场景仍然相关性要低得多，这可能是因为上层看似均匀的云场景，其低层的三维结构也会影响其相关性。而在模拟训练集中，认为

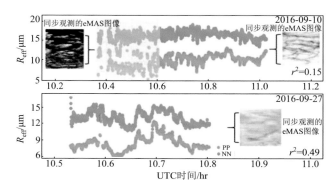

图 4.51　与图 4.50 相同位置的 R_{eff} 反演结果及 eMAS 对照图（根据文献[26]修改）

垂直云滴谱是均匀分布的，这种假设在 09 月 10 日数据的云宏观结构反演中效果不佳。因为 09 月 10 日相较于 09 月 27 日的云结构有更多的对流积云特征，后者可能是纯分层结构。

由于 R_I 对云的穿透能力更强，其会更多地受到云垂直结构内云滴大小分布差异的影响，所以两日的最终反演结果存在差异。由于 R_I 和 DoLP 都被应用于深度学习网络的构建，因此反演过程中，对它们的权重设定过程中需要考虑测量误差带来的影响。

参 考 文 献

[1] Strabala K I，Ackerman S A，Menzel W P. Cloud properties inferred from 8-12 μm data[J]. Journal of Applied Meteorology，1994，33（2）：212-229.

[2] Baum B A，Kratz D P，Yang P，et al. Remote sensing of cloud properties using MODIS airborne simulator imagery during SUCCESS：1. Data and models[J]. Journal of Geophysical Research：Atmospheres，2000，105（D9）：11767-11780.

[3] 周著华，白洁，刘健文，等. MODIS 多光谱云相态识别技术的应用研究[J]. 应用气象学报，2005,16（5）：678-684.

[4] Menzel P，Strabala K. Cloud Top Properties And Cloud Phase Algorithm Theoretical Basis Document[M]. Madison：University of Wisconsin-Madison，1997.

[5] King M D，Tsay S C，Platnick S E，et al. Cloud retrieval algorithms for MODIS：Optical thickness，effective particle radius，and thermodynamic phase[J]. MODIS Algorithm Theoretical Basis Document，1997：1-79.

[6] Shupe M D，Daniel J S，De Boer G，et al. A focus on mixed-phase clouds：The status of ground-based observational methods[J]. Bulletin of the American Meteorological Society，2008，89（10）：1549-1562.

[7] Riedi J，Marchant B，Platnick S，et al. Cloud thermodynamic phase inferred from merged POLDER and MODIS data[J]. Atmospheric Chemistry and Physics，2010，10（23）：11851-11865.

[8] Parol F，Buriez J C，Vanbauce C，et al. First results of the" Earth Radiation Budget and Clouds" operational algorithm[J]. IEEE Transactions on Geoscience and Remote Sensing，1999，37（3）：1597-1612.

[9] Bréon F M，Colzy S. Global distribution of cloud droplet effective radius from POLDER polarization measurements[J]. Geophysical Research Letters，2000，27（24）：4065-4068.

[10] Bréon F M，Goloub P. Cloud droplet effective radius from spaceborne polarization measurements[J]. Geophysical Research Letters，1998，25（11）：1879-1882.

[11] Spinhirne J D，Nakajima T. Glory of clouds in the near infrared[J]. Applied Optics，1994，33（21）：4652-4662.

[12] Lawson R P. A comparison of ice crystal observations using a new cloud particle imaging probe in Arctic cirrus and a decaying anvil in Texas[J]. Optical Society America Technical Digest，1998：113-115.

[13] Baum B A，Yang P，Heymsfield A J，et al. Ice cloud single-scattering property models with the full phase matrix at wavelengths from 0.2 to 100 μm[J]. Journal of Quantitative Spectroscopy and Radiative Transfer，2014，146：123-139.

[14] Parol F，Buriez J C，Vanbauce C，et al. Review of capabilities of multi-angle and polarization cloud measurements from POLDER[J]. Advances in Space Research，2004，33（7）：1080-1088.

[15] Riédi J，Doutriaux-Boucher M，Goloub P，et al. Global distribution of cloud top phase from POLDER/ADEOS I[J].

Geophysical Research Letters，2000，27（12）：1707-1710.

[16]   Stowe L L，McClain E P，Carey R，et al. Global distribution of cloud cover derived from NOAA/AVHRR operational satellite data[J]. Advances in Space Research，1991，11（3）：51-54.

[17]   Goloub P，Herman M，Chepfer H，et al. Cloud thermodynamical phase classification from the POLDER spaceborne instrument[J]. Journal of Geophysical Research：Atmospheres，2000，105（D11）：14747-14759.

[18]   Shupe M D，Uttal T，Matrosov S Y，et al. Cloud water contents and hydrometeor sizes during the FIRE Arctic clouds experiment[J]. Journal of Geophysical Research：Atmospheres，2001，106（D14）：15015-15028.

[19]   Hu Y，Vaughan M，Liu Z，et al. The depolarization-attenuated backscatter relation：CALIPSO lidar measurements vs. theory[J]. Optics Express，2007，15（9）：5327-5332.

[20]   Zhao Y. Research on the depoalrization ratio characteristic of the aerosol in the atmosphere with the CALIPSO satellite data[J]. Acta Optica Sinica，2009，29（11）：2943-2951.

[21]   Liu Z，Vaughan M，Winker D，et al. The CALIPSO lidar cloud and aerosol discrimination：Version 2 algorithm and initial assessment of performance[J]. Journal of Atmospheric and Oceanic Technology，2009，26（7）：1198-1213.

[22]   Hu Y，Winker D，Vaughan M，et al. CALIPSO/CALIPSO cloud phase discrimination algorithm[J]. Journal of Atmospheric and Oceanic Technology，2009，26（11）：2293-2309.

[23]   Hu Y，Rodier S，Xu K，et al. Occurrence，liquid water content，and fraction of supercooled water clouds from combined CALIPSO/IIR/MODIS measurements[J]. Journal of Geophysical Research：Atmospheres，2010，115（D4）：1-13.

[24]   郑美珠，赵景秀，孙利杰，等. 基于模糊熵和 BP 神经网络的彩色图像边缘检测[J]. 计算机工程与应用，2010，46（33）：187-190.

[25]   吴志健. 数字隐写图像的盲检测研究[D]. 无锡：江南大学，2008.

[26]   Segal-Rozenhaimer M，Miller D J，Knobelspiesse K，et al. Development of neural network retrievals of liquid cloud properties from multi-angle polarimetric observations[J]. Journal of Quantitative Spectroscopy and Radiative Transfer，2018，220：39-51.

[27]   Wu Y，Guo J，Zhang X，et al. Synergy of satellite and ground based observations in estimation of particulate matter in eastern China[J]. Science of the Total Environment，2012，433（7）：20-30.

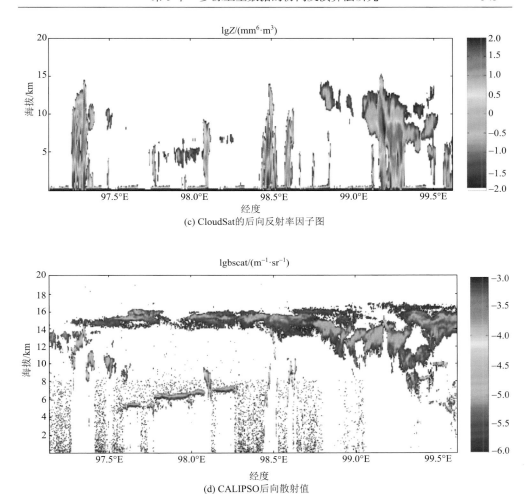

(c) CloudSat的后向反射率因子图

(d) CALIPSO后向散射值

图 5.3　匹配后的对应位置的 A-Train 各传感器数据图

5.2.2　云类型识别

　　应用各自检测出的云的综合结果作为联合识别的云结果，即用 CloudSat 和 CALIPSO 识别的云标识叠加作为协同反演时的云数据。基于该数据源，借鉴各自传感器识别云相态的方法[6-8]，进行云相态识别。在识别过程中，对混合相态的云进行了过冷水的识别[7]，识别流程如图 5.4 所示。

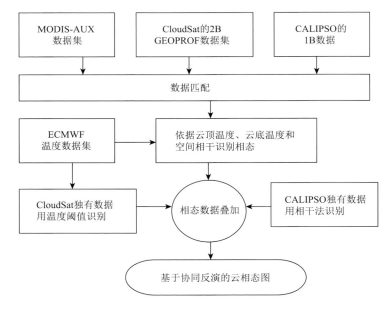

图 5.4　基于匹配后的 A-Train 数据识别云相态流程图

根据图 5.4 对 2010 年 02 月 01 日的数据进行云相态识别，其相态识别结果如图 5.5 所示。图 5.5 中的白色是晴空区域，红色是冰相态云区域，蓝色是水相态云区域，绿色是过冷水相态云区域（过冷水相态云的识别方法将在 5.3.2 节中介绍），

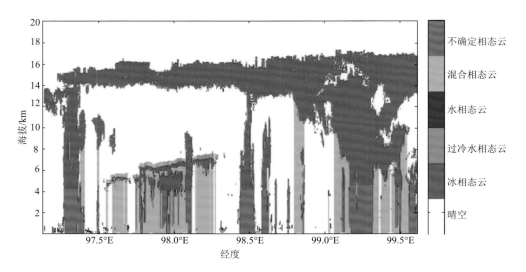

图 5.5　基于匹配后的 A-Train 数据协同反演的云相态图

青色是混合相态云区域,紫色是不确定相态云区域。比较图 5.5 和图 5.3 可以发现,协同后的数据比协同前任何一个传感器的数据源都要多;另外,从其相态识别结果来看,其识别相态的种类比单一传感器的结果要细,而且识别精度要优越些,其结果将会在 5.3 节中进行对比论证。

5.2.3　仿真模型

1. MODIS 仿真模型

MODIS 仿真模型采用了美国科罗拉多州立大学(Colorado State University)Pincus 等[9]的方法,其代码是可以自由下载获取的。该模型需要输入 0.67μm 和 2.1μm 处的光学厚度,通过 0.67μm 处的冰相态云或者水相态云的粒子浓度,云粒子的有效半径与粒子的最小值和最大值可以得到相应的云光学厚度;输出为 MODIS 用来参与协同反演的 3 个通道的亮温或辐射值。该模型的输入参量可以依据初始猜值 a_v、N_0、S 根据式(5.1)计算获得。

$$\delta_v = \sum_{i=1}^{n} a_{v,i} \Delta Z_i \tag{5.1}$$

式中,δ_v 为可见光的光学厚度;ΔZ_i 为第 i 层云的厚度;$a_{v,i}$ 为第 i 层云的消光系数。在协同反演算法中,一般情况下,取 ΔZ_i 为 CALIPSO 激光雷达的脉冲参量,显然它是个常量。

根据式(5.2)可以很容易地计算出 δ_v 的 J 行列式的参量。

$$\left. \frac{\partial \delta_v}{\partial \ln a_{v,i}} \right|_{N_0^*, S} = a_v \Delta Z \tag{5.2}$$

从式(5.2)中可知,$\Delta \delta_v$ 显然与 N_0^*、S 无关,所以 δ_v 偏导大小可以在 N_0^*、S 取初始猜值的情况下求得;但求得 $\Delta \delta_v$ 的最大问题是其误差较大,因为它是在许多假设的基础上(如云的不对称因子等)利用太阳辐射模式直接获取的。对于红外波段的辐射值的偏导,可以用上面假设的参量和观测像元的几何位置,代入辐射传输方程计算得到,计算所用公式如式(5.3)和式(5.4)所示,所用代码为 MODIS 模拟器,详细过程见 Delanoë 和 Hogan 的文章[1]。

$$I_\lambda = \varepsilon_c B(T_c) / \pi + (1 - \varepsilon_c) B(T_s) / \pi \tag{5.3}$$

式中,I_λ 为红外辐射亮度;ε_c 为云的发射率,$\varepsilon_c = 1 - \exp(-\delta_v / 2)$;$B$ 为 Planck 函数;T_c 为云的温度;T_s 为地表温度。计算 I 的 J 行列式即计算辐射亮度变化的大小,它的值取决于地面和云的发射率变化,其误差大小可以用式(5.4)得到。

$$\Delta I_\lambda^2 = \Delta \varepsilon_c^2 [B(T_c) - B(T_s)]^2 / \pi^2 + \Delta T_c^2 \varepsilon_c^2 [dB(T_c) / dT_c]^2 / \pi^2$$
$$+ \Delta T_s^2 (1 - \varepsilon_c^2)[dB(T_s) / dT_s]^2 / \pi^2 \tag{5.4}$$

2. CALIPSO 仿真模型

CALIPSO 仿真模型采用了英国雷丁大学（University of Reading）气象学院 Hogan 激光雷达多次散射的方法，其代码也是可以自由下载获取的[10]。空基雷达的观测视角比较大，所以研究云的时候必须要考虑多次散射。通过数字模拟验证，在其他参量完全一样的情况下，考虑多次散射比不考虑多次散射时计算的消光值要大 30%左右，但积分时间多了约两倍，同参量情况下，仅仅考虑云时，单次散射和多次散射模型模拟的激光雷达 532nm 后向散射值如图 5.6 所示。

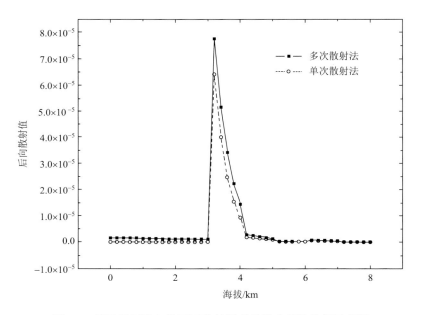

图 5.6   基于相同输入值不同散射模式的激光雷达数据示意图

利用 Hogan 的激光雷达多次散射计算每层的后向散射系数 β 的变化时，需要输入激光雷达比 S、云的消光系数 a_v 和等效半径 r_a，为了节省计算时间，在反演前建立以该三个物理为变量，并取不同值来计算的后向散射系数 β 值得到查找表，反演的时候利用给定的 S、a_v 和 r_a 插值直接得到。借鉴 Hogan 提出的方法[11]，计算 β 的 J 行列式，即 β 变化率，它包含大气分子的瑞利散射和云粒子的米氏散射两部分，但在有固定的激光雷达比 S 时，散射与粒子的大小相关性不大，它主要由雷达廓线 a_v 确定，即 $\left.\dfrac{\partial \ln \beta}{\partial \ln N_0^*}\right|_{a_v}=0$，而 $\left.\dfrac{\partial \ln \beta_i}{\partial \ln a_{v,j<i}}\right|_{N_0^*}$ 和 $\left.\dfrac{\partial \ln \beta_i}{\partial \ln a_{v,i}}\right|_{N_0^*}$ 由式（5.5）和式（5.6）计算给出[11]。

$$\beta(r) = \hat{\beta}(r)\exp\left[-2\int_0^r a_v(r')\mathrm{d}r'\right] \tag{5.5}$$

$$\hat{\beta} = a_v / S \tag{5.6}$$

3. CloudSat 仿真模型

CloudSat 仿真模型采用了美国科罗拉多州立大学大气科学学院 Haynes 和 Stephens 的微波雷达仿真模型[12]。该模型计算获取微波雷达的后向反射因子值 Z 时，需要输入参量 a_v 和 N_0^*，其中 a_v 是云可见光消光系数，N_0^* 是归一化参量，它可以用云滴谱模式、云粒子浓度和 a_v 计算获取。利用该模式，可以计算出 Z-a_v 和 Z/N_0^*-a_v/N_0^* 曲线关系，如图 5.7 所示。

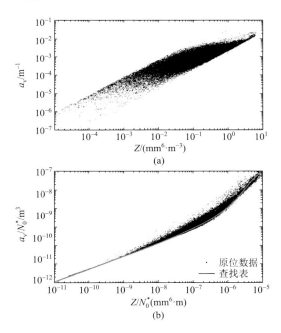

图 5.7　基于 CloudSat 仿真模型计算获取的 Z-a_v 和 Z/N_0^*-a_v/N_0^* 关系示意图[13]

计算 Z 的 J 行列式构成，即求微波雷达后向反射率因子 Z 的对数 $\ln Z$ 变化率。在高度一定的情况下，如果保持归一化参量 N_0^* 不变，$\ln Z$ 和 $\ln a_v$ 的变化率是一定的（图 5.7），其关系可以用式（5.7）表示：

$$\left.\frac{\partial \ln Z_i}{\partial \ln a_{v,i}}\right|_{N_0^*} = \frac{\partial \ln(Z_i / N_{0,i}^*)}{\partial \ln(a_{v,i} / N_{0,i}^*)} \tag{5.7}$$

式中，$\partial \ln(Z_i / N_{0,i}^*) / \partial \ln(a_{v,i} / N_{0,i}^*)$ 的值可以由 CloudSat 的仿真模型计算的查找表

获得，它应该是 Z/N_0^* 和 a_v/N_0^* 的斜率，如图 5.7（b）所示。如果忽略薄的冰相态云对微波雷达后向反射率的贡献，那么微波雷达后向反射率 Z 在任意高度都不随 a_v 的变化而变化，即可以用式（5.8）表示：

$$\left.\frac{\partial \ln Z_{i \neq j}}{\partial \ln a_{v,j}}\right|_{N_0^*} = 0 \tag{5.8}$$

而式（5.8）中的偏导数是云粒子数密度 N_0^* 的函数，可以表示为式（5.9）：

$$\left.\frac{\partial \ln Z_i}{\partial \ln N_{0,i}'}\right|_{a_v} = \left.\frac{\partial \ln Z_i}{\partial \ln N_{0,i}^*}\right|_{a_v} = 1 - \frac{\partial \ln(Z_i / N_{0,i}^*)}{\partial \ln(a_{v,i} / N_{0,i}^*)'} \tag{5.9}$$

由图 5.7（b）可知，$\partial \ln(Z_i / N_{0,i}^*) / \partial \ln(a_{v,i} / N_{0,i}^*)$ 的值基本是 1，所以式（5.9）可改写成

$$\left.\frac{\partial \ln Z_{i \neq j}}{\partial \ln N_{0,j}^*}\right|_{a_v} = 0 \tag{5.10}$$

从式（5.10）可知，微波雷达的反射率因子和激光雷达的后向消光比因子 S 是相互独立的，即 Z 对 S 的偏导数是 0。

5.2.4 协同算法的构建

根据图 5.1 已经建立了 3 个传感器的理论模型，下一步需要用各模式计算所得的理论值和各自传感器观测值进行对比，从而建立协方差矩阵的行列式；而行列式 J 可以用式（5.11）来计算。

$$\begin{aligned} 2J = & \sum_{i=1}^{q} \frac{(\ln Z_i - \ln Z_i')^2}{\sigma_{\ln Z_i}^2} + \sum_{i=1}^{p} \frac{(\ln \beta_{\text{mie}i} - \ln \beta_{\text{mie}i}')^2}{\sigma_{\ln \beta_{\text{mie}i}}^2} + \sum_{i=1}^{p'} \frac{(\ln \beta_{\text{ray}i} - \ln \beta_{\text{ray}i}')^2}{\sigma_{\ln \beta_{\text{ray}i}}^2} \\ & + \frac{(I_\lambda - I_\lambda')^2}{\sigma_{I_\lambda}^2} + \frac{(\Delta I - \Delta I')^2}{\sigma_{\Delta I}^2} + \sum_{i=1}^{n+m+g} \frac{(x_i - x_i^a)^2}{\sigma_{a,i}^2} \end{aligned} \tag{5.11}$$

式中，$\ln Z_i$、$\ln \beta_{\text{mie}i}$、$\ln \beta_{\text{ray}i}$、I_λ 和 ΔI 为传感器观测到的值；而 $\ln Z_i'$、$\ln \beta_{\text{mie}i}'$、$\ln \beta_{\text{ray}i}'$、I_λ' 和 $\Delta I'$ 为用各传感器的理论仿真模式在初始猜测值时计算所得到的各传感器的理论值；$\sigma_{\ln Z_i}^2$、$\sigma_{\ln \beta_{\text{mie}i}}^2$、$\sigma_{\ln \beta_{\text{ray}i}}^2$、$\sigma_{I_\lambda}^2$、$\sigma_{\Delta I}^2$ 和 $\sigma_{a,i}^2$ 为通过各自理论模型计算值与观测值的均方根；p 和 q 分别为激光雷达和微波雷达的总层数；ΔI 为 MODIS 的 3 个红外通道的辐射量差值；x_i^a 为初始猜测值时的背景平滑量，其是一个微

小的平滑量。

为了简化式（5.11），用矩阵的方式来表示式（5.11），并把初始条件代入，那么式（5.11）可以表示为

$$2J = \delta y^{\mathrm{T}} R^{-1} \delta y + \delta x_{\mathrm{a}}^{\mathrm{T}} B^{-1} \delta x_{\mathrm{a}} + x^{\mathrm{T}} T x \tag{5.12}$$

式中，x 为观测值的矢量矩阵，详见式（5.13）；y 为对应初始猜测值的理论计算矢量矩阵，详见式（5.14）；$y = y - H(x)$，$x_{\mathrm{a}} = x - x^{\mathrm{a}}$，$H(x)$ 为 3 个传感器的理论计算模式的变换模式，详见式（5.15）；R 为协方差矩阵，可以用初始猜测值计算得到理论模式与观测值的协方差矩阵，为了简化计算，假设各量之间是独立的，那么该矩阵是个对角矩阵；T 为平滑矩阵；B 为初始猜测值推演的矩阵，矩阵中的各量可以用式（5.16）计算获得，式中 z_0 是当 σ_{a}^2 为假定常量时的高度距离，其中对角线上 $B_{i,i} = \sigma_{\mathrm{a}}^2$。

$$x = \begin{bmatrix} \ln a_{\mathrm{v},1} \\ \vdots \\ \ln a_{\mathrm{v},n} \\ \ln S_1 \\ \vdots \\ \ln S_g \\ \ln N_{\mathrm{b},1} \\ \vdots \\ \ln N_{\mathrm{b},m} \end{bmatrix} \tag{5.13}$$

$$y = \begin{bmatrix} \ln \beta_{\mathrm{mie}1} \\ \vdots \\ \ln \beta_{\mathrm{mie}p} \\ \ln \beta_{\mathrm{ray}1} \\ \vdots \\ \ln \beta_{\mathrm{ray}p'} \\ \ln Z_1 \\ \vdots \\ \ln Z_q \\ I_\lambda \\ \Delta I \end{bmatrix} \tag{5.14}$$

$$H(x) = \begin{bmatrix} \dfrac{\partial\beta_{\mathrm{mie}1}}{\partial a_{\mathrm{v},1}} & \cdots & \dfrac{\partial\beta_{\mathrm{mie}1}}{\partial a_{\mathrm{v},n}} & \dfrac{\partial\beta_1}{\partial S_1} & \cdots & \dfrac{\partial\beta_1}{\partial S_g} & \dfrac{\partial\beta_{\mathrm{mie}1}}{\partial N_{\mathrm{b},1}} & \cdots & \dfrac{\partial\beta_{\mathrm{mie}1}}{\partial N_{\mathrm{b},m}} \\ \vdots & & \vdots & \vdots & & \vdots & \vdots & & \vdots \\ \dfrac{\partial\beta_{\mathrm{mie}p}}{\partial a_{\mathrm{v},1}} & \cdots & \dfrac{\partial\beta_{\mathrm{mie}p}}{\partial a_{\mathrm{v},n}} & \dfrac{\partial\beta_p}{\partial S_1} & \cdots & \dfrac{\partial\beta_p}{\partial S_g} & \dfrac{\partial\beta_{\mathrm{mie}p}}{\partial N_{\mathrm{b},1}} & \cdots & \dfrac{\partial\beta_{\mathrm{mie}p}}{\partial N_{\mathrm{b},m}} \\ \dfrac{\partial\beta_{\mathrm{ray}1}}{\partial a_{\mathrm{v},1}} & \cdots & \dfrac{\partial\beta_{\mathrm{ray}1}}{\partial a_{\mathrm{v},n}} & \dfrac{\partial\beta_{\mathrm{ray}1}}{\partial S_1} & \cdots & \dfrac{\partial\beta_{\mathrm{ray}1}}{\partial S_g} & \dfrac{\partial\beta_{\mathrm{ray}1}}{\partial N_{\mathrm{b},1}} & \cdots & \dfrac{\partial\beta_{\mathrm{ray}1}}{\partial N_{\mathrm{b},m}} \\ \vdots & & \vdots & \vdots & & \vdots & \vdots & & \vdots \\ \dfrac{\partial\beta'_{\mathrm{ray}p}}{\partial a_{\mathrm{v},1}} & \cdots & \dfrac{\partial\beta'_{\mathrm{ray}p}}{\partial a_{\mathrm{v},n}} & \dfrac{\partial\beta'_{\mathrm{ray}p}}{\partial S_1} & \cdots & \dfrac{\partial\beta'_{\mathrm{ray}p}}{\partial S_g} & \dfrac{\partial\beta_{\mathrm{ray}p}}{\partial N_{\mathrm{b},1}} & \cdots & \dfrac{\partial\beta_{\mathrm{ray}p}}{\partial N_{\mathrm{b},m}} \\ \dfrac{\partial Z_1}{\partial a_{\mathrm{v},1}} & \cdots & \dfrac{\partial Z_1}{\partial a_{\mathrm{v},n}} & \dfrac{\partial Z_1}{\partial S_1} & \cdots & \dfrac{\partial Z_1}{\partial S_g} & \dfrac{\partial Z_1}{\partial N_{\mathrm{b},1}} & \cdots & \dfrac{\partial Z_1}{\partial N_{\mathrm{b},m}} \\ \vdots & & \vdots & \vdots & & \vdots & \vdots & & \vdots \\ \dfrac{\partial Z_q}{\partial a_{\mathrm{v},1}} & \cdots & \dfrac{\partial Z_q}{\partial a_{\mathrm{v},n}} & \dfrac{\partial Z_q}{\partial S_1} & \cdots & \dfrac{\partial Z_q}{\partial S_g} & \dfrac{\partial Z_q}{\partial N_{\mathrm{b},1}} & \cdots & \dfrac{\partial Z_q}{\partial N_{\mathrm{b},m}} \\ \dfrac{\partial I_\lambda}{\partial a_{\mathrm{v},1}} & \cdots & \dfrac{\partial I_\lambda}{\partial a_{\mathrm{v},n}} & \dfrac{\partial I_\lambda}{\partial S_1} & \cdots & \dfrac{\partial I_\lambda}{\partial S_g} & \dfrac{\partial I_\lambda}{\partial N_{\mathrm{b},1}} & \cdots & \dfrac{\partial I_\lambda}{\partial N_{\mathrm{b},m}} \\ \dfrac{\partial\Delta I}{\partial a_{\mathrm{v},1}} & \cdots & \dfrac{\partial\Delta I}{\partial a_{\mathrm{v},n}} & \dfrac{\partial\Delta I}{\partial S_1} & \cdots & \dfrac{\partial\Delta I}{\partial S_g} & \dfrac{\partial\Delta I}{\partial N_{\mathrm{b},1}} & \cdots & \dfrac{\partial\Delta I}{\partial N_{\mathrm{b},m}} \end{bmatrix} \quad (5.15)$$

$$B_{i,j} = B_{i,i}\exp(-|z_j - z_i|/z_0) \quad (5.16)$$

式（5.12）中，T 为平滑矩阵，主要是 $\ln a_\mathrm{v}$ 和 $\ln S$ 的附属值，从数学角度来说，如果矢量 $x = [x_1, x_2, \cdots, x_n]$，那么 $x^\mathrm{T}Tx/k = (x_1-2x_2+x_3)^2 + (x_2-2x_3+x_4)^2 + \cdots + (x_{n-2}-2x_{n-1}+x_n)^2$，其中 x_i 是一个平滑的常量，需要根据雷达的噪声进行主观假定；从物理意义上说是激光雷达和微波雷达产生的随机噪声起到平滑雷达噪声信号廓线的作用[14]，它可以用式（5.17）表示，其中 κ 为约束系数。

$$T_{1..n,1..n} = \kappa \begin{bmatrix} 1 & -2 & 1 & 0 & 0 & 0 \\ -2 & 5 & -4 & 1 & 0 & 0 \\ 1 & -4 & 6 & -4 & 1 & 0 \\ 0 & 1 & -4 & 6 & -4 & 1 \\ 0 & 0 & 1 & -4 & 5 & 2 \\ 0 & 0 & 0 & 1 & -2 & 1 \end{bmatrix} \quad (5.17)$$

3 个传感器的模型作用函数 $H(x)$ 一次使得 J 收敛，所以采用 Gauss-Newton 迭代法，使得 J 收敛。从而式（5.12）中的 $H(x)$ 用 $H(x_k) + H \times (x-x_k)$ 来替代，从而得到 J 的最小值 J_L，它可以表示为

$$x_{k+1} = x_k + A^{-1}[H^T R^{-1} \delta y - B^{-1}(x_k - x^a) - T x_k] \tag{5.18}$$

其中，对称矩阵 $A = H^T R^{-1} H + B^{-1} + T$。

根据图 5.1，用 Gauss-Newton 迭代法进行迭代后，需要根据判据来判定停止迭代；定义参量 χ^2：

$$
\begin{aligned}
\chi^2 = &\sum_{i=1}^{q} \frac{(\ln Z_i - \ln Z_i')^2}{\sigma_{\ln Z_i}^2} + \sum_{i=1}^{p} \frac{(\ln \beta_{\mathrm{mie}i} - \ln \beta_{\mathrm{mie}i}')^2}{\sigma_{\ln \beta_{\mathrm{mie}i}}^2} \\
&+ \sum_{i=1}^{p'} \frac{(\ln \beta_{\mathrm{ray}i} - \ln \beta_{\mathrm{ray}i}')^2}{\sigma_{\ln \beta_{\mathrm{ray}i}}^2} + \frac{(I_\lambda - I_\lambda')^2}{\sigma_{I_\lambda}^2} + \frac{(\Delta I - \Delta I')^2}{\sigma_{\Delta I}^2}
\end{aligned}
\tag{5.19}
$$

设定阈值 0.01（该值是根据 ACM-Ice-Reading[11]得到的），当 χ^2 大于 0.01 时，继续进行迭代计算；当 χ^2 小于 0.01 时，迭代停止并输出各参量（S、a_v 和 N_0^*），然后根据这些参量，进行进一步计算得到云的参量，如云粒子有效半径、冰水含量（IWC）和云的光学厚度等。

为了进行协同反演云相态和云参量的值，首先假设初始值 S、a_v 和 N_0^*，其中 S 一般假定为常数，将 $\hat{\beta} = a_v / S$ 代入式（5.20）可以计算出 $\hat{\beta}$ 值，即激光雷达的后向散射的"真值"[15, 16]。

$$\beta(r) = \hat{\beta}(r) \exp\left[-2\int_0^r a_v(r') \mathrm{d}r'\right] \tag{5.20}$$

为了从 a_v 获取微波雷达反射率因子（Z）或冰水含量（IWC）的大小，还需要另外一个矢量的值，即粒子谱分布或粒子的数浓度。理论上，粒子谱分布和粒子的数浓度有一定的关联性，根据相关文献结论，云的冰水含量是微波雷达后向反射率因子（Z）和温度（T）的函数[17-19]。Hogan 等[18]已经论证了该关系，它通常是数浓度分布（N_0^*）和温度（T）的函数式，如图 5.8（a）所示；由于需要利用任意变量 Y 和粒子数密度变化关系的唯一性关系，因而定义一个冰相态云的新的状态参量 $N_0^*/a_v^{0.6}$，显然此时温度和新的状态参量呈唯一性关系，如图 5.8（b）所示。

已经从假设参量 a_v 获取微波雷达反射率因子（Z）或冰水含量（IWC）和粒子谱分布的关系式，为了反演该参量，还需要一个微观物理模式来描述粒子半径和粒子数密度的关系。根据 Brown 和 Francis[20]的报道，粒子直径和粒子数密度的关系可以用式（5.21）表示。

$$\rho(D) = 0.0056 D^{-1.1} \tag{5.21}$$

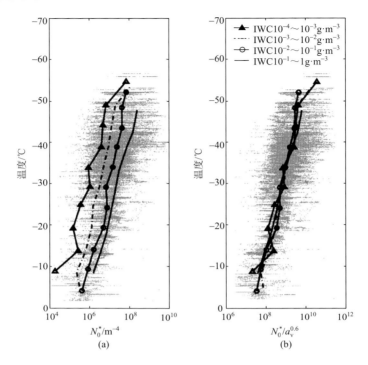

图 5.8　温度和粒子数密度确定的冰水含量关系

N_0^* 为粒子分布的归一化参量；$N_0^* / a_v^{0.6}$ 为粒子数密度

式中，D 为粒子的直径（cm）；$\rho(D)$ 为粒子的密度（g·cm^{-3}）。为了反演冰相态云粒子的特性（协同反演中，反演出的最多相态的云是冰相态云，识别精度较高，所以目前仅仅试验了冰相态云的反演），利用 CloudSat 仿真模型计算了冰相态云的微波雷达后向反射率因子和粒子强度的关系作为反演的查找表。根据 Francis 等[21]的报道，计算查找表时的等效面积 $A(D) = 0.15189D^{1.64}$，计算时冰粒子仍然采用米氏散射。参考 Delanoë 等[13]的报道，冰粒子的谱分布用 $N(D) = N_0^* F(D / D_0^*)$ 表示，N_0^* 是归一化后的数浓度，可以用式（5.22）表示。

$$N_0^* = \frac{4^4}{\Gamma(4)} M_3^5 / M_4^4 \qquad （5.22）$$

式中，M_n 为粒子的直径第 n 次迭代时冰粒子尺寸大小；归一化的直径可以用 $D_0^* = M_4 / M_3$ 来表示，根据激光雷达和微波雷达计算的查找表和红外辐射值，可以计算出粒子有效半径和冰水含量的关系[13]，如式（5.23）所示。

$$r_e = \frac{3}{2} \frac{\text{IWC}}{a_v \rho_i} \tag{5.23}$$

粒子的单次反照率等其他冰相态云参量也按该思路计算得到，如对 a_v 直接积分获得云粒子的光学厚度。

接下来讨论各参量反演时的误差，重点讨论冰水粒子浓度和有效粒子半径的反演误差的计算。假定 S_X 包含了参量 $\ln a_v$、$\ln S$ 和 $\ln N_0^*$ 所有离散误差和协方差，用矩阵的方式来求 S_X。先定义矢量 m 为有效粒子半径和冰水粒子浓度，如式（5.24）所示。

$$m = \begin{bmatrix} \ln \text{IWC}_1 \\ \vdots \\ \ln \text{IWC}_n \\ r_{e,1} \\ \vdots \\ r_{e,n} \end{bmatrix} \tag{5.24}$$

根据计算好的查找表，计算其协方差矩阵 S_m 的查找表可知，任何一个变量都是 N_0^* 和 $a_{v/} N_0^*$ 的函数，故误差与它们有关，为了方便表示，定义一个中间矢量 u，如式（5.25）所示。

$$u = \begin{bmatrix} \ln(a_{v,1} / N_{0,1}^*) \\ \vdots \\ \ln(a_{v,n} / N_{0,n}^*) \\ \ln N_{0,1}^* \\ \vdots \\ \ln N_{0,n}^* \end{bmatrix} \tag{5.25}$$

用公式 $u = Ux$ 可以很简单地表示参量 x，其中 U 是 x 和 u 的变化操作的矩阵。由前面的初始假定值，可以得到 $\ln N_0^* = \ln N_0' + 0.6 \ln a_v$ 和 $\ln(a_v / N_0^*) = 0.4 \ln a_v - \ln N_0$。对于观测的层数 n，如果 $n = 2$，而 S 用一常量代替,那么矩阵 U 可以写成式（5.26）：

$$U = \begin{bmatrix} 0.4 & 0 & 0 & -1 & 0 \\ 0 & 0.4 & 0 & 0 & -1 \\ 0.6 & 0 & 0 & 1 & 0 \\ 0 & 0.6 & 0 & 0 & 1 \end{bmatrix} \tag{5.26}$$

这误差协方差矩阵 u 可以表示成 $S_u = U S_x U^{\mathrm{T}}$，最后需要求出矩阵 M，而矩阵

M 可以表示成 $S_m = M S_u M^{\mathrm{T}}$。矩阵 M 和前面定义的 J 行列式非常相似,它包含了矩阵 m 中每个参量对矩阵 u 中参量的偏导数。从模型计算的冰水混合物含量的查找表可知 $\mathrm{IWC} / N_0^* = f_{\mathrm{IWC}}(a_{\mathrm{v}} / N_0^*)$ 或 $\ln \mathrm{IWC} = \ln N_0^* + \ln f_{\mathrm{IWC}}(a_{\mathrm{v}} / N_0^*)$,其中的 f_{IWC} 由查找表得出,因而如果 $n = 2$,可以给出矩阵 M,如式(5.27)所示。

$$M = \begin{bmatrix} \dfrac{\partial \ln(\mathrm{IWC}_1 / N_{0,1}^*)}{\partial \ln(a_{\mathrm{v},1} / N_{0,1}^*)} & 0 & 1 & 0 \\[3mm] 0 & \dfrac{\partial \ln(\mathrm{IWC}_2 / N_{0,2}^*)}{\partial \ln(a_{\mathrm{v},2} / N_{0,2}^*)} & 0 & 1 \\[3mm] \dfrac{\partial r_{\mathrm{e},1}}{\partial \ln(a_{\mathrm{v},1} / N_{0,1}^*)} & 0 & 0 & 0 \\[3mm] 0 & \dfrac{\partial r_{\mathrm{e},2}}{\partial \ln(a_{\mathrm{v},2} / N_{0,2}^*)} & 0 & 0 \end{bmatrix} \tag{5.27}$$

矩阵 M 中的每个偏导数可以由模型计算的冰水混合物含量的查找表给出。通过简单的数学分析,矩阵 M 的误差和其他协方差矩阵的关系如式(5.28)所示。

$$S_m = M U W S_x W^{\mathrm{T}} U^{\mathrm{T}} M^{\mathrm{T}} \tag{5.28}$$

用式(5.27)和各传感器模型计算的查找表的值,就可以求出等效半径和冰水粒子含量的误差值。

5.3　协同算法的精度验证

5.1 节和 5.2 节已经建立了一个基于 A-Train 系列卫星数据协同反演云相态和云参量的方法,并给出了该方法反演云参量的误差计算公式。在本节中,首先基于 A-Train 系列卫星数据应用协同方法反演云相态和冰相态云的参量;其次把应用协同算法反演的云相态结果和基于 CALIPSO 数据应用空间相关法反演的云相态结果进行对比,以及把应用协同算法反演的云参量和基于单传感器数据反演的云参量结果进行比较,最后通过分析给出协同算法的特征,即该算法的优越性和缺陷。研究所用的数据是 A-Train 系列卫星中 Aqua(MODIS)、CALIPSO 和 CloudSat 3 个卫星上对应的传感器所采集的(3 个卫星相对的运动位置如图 5.9 所示,采集同一目标数据时有时间间隔,故要进行数据匹配),来源 NASA CloudSat 和 CALIPSO 数据处理中心的网站,这里的研究数据分别采用了 2008 年 05 月 01 日和 2010 年 02 月 01 日的两轨数据,A-Train 系列卫星运行轨道和具体的相对位置如图 5.9 所示。

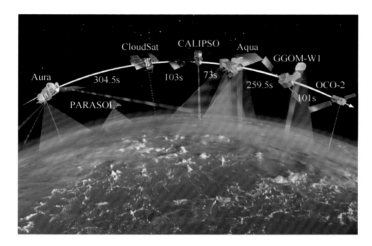

图 5.9　A-Train 系列卫星相对位置示意图[22]

图中 PARASOL 卫星已经偏离轨道

5.3.1　协同反演云参量案例

首先采用 2010 年 02 月 01 日的 A-Train 系列卫星采集到的数据进行研究，研究采用的 A-Train 系列卫星运动的轨迹如图 5.10 中的红线所示。

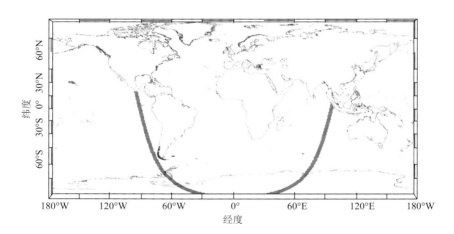

图 5.10　A-Train 系列卫星运动的轨迹示意图

1. 协同反演云相态

首先采用本章 5.1 中介绍的方法[4]，把 3 个传感器探测到的数据进行了匹配。数据匹配好后，应用协同算法对该数据进行了云相态的反演，协同反演云相态的方法是在借鉴 Illingworth 等[5]和 Hogan 等[6]提出的反演云相态方法的基础上建立的，反演流程如图 5.4 所示，反演的云相态结果如图 5.11 所示，其中白色为晴空区域，蓝色为水相态云，红色为冰相态云，绿色为过冷水相态云，青色为混合相态云，紫色为不确定相态云区域。

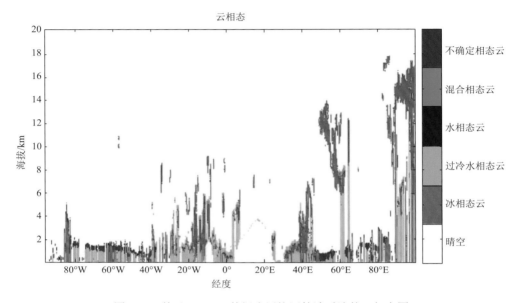

图 5.11　基于 A-Train 数据应用协同算法反演的云相态图

2. 协同反演冰相态云的参量

图 5.12 是基于 A-Train 2010 年 02 月 01 日的一轨数据（研究所用数据卫星的运动轨迹如图 5.10 所示），并应用协同算法反演的云参量结果的示例图（反演方法如 5.1 节所述），其中图 5.12（a）是 MODIS 3 个通道观测的辐射亮度值（单位：$W·m^{-2}·\mu m^{-1}·sr^{-1}$）；图 5.12（b）是协同算法中建立的 MODIS 仿真模型理论计算辐射亮度数据值，其计算所用的参量是最后反演输出时的参量值；图 5.12（c）是基于 CloudSat 观测得到的后向反射值（Z）的 lg 值；图 5.12（d）是协同算法中建立的 CloudSat 仿真模型理论计算的后向反射值（Z）的 lg 值，其计算所用的参量是最后输出的参量值；图 5.12（e）是基于 CALIPSO 实际观测得到 532nm 的后向反射值 β 的 lg 值；图 5.12（f）是协同算法中建立的 CALIPSO 仿真模型理论计算的 532nm 的后向反射值 β 的 lg 值，其计算所用的参量是最后输出的参量值；图 5.12（g）是基于 A-Train 数据应用协同算法反演的冰相态云的冰水含量图，单位为 $kg·m^{-3}$；图 5.12（h）是基于 A-Train 数据应用协同算法反演的冰相态云有效粒子的半径图，单位为 m。

　　分析图 5.12，对比各仿真模型和实际测量的图，即图 5.12（a）和图 5.12（b）、图 5.12（c）和图 5.12（d），图 5.12（e）和图 5.12（f）其数值差别不是太大；但在近地面区域（200m 以下），由图 5.12（c）和图 5.12（d），图 5.12（e）和图 5.12（f）对比可以发现，模型理论计算值较少，而实际测量值比较大，这有可能是地面复杂性引起的，因为在该区域对应上空的 MODIS 3 个通道的辐射值变化是非常剧烈的（无论是理论计算模型还是实际测量值）；此外从图 5.12（e）中发现，CALIPSO 的噪声比较大，尤其在白天为背景时（左半图）更为强烈；此外，在该图中，经度在 0°～20°且海拔在 4km 以下的区域内，无论 CloudSat 还是 CALIPSO 都探测到了信号，而 MODIS 图像在该区域的信号变化极其缓慢，甚至没有变化，而最终的反演结果［图 5.12（g）和图 5.12（h）］正好说明了该信号的来源不是云而是地面高程带来的信号变化，也说明了 MODIS 数据在协同反演中的作用；从［图 5.12（g）和图 5.12（h）］可以发现，冰相态云的冰水含量的离散性比较大，而有效粒子半径的反演结果离散性较小，基本在 10^{-4}m 的数量级范围内变化。

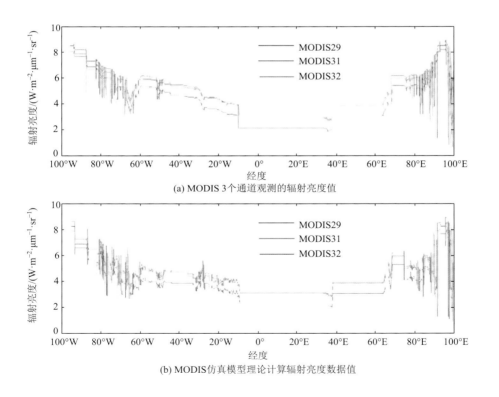

(a) MODIS 3个通道观测的辐射亮度值

(b) MODIS仿真模型理论计算辐射亮度数据值

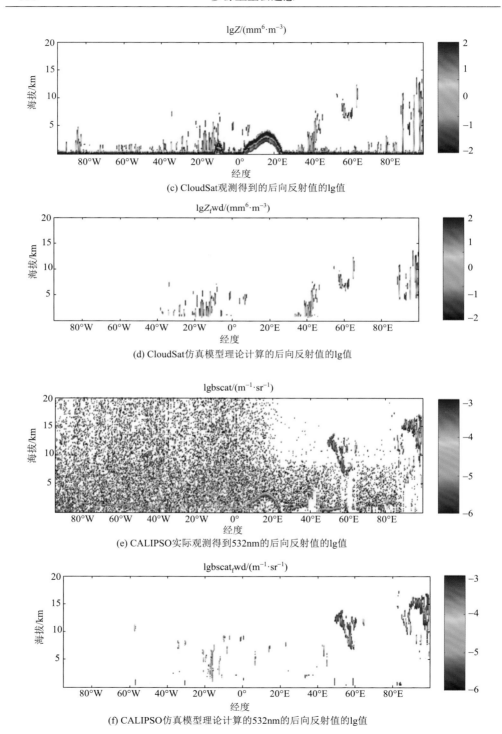

(c) CloudSat观测得到的后向反射值的lg值

(d) CloudSat仿真模型理论计算的后向反射值的lg值

(e) CALIPSO实际观测得到532nm的后向反射值的lg值

(f) CALIPSO仿真模型理论计算的532nm的后向反射值的lg值

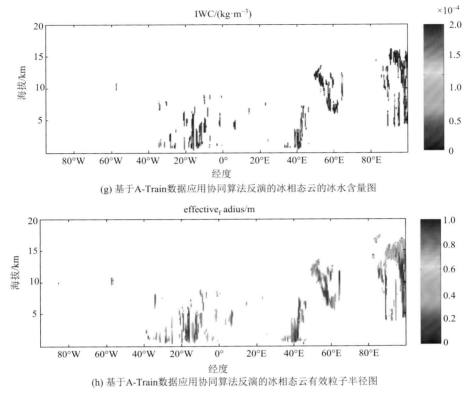

(g) 基于A-Train数据应用协同算法反演的冰相态云的冰水含量图

(h) 基于A-Train数据应用协同算法反演的冰相态云有效粒子半径图

图 5.12　基于 A-Train 数据应用协同算法反演的云参量图

为了更清晰地表达基于协同算法反演的结果和过程，将基于 2010 年 02 月 01 日该轨道的数据用协同反演的结果部分（1～1000 个廓线）展示出来，如图 5.13（a）～图 5.13（k）所示，其中图 5.13（a）是卫星运动轨迹示意图；图 5.13（b）和图 5.13（c）、图 5.13（d）和图 5.13（e）、图 5.13（f）和图 5.13（g）分别对应各传感器对应的实际观测值和理论计算值，图 5.13（h）是云相态图，图 5.13（i）是过冷水相态云识别图，图 5.13（j）是基于 A-Train 数据应用协同算法反演的冰相态云的冰水含量图，单位为 $kg \cdot m^{-3}$；图 5.13（k）、图 5.13（l）分别是基于 CloudSat 数据和 ECMWF 提供的温度应用经验算法反演的冰相态云的冰水含量图和基于两种方法反演的冰水含量的误差图；图 5.13（m）是基于 A-Train 数据应用协同算法反演的冰相态云有效粒子的半径图，单位为 m。由图 5.13（d）和图 5.13（f）对比可知，只能由 CALIPSO 探测到分别是高空薄的卷云［如图 5.13（f）15km 处］和中层的水相态云［如图 5.13（f）5km 处，97.6°S～97.8°S］；对于对流云只能由 CloudSat 探测［如图 5.13（d）99.2°E 处］；而协同识别时，这些云均可识别。

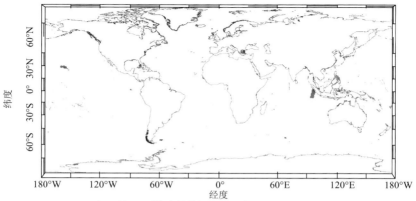

(a) 2010年02月01日采集本轨数据A-Train系列卫星运动的轨迹示意图(红色)

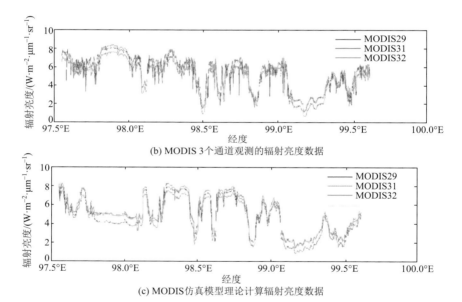

(b) MODIS 3个通道观测的辐射亮度数据

(c) MODIS仿真模型理论计算辐射亮度数据

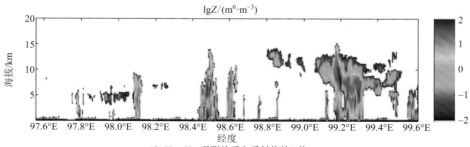

(d) CloudSat观测的后向反射值的lg值

$\lg Z_f \text{wd}/(\text{mm}^6 \cdot \text{m}^{-3})$

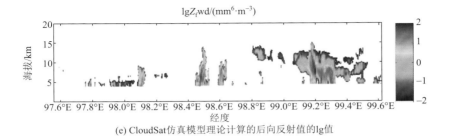

(e) CloudSat仿真模型理论计算的后向反射值的lg值

$\lg \text{bscat}/(\text{m}^{-1} \cdot \text{sr}^{-1})$

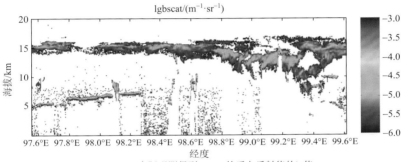

(f) CALIPSO实际观测得到532nm的后向反射值的lg值

$\lg \text{bscat}_f \text{wd}(\text{m}^{-1} \cdot \text{sr}^{-1})$

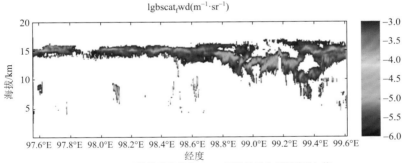

(g) CALIPSO理论模型计算的532nm通道的后向反射值的lg值

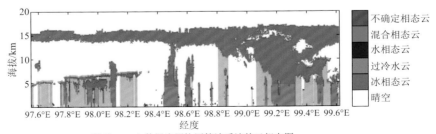

(h) 基于A-Train数据应用协同算法反演的云相态图

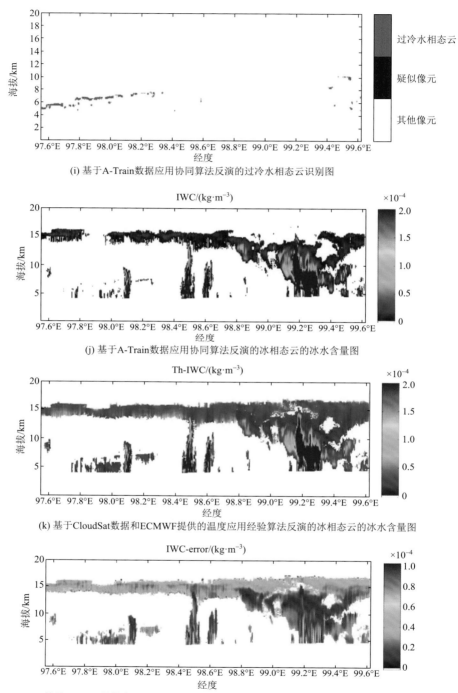

(i) 基于A-Train数据应用协同算法反演的过冷水相态云识别图

(j) 基于A-Train数据应用协同算法反演的冰相态云的冰水含量图

(k) 基于CloudSat数据和ECMWF提供的温度应用经验算法反演的冰相态云的冰水含量图

(l) 基于CloudSat数据和ECMWF提供的温度应用经验算法反演的冰相态云的冰水含量的误差图

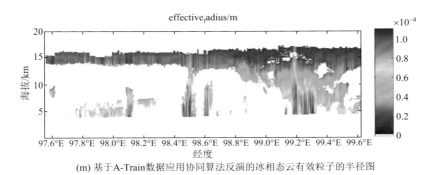

(m) 基于 A-Train 数据应用协同算法反演的冰相态云有效粒子的半径图

图 5.13　基于 A-Train 数据应用协同算法反演的云参量图（局部）

5.3.2　协同反演结果验证

应用 2008 年 05 月 01 日的 A-Train 系列卫星采集到的数据进行了研究，研究采用的 A-Train 系列卫星运动的轨迹如图 5.14 中红线所示。

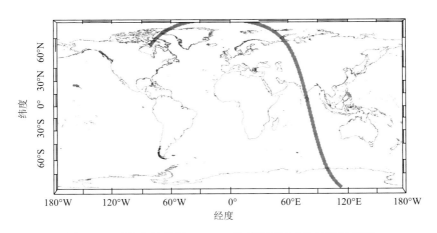

图 5.14　采集本轨数据 A-Train 系列卫星运动的轨迹示意图

1. 反演云相态的对比及其过冷水相态云的反演方法

首先采用 5.1 节介绍的方法，把 3 个传感器探测到的数据进行了匹配[4]。数据匹配好后，应用协同算法对该数据进行了云相态的反演，协同反演云相态的流程如图 5.4 所示，反演的云相态结果如图 5.15（a）所示；对相应的 CALIPSO 数据，应用 δ-β 空间相关法也进行了云相态的反演，反演的云相态结果如图 5.15（b）所示。图 5.15 中，各色所代表的相态如色标所示，比较图 5.15（a）和图 5.15（b）

可以发现：①图 5.15（a）中的云信号比图 5.15（b）中的云信号要多；②图 5.15（a）中的云相态的类别比图 5.15（b）中的云相态类别要细一些；③1km 以上区域，云相态不确定的区域图 5.15（a）比图 5.15（b）要少；④在 30°E 左右，高度为 18km 的上空区域，图 5.15（a）中有一小块薄的冰相态云，而在图 5.15（b）中没有；⑤在图 5.15（a）中识别为过冷水相态云的在图 5.15（b）中基本都被识别成水相态云，从而验证了过冷水的识别正确性；⑥图 5.15（a）和图 5.15（b）两个图中，冰相态云和水相态云的区域基本一致，但在图 5.15（a）中，不能识别的云相态基本都是低云。

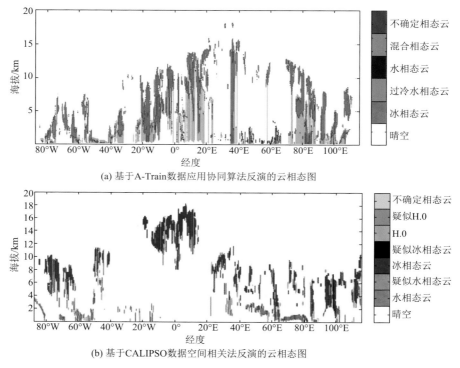

(a) 基于A-Train数据应用协同算法反演的云相态图

(b) 基于CALIPSO数据空间相关法反演的云相态图

图 5.15　基于不同数据利用不同方法反演的云相态图

　　众所周知，过冷水相态云就是温度小于 0℃的液态水，它对云的辐射值的影响非常大，在云的微观物理特性反演中，过冷水相态云如果不识别出来，将会对反演结果产生较大的影响；而基于单一传感器数据在云相态识别中区分出过冷水相态云是非常困难的；但在协同反演中，可以利用激光雷达与粒子直径的 2 次方成正比和微波雷达的回波强度对与粒子直径的 6 次方成正比（即对粒子大小有不同敏感特性）的关系来识别过冷水相态云；这是因为过冷水相态云与具有相同冰水含量的冰相态云相比，具有较小的粒子尺度。图 5.16 是基于上面应用的 2008 年 05 月

02 日 A-Train 的一轨数据，应用协同反演的算法对过冷水相态云的识别结果。基于 A-Train 数据，过冷水相态云的识别方法[5, 6]的基本步骤如下：①根据亮温 T_w 的阈值识别出"冷"像元，即亮温 T_w 值小于 0℃ 的云像元。②然后在"冷"像元中，挑选出 T_w 大于 -40℃ 的像元为混合相态的像元（理论上，这时只要利用 CALIPSO 对冰粒子的云有偏振而对水相态云粒子没有偏振的特性就可以识别了，但由于 CALIPSO 的信噪比太低，过冷水相态云的退偏特性的值无法测出；故还需用 CALIPSO 激光雷达后向散射值和 CloudSat 的后向反射率的值来识别）。③判断"冷"像元云层的厚度，如果厚度小于 240m，对于这样薄的"冷"像元的云，激光雷达可以探测到其内部的值，故只要通过激光雷达的后向散射值的大小就可以识别，若 $\beta>2\times10^{-5}\,\mathrm{m}^{-1}\cdot\mathrm{sr}^{-1}$ 就可以识别该"冷"像元为过冷水，反之则不是。④判断"冷"像元云层的厚度，如果厚度大于 240m，就要基于激光雷达的后向散射值和微波雷达的值同时判断，首先判断每层"冷"像元的微波（针对 CloudSat 传感器）回波反射率因子 Z 的值是否小于 -17dBz，如果不是，那么该"冷"像元和它下面的像元都不是过冷水，判识为混合相态；如果反射率因子 Z 的值小于 -17dBz，再看每个"冷"像元中心的 β 值的大小，其中"冷"像元的中心以上 180m 处的设定为 β_{top}，"冷"像元的中心以下 300m 处设定为 β_{base}，如果"冷"像元中心的 β 值满足条件 $1/4\beta_{base}<\Delta\beta<1/4\beta_{top}$，则该"冷"像元被识别为过冷水相态云，反之则不是；如此循环识别，直到像元的激光雷达后向反射率等于 0 为止，对相应数据的识别结果如图 5.16 所示。

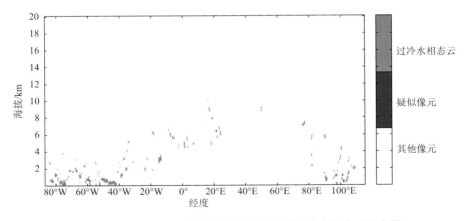

图 5.16　基于 A-Train 数据利用协同法识别过冷水相态云示意图

2. 协同反演云的冰水含量及其误差分析

基于匹配好的数据，应用协同算法反演了该区域冰相态云的冰水含量，反演的冰水含量结果如图 5.17（a）所示；图 5.17（b）是该区域应用 CloudSat 的数据和 ECMWF 提供的温度，应用经验函数公式计算出的冰相态云的冰水含量图[23]。

$$\lg(IWC) = 0.000491ZT + 0.0939Z - 0.0023T - 0.84 \qquad (5.29)$$

式中，IWC 为冰相态云的冰水含量；Z 为 CloudSat 的后向反射率因子；T 为 ECMEF 提供的温度（℃）。图 5.17（c）是用图 5.17（a）和图 5.17（b）的差值得到的，其中图中的色标表示了冰水含量的大小。比较图 5.15 和图 5.17 中的（a）和（b），以及图 5.17（c），可以发现：①基于协同算法反演的冰相态云冰水含量的大小趋势和经验函数公式计算的趋势相同；②基于协同算法反演的冰相态云冰水含量的值比经验函数公式计算的值一般要大一些，但由图 5.17（c）可知，相差不大；③由图 5.17（c）可知，边界区域反演的 IWC 含量的误差值要大一些，而在冰相态云内部的反演误差值相对小一些，但相对误差不大；④统计反演的 IWC 大小的相对误差，相对误差在 5%～17%的占绝大部分（约占全部的 80%），相对误差最小为 0，最大的甚至达到 58%，但相对误差较大的区域都是出现在云相态过渡区域，其反演误差大的原因，可能是云相态识别精度不足。

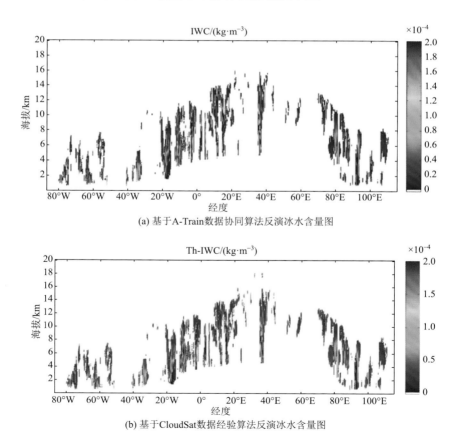

(a) 基于A-Train数据协同算法反演冰水含量图

(b) 基于CloudSat数据经验算法反演冰水含量图

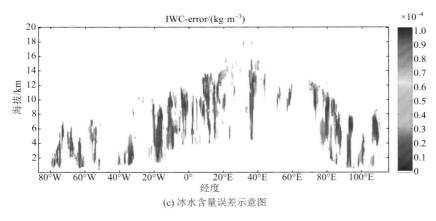

(c) 冰水含量误差示意图

图 5.17　不同方法反演的冰水含量及其误差图

　　在第 1 章的背景介绍中可以得到云在地球的辐射收支及大气的水循环中具有重要的作用,对全球气候的变化有着重要的影响,并在地球的气候系统中扮演着重要的角色[24]。云可以通过吸收和散射太阳辐射,以此降低地表的温度;同时云又能吸收和反射长波辐射,进而导致地表温度的升高。云这两种作用的相对强弱决定了云对大气辐射影响的净效应,但云的辐射特性取决于多种因素,它不仅依赖于云量及其分布,还依赖于大气中水汽、气溶胶的分布,云的高度、厚度、含水量以及云的微观物理特性等云参量特征。在未来的气候预测中,最大不确定因素来源于云及与其辐射的相互作用,云则表现为气候模拟中一个显著的潜在影响因子。不同的气候模式对云的辐射属性及过程的描述方法不同,因此不同的模式对云辐射的作用有着不同的结果[25, 26]。而在研究云-辐射-气候的相互关系中,确定云在气候系统中的反馈机制及作用,不仅需要了解云的物理属性与云的辐射属性之间的关系,还需要对在其中起着关键作用的云的光学参量进行研究。第 6 章所研究的云的光学参量——云光学厚度是其中一个核心的研究对象。

参 考 文 献

[1]　Delanoë J,Hogan R J. A variational scheme for retrieving ice cloud properties from combined radar,lidar,and infrared radiometer[J]. Journal of Geophysical Research:Atmospheres,2008,113（D7）:1-21.

[2]　Rodgers C D. Inverse Methods for Atmospheric Sounding:Theory and Practice[M]. Singapore:World Scientific,2000.

[3]　Anselmo T R,Clifton W,Hunt K,et al. Cloud Aerosol LIDAR Infrared pathfinder satellite observations（CALIPSO）. Data management system and data products catalog[J]. CALIPSO,2006:1-100.

[4]　Liu D,Wang Z,Liu Z,et al. A height resolved global view of dust aerosols from the first year CALIPSO lidar measurements[J]. Journal of Geophysical Research,2008,113（D16）:D16214.

[5]　Illingworth A J,Hogan R J,O'connor E J,et al. Cloudnet:Continuous evaluation of cloud profiles in seven

operational models using ground-based observations[J]. Bulletin of the American Meteorological Society, 2007, 88 (6): 883-898.

[6]　Hogan R J, Behera M D, O'Connor E J, et al. Estimate of the global distribution of stratiform supercooled liquid water clouds using the LITE lidar[J]. Geophysical Research Letters, 2004, 31 (5): 1-4.

[7]　Luke E P, Kollias P. Separating cloud and drizzle radar moments during precipitation onset using Doppler spectra[J]. Journal of Atmospheric and Oceanic Technology, 2013, 30 (8): 1656-1671.

[8]　Protat A, Delanoë J, O'Connor E J, et al. The evaluation of CloudSat and CALIPSO ice microphysical products using ground-based cloud radar and lidar observations[J]. Journal of Atmospheric and Oceanic Technology, 2010, 27 (5): 793-810.

[9]　Pincus R, Platnick S, Ackerman S A, et al. Reconciling simulated and observed views of clouds: MODIS, ISCCP, and the limits of instrument simulators[J]. Journal of Climate, 2012, 25 (13): 4699-4720.

[10]　Hogan R J. Fast approximate calculation of multiply scattered lidar returns[J]. Applied Optics, 2006, 45 (23): 5984-5992.

[11]　Hogan R J. Fast lidar and radar multiple-scattering models. Part I: Small-angle scattering using the photon variance–covariance method[J]. Journal of the Atmospheric Sciences, 2008, 65 (12): 3621-3635.

[12]　Haynes J M, Stephens G L. Tropical oceanic cloudiness and the incidence of precipitation: Early results from CloudSat[J]. Geophysical Research Letters, 2007, 34 (9): 1-5.

[13]　Delanoë J, Protat A, Testud J, et al. Statistical properties of the normalized ice particle size distribution[J]. Journal of Geophysical Research: Atmospheres, 2005, 110 (D10): 1-21.

[14]　Hogan R J, Mittermaier M P, Illingworth A J. The retrieval of ice water content from radar reflectivity factor and temperature and its use in evaluating a mesoscale model[J]. Journal of Applied Meteorology and Climatology, 2006, 45 (2): 301-317.

[15]　Donovan D P, Van Lammeren A, Hogan R J, et al. Cloud effective particle size and water content profile retrievals using combined lidar and radar observations: 2. Comparison with IR radiometer and in situ measurements of ice clouds[J]. Journal of Geophysical Research: Atmospheres, 2001, 106 (D21): 27449-27464.

[16]　Tinel C, Testud J, Pelon J, et al. The retrieval of ice-cloud properties from cloud radar and lidar synergy[J]. Journal of Applied Meteorology, 2005, 44 (6): 860-875.

[17]　Liu C L, Illingworth A J. Toward more accurate retrievals of ice water content from radar measurements of clouds[J]. Journal of Applied Meteorology, 2000, 39 (7): 1130-1146.

[18]　Hogan R J, Brooks M E, Illingworth A J, et al. Independent evaluation of the ability of spaceborne radar and lidar to retrieve the microphysical and radiative properties of ice clouds[J]. Journal of Atmospheric and Oceanic Technology, 2006, 23 (2): 211-227.

[19]　Protat A, Delanoë J, Bouniol D, et al. Evaluation of ice water content retrievals from cloud radar reflectivity and temperature using a large airborne in situ microphysical database[J]. Journal of Applied Meteorology and Climatology, 2007, 46 (5): 557-572.

[20]　Brown P R A, Francis P N. Improved measurements of the ice water content in cirrus using a total-water probe[J]. Journal of Atmospheric and Oceanic Technology, 1995, 12 (2): 410-414.

[21]　Francis P N, Hignett P, Macke A. The retrieval of cirrus cloud properties from aircraft multi - spectral reflectance measurements during EUCREX'93[J]. Quarterly Journal of the Royal Meteorological Society, 1998, 124 (548): 1273-1291.

[22]　NASA. Artist's concept of the A-Train[EB/OL]. https://atrain.nasa.gov/images.php[2018-11-13].

[23]　Hogan R J，Tian L，Brown P R A，et al. Radar scattering from ice aggregates using the horizontally aligned oblate spheroid approximation[J]. Journal of Applied Meteorology and Climatology，2012，51（3）：655-671.

[24]　Min Q，Joseph E，Duan M. Retrievals of thin cloud optical depth from a multifilter rotating shadowband radiometer[J]. Journal of Geophysical Research：Atmospheres，2004，109（D2）：1-10.

[25]　Cess R D，Potter G L，Blanchet J P，et al. Intercomparison and interpretation of climate feedback processes in 19 atmospheric general circulation models[J]. Journal of Geophysical Research：Atmospheres，1990，95（D10）：16601-16615.

[26]　Change I P O C. Climate change 2007：Impacts，adaptation and vulnerability[J]. Genebra，Suíça，2001：1-23.

第 6 章　遥感数据的云光学厚度反演

云的光学厚度是衡量云辐射效应和光学作用的一个重要参数，在 Cess 等 [1] 提出的大气环流模型（general circulation model，GCM）中，云光学厚度是一个重要的输入参量，不同云光学厚度的值将会导致 GCM 的数值分析结果产生较大的差异。因此，云光学厚度反演的准确性将直接或间接影响气候分析中的结果，对气候研究具有重要的作用。

在本章中，将通过卫星观测数据进行云光学厚度的反演。由于水相态云和冰相态云辐射特性的差异[2, 3]，在云光学厚度的反演中，对两种不同相态的云（水相态云和冰相态云）分别进行反演，并基于两种不同相态云构建的查找表通过反查获取最终待测像元反射率所对应的云光学厚度。最终将构建的云光学厚度反演算法应用到被动卫星 MODIS 和国产的大气气溶胶偏振探测仪（DPC）的观测数据中，并对云光学厚度反演的结果进行验证。以下将从云光学厚度反演的原理、算法、流程，以及反演结果验证来进行介绍。

6.1　云光学厚度反演原理

大气的成分较为复杂，不仅存在大气分子，同时也存在气溶胶和云等大气粒子。大气分子分布在整层大气中，分子浓度随着海拔高度的增大而减小。其中气溶胶粒子分布在大气层的对流层和平流层中，主要集中在海拔为 0～15km，此时气溶胶的消光效应明显大于大气分子的消光效应。当海拔高度大于 20km 时，大气层主要分布着大气分子，此时主要表现为大气分子的消光效应[4]。在不同区域，云的垂直分布特征也有所不同，其中高层云、中层云和低层云这三种类型的云，它们的海拔分布在几百米到十几千米之间，差异较大。在进行云光学厚度的反演中，本书大气层的垂直分布简化为四层，从上到下分别为大气分子层（molecules）、气溶胶和大气分子层（aerosol + molecules）、云层（cloud）与气溶胶和大气分子层（aerosol + molecules）[3]，具体云光学厚度反演的大气层垂直分布如图 6.1 所示。其中在云层上面的气溶胶和大气分子层中，气溶胶分子的影响小于大气分子的影响；而在云层下方的气溶胶和大气分子层中，影响则正好相反，由于气溶胶较多地分布在近地面区域，云层下方的气溶胶和大气分子混合层的气溶胶将占主导地位。

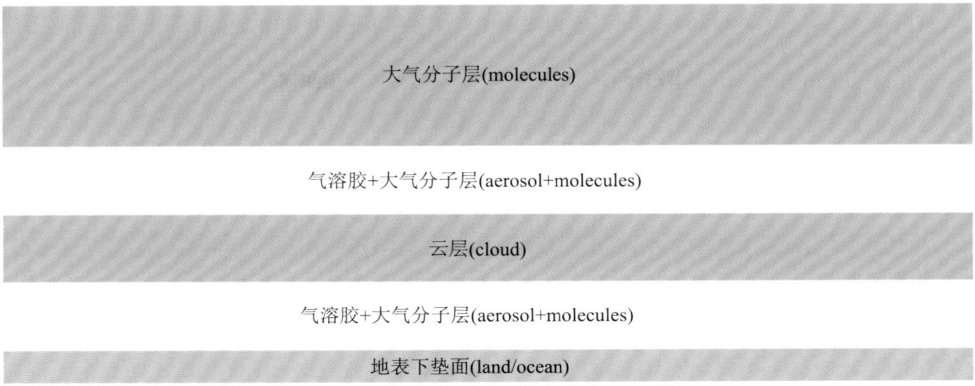

图 6.1　有云大气垂直分层结构图[5]

　　云光学厚度反演的理论基础是云在非吸收可见光波段，反射率主要是云光学厚度的函数；在吸收的近红外波段上，反射率主要是云粒子大小的函数。在云光学厚度反演中，当云光学厚度较大时，云的反射函数可以写成符合渐近理论的表达形式，其中反射辐射在非吸收的大气波段是云光学厚度、地表反射率和不对称因子的函数[6-9]。当云的光学厚度大于 9 时，无论是非守恒大气还是守恒大气，反射函数的渐近理论表达式均可以适用。Ou 等 [10]在辐射传输模式和参数化的基础上，选取了 AVHRR 的 3.7μm 和 10.9μm 两个通道数据，提出了反演卷云光学厚度的算法，并将该算法应用在国际卫星云气候计划区域的卷云观测实验中，结果表明反演得到的云参量结果与地基、机载探测结果较为一致。Rosenfeld 和 Gutman[11]利用 NOAA-AVHRR 的 0.65μm 通道数据反演了云顶附近的云光学厚度信息，并与雷达后向散射结果进行了对比分析，结果表明云光学厚度的反演结果准确度较高，一致性较好。其中全球范围的第一个云光学厚度产品是由 ISCCP 提供[12]的，该方法是针对有效粒子半径为 10μm 的水相态云开展的，通过查找表的方式获得水相态云的光学厚度值在 0.5～100（无量纲值）。

　　在辐射传输研究中，反射函数 $R_\lambda(\mu,\mu_0,\phi)$ 的定义为

$$R_\lambda(\mu,\mu_0,\phi) = \frac{\pi I_\lambda(\mu,\mu_0,\phi)}{\mu_0 F_{0\lambda}}　　　　（6.1）$$

式中，$I_\lambda(\mu,\mu_0,\phi)$ 为云顶处波长为 λ 时的发射强度，其值可通过卫星搭载的传感器观测得到；μ 为观测天顶角的余弦值；μ_0 为太阳天顶角的余弦值；ϕ 为相对方位角（即观测方位角和太阳方位角之间的夹角）；$F_{0\lambda}$ 为入射到大气层顶的波长 λ 的太阳辐射通量密度。

　　在对云的描述中，其中描述云的辐射特性的主要参数为消光系数（β_{ext}）、单次反照率（ω_0）和不对称因子（g），它们均与粒子的大小和波长有关。将云辐射

特性的描述参量进行关联研究，获得如式（6.2）和式（6.3）所示的公式，依此构
建出相似性参数 s 和尺度化光学厚度（ τ'_c ）[13]，具体计算公式如下所示：

$$s = \left(\frac{1 - \omega_0}{1 - g\omega_0} \right)^{\frac{1}{2}} \tag{6.2}$$

$$\tau'_c = (1 - g)\tau_c \tag{6.3}$$

式（6.2）和式（6.3）中，相似性参数（s）综合考虑了单次反照率（ω_0）和不对
称因子（g）对粒子大小的依赖性，s 越小，散射作用越强；随着吸收作用的增加，
s 趋于 1。尺度化光学厚度（ τ'_c ）与云的光学厚度有关，当在波长 $\lambda \leqslant 1.0s$ μm 的
水汽窗口时，散射近似于保守散射，因此相似性参数（s）几乎为零，则在该波段
范围内，可以由波长范围的反射函数（ R_λ ）和相似性参数（s）来得到尺度化光
学厚度（ τ'_c ）[图 6.2（a）]。而在可以忽略水汽吸收影响的 1.65μm 和 2.13μm 的两个
短波红外通道中，反射函数 R_λ 和相似性参数（s）对有效粒子半径的变化敏感，可
以选择这两个波段中的任意一个波段进行云有效粒子半径的反演 [图 6.2（b）和
图 6.2（c）]。

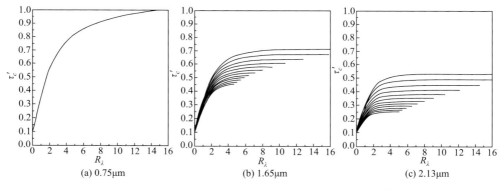

(a) 0.75μm　　　　　　　(b) 1.65μm　　　　　　　(c) 2.13μm

图 6.2　反射率函数 R_λ 与尺度化光学厚度 τ'_c 的关系图[14]

　　在目前升空的大部分星载仪器中均设置了可见光及近红外通道来观测云顶的
反射辐射强度 I_λ ，进而反演获得云的光学厚度及有效粒子半径。

　　针对目前经典的 NOAA-AVHRR 云光学厚度反演算法[10]，使用 0.64μm、3.7μm
和 11μm 3 个通道进行联合反演云的光学厚度和有效粒子半径。在进行云光学厚度
反演时，反射率信号中往往会掺杂着地表干扰信号，则需要在反演之前考虑地表反
射的太阳辐射影响。在上述的云光学厚度反演中，其中 3.7μm 和 11μm 属于热红外波
段，需要去除地表反射太阳辐射及热发射辐射等对卫星观测值有污染的信息，去除
方法如式（6.4）和式（6.5）所示，分别对应可见光和近红外波段（其中 L 为云层反
射的辐射值，L_{obs} 为卫星观测的辐射值）。

对于可见光波段：

$$L(\tau, R_{\text{eff}}; \mu, \mu_0, \phi) = L_{\text{obs}}(\tau, R_{\text{eff}}; \mu, \mu_0, \phi)$$
$$- t(\tau, R_{\text{eff}}; \mu) \frac{A_{\text{g}}}{1 - \overline{r}(\tau, R_{\text{eff}})} t(\tau, R_{\text{eff}}; \mu_0) \frac{\mu_0 F_0}{\pi} \quad (6.4)$$

对于近红外波段：

$$L(\tau, R_{\text{eff}}; \mu, \mu_0, \phi) = L_{\text{obs}}(\tau, R_{\text{eff}}; \mu, \mu_0, \phi) - t(\tau_\mu, \mu)\left[1 - t(\tau_{\text{c}}, R_{\text{eff}}; \mu) - r(\tau_{\text{c}}, R_{\text{eff}}; \mu)\right] B(T_{\text{c}})$$
$$- t(\tau_{\text{c}}, R_{\text{eff}}; \mu) \frac{1 - A_{\text{g}}}{1 - \overline{r}(\tau, R_{\text{eff}}) A_{\text{g}}} B(T_{\text{g}})$$
$$- t(\tau, R_{\text{eff}}; \mu) \frac{A_{\text{g}}}{1 - \overline{r}(\tau, R_{\text{eff}})} t(\tau, R_{\text{eff}}; \mu_0) \frac{\mu_0 F_0}{\pi}$$

$$(6.5)$$

式（6.4）和式（6.5）中，F_0 为地外太阳辐射通量；A_{g} 为地表反照率；B 为 Planck 函数；R_{eff} 为云滴粒子有效半径；τ、τ_{c} 和 τ_μ 分别为大气、云层及该云层上的大气光学厚度；μ_0 和 μ 分别为太阳天顶角和观测天顶角的余弦值；ϕ 为观测方位角和太阳方位角的夹角即相对方位角；t 为透射率；r 为平面反射率；$\overline{r}$ 为球面反射率，其中三个参量的定义如下方公式所示：

$$t(\tau, R_{\text{eff}}; \mu_0) = \frac{1}{\pi} \int_0^{2\pi} \int_0^1 T(\tau, R_{\text{eff}}; \mu, \mu_0, \phi) \mu \mathrm{d}\mu \mathrm{d}\phi + \mathrm{e}^{-\frac{\tau}{\mu_0}} \quad (6.6)$$

$$r(\tau_{\text{c}}, R_{\text{eff}}; \mu_0) = \frac{1}{\pi} \int_0^{2\pi} \int_0^1 R(\tau, R_{\text{eff}}; \mu', \mu_0, \phi) \mu' \mathrm{d}\mu' \mathrm{d}\phi \quad (6.7)$$

$$\overline{r}(\tau, R_{\text{eff}}) = 2 \int_0^1 r(\tau, R_{\text{eff}}; \mu) \mu \mathrm{d}\mu \quad (6.8)$$

式（6.6）～式（6.8）中，$T(\tau, R_{\text{eff}}; \mu, \mu_0, \phi)$ 和 $R(\tau, R_{\text{eff}}; \mu', \mu_0, \phi)$ 为透视及反射的双向分布函数。式（6.4）中等号右边的第 2 项为地表的反射辐射，而式（6.5）中等号右边的第 2 项和第 3 项分别为云和地表的热发射项。因为当地表反射率较高或云层较薄时，多次散射对可见光波段的影响较大，所以在式（6.4）和式（6.5）中均考虑了地表及其向上的云层的多次散射。

通过上面构建的云光学厚度反演算法模型，可以对卫星观测数据进行校正，并可基于查找插值方法来反演获得云的光学厚度结果。

在云的光学厚度反演中，其中最为重要的过程是构建云光学厚度反演所需的查找表，在查找表构建过程中，由于水相态云相态和冰相态云相态两者之间的辐射特性差异较大（吸收和散射），如图 6.3 呈现出的水相态云粒子和冰相态云粒子的复折射指数曲线图[2, 15]所示，水相态云和冰相态云存在明显的差异。

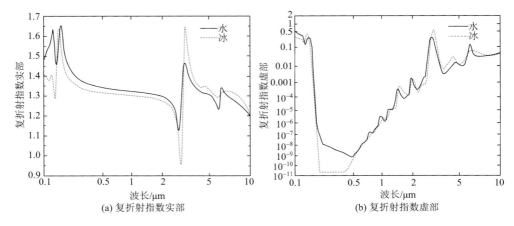

(a) 复折射指数实部　　　　　　　　　　　(b) 复折射指数虚部

图 6.3　水相态云和冰相态云粒子的复折射指数曲线图

图 6.3 中的红色虚线为冰相态云粒子的复折射指数特征曲线，黑色实线为水相态云粒子的复折射指数特征曲线。主要表现出以下特征：从紫外到近红外光谱区间，复折射指数实部随着波长缓慢下降，且水相态云粒子要明显大于冰相态云粒子；在复折射指数虚部中，水相态云和冰相态云粒子在可见光区间的复折射指数虚部极小，但冰相态云在蓝光波段附近相对于水相态云粒子存在一个明显的低值峰。单从水相态云粒子和冰相态云粒子的整体曲线图来看，水相态云粒子和冰相态云粒子在可见光区间的吸收作用较为微弱。

从图 6.3 和上述的分析中可以看出，水相态云和冰相态云两种不同相态类型的粒子的辐射特性存在很大的差异，所以在进行云光学厚度反演时，需要单独对水相态云和冰相态云进行反演。针对这两种不同的云类型，其中云的散射特性可以很好地对它们进行描述，下面将分别对水相态云和冰相态云散射特性进行分析。

6.1.1　大气辐射传输方程

在构建云光学厚度反演查找表的过程中，需要利用大气辐射传输模型模拟整层大气的辐射传输，从而构建大气表观反射率与云光学厚度的对应关系。在云光学厚度的反演中，主要利用了矢量大气辐射传输模型——UNL-VRTM 模型[16]，其中 UNL-VRTM 模型中的核心模块是矢量线性辐射传输模块（vector linearized discrete radiative transfer，VLIDORT），它是由美国 Robert Spurr 等开发出的一种基于离散纵坐标法的矢量辐射传输模型，用于模拟有云存在情况下的辐射场景，其可分为标量（LIDORT）和矢量（VLIDORT）两种模式。

VLIDORT 将大气近似当成线性椭球面的多层大气，考虑了入射光在弯曲大气中的衰减作用，开发出了伪球面公式用于解决弯曲大气中的衰减问题。该模型中详细地处理了关于表征的非朗伯表面反射功能特性矩阵。VLIDORT 在模拟卫星接收到的辐射亮度时，可以同时输出 4 个斯托克斯参数、地表参数和气体廓线的权重函数。经过数年的发展，截至 2018 年 10 月 04 日，版本已经更新到 2.0.1 版本；VLIDORT 在考虑了偏振影响的基础上加入了精确的单次散射校正、双向反射率函数（BRDF）和偏振 BPDF 用于表示非朗伯表面，可以用来仿真大气遥感观测，反演气溶胶、大气痕量气体、云和地表属性。其中 VLIDORT 模型中的气体吸收光谱的计算使用了高分辨率分子吸收数据库 HITRAN 的谱线参数及其他痕量气体截面数据库；同时模型中内置了米氏（Mie）和 T-matrix 两种大气粒子散射计算模块，可以在给定气溶胶和云粒子的复折射指数、粒子大小（形状）和谱分布参数的条件下计算气溶胶和云粒子的消光参数、散射参数、单次反照率、不对称因子、散射相函数和偏振相函数等。图 6.4 是 UNL-VRTM 矢量辐射传输模型从输入到输出整套流程图。

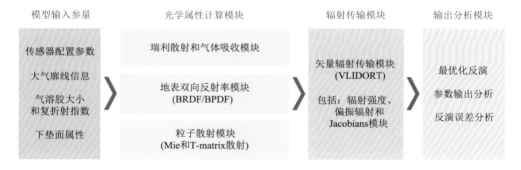

图 6.4　UNL-VRTM 矢量辐射传输模型的运行示意图

UNL-VRTM 模型主要包括四个模块，即瑞利（Rayleigh）散射和气体吸收模块、粒子散射计算模块、地表 BRDF 计算模块和 VLIDORT 计算模块。

1. 瑞利散射和气体吸收模块

大气中的主要吸收气体包括水汽、二氧化碳、臭氧、氧化亚氮、一氧化碳、甲烷和氧气，使用 HITRAN 数据库中的吸收光谱和吸收截面数据来模拟这些气体的吸收效应。

2. 粒子散射计算模块

模型中内置了用于计算球形粒子散射的线性米氏程序和用于计算非球形粒子的 T-matrix 程序。在计算粒子的散射特性时，需要输入粒子的形状参数（球体、柱体、盘状和切比雪夫粒子等），粒子的复折射指数（n_r，n_i）和粒子的尺度分布参数（particle size distribution，PSD）。计算结果包括粒子的消光系数、散射系数、单次反照率、不对称因子和散射相函数等。

3. 地表 BRDF 计算模块

BRDF 计算模块中，UNL-VRTM 模型给出了 9 个标量和 3 个矢量（BPDF），其中标量包括朗伯体地表 Lambertian、Ross-thick、Ross-thin、Li-sparse、Li-dense、Hapke、Roujean、Rahman（RPV）、Cox-Munk，用于表示海表属性；矢量 BPDF 包括 GissCoxMnk、GCMcomplex 和 BPDF2009，用于表示地表属性。

4. VLIDORT 计算模块

VLIDORT 计算模块可以同时计算 4 个斯托克斯矢量[I,Q,U,V]，其中基本输入信息包括基本光学特性输入、额外的大气参数输入和地表特性输入。VLIDORT 将大气进行垂直分层，可以有不同的分层方案，但是每层必须给定$\{\Delta_n，\omega_n，P_{nl}\}$，其中 Δ_n 为总的光学厚度，ω_n 为总的单次散射率，P_{nl} 为总的散射矩阵。

其中大气辐射轻度的贡献主要来自以下几个方面：云层的散射、气溶胶、大气分子散射及地表的反射，则卫星观测到的表观反射率 R_{TOA} 可以表示为

$$R_{TOA} = R_{molecular} + R_{aerosol} + R_{cloud} + R_{surface} \tag{6.9}$$

式中，$R_{molecular}$ 为大气分子对大气顶层反射率的贡献；$R_{aerosol}$ 为气溶胶对大气顶层反射率的贡献；R_{cloud} 为云层对大气顶层反射率的贡献；$R_{surface}$ 为地表对大气顶层反射率的贡献。基于式（6.17），可以构建气溶胶和云光学厚度反演的公式。

6.1.2　水相态云光学厚度反演

对于水相态云光学厚度的反演，首先需要在构建查找表的过程中计算水相态云粒子的散射特性。由于水相态云的形状较为简单，其内含有大量的球形小水滴，因此在水相态云粒子的散射计算中，常常使用米氏散射模型进行计算。在粒子散射计算中需要对水相态云的谱分布模式进行假设，水相态云的粒子谱分布一般满足修正的伽马分布，水相态云谱分布的实例数据也证实了用修正的伽马分布可以很好地描述水相态云的粒子谱分布[17]。修正的伽马分布具体函数如式（6.10）所示，粒子有效半径的计算如式（6.11）所示。

$$n(r) = Nar^{\alpha} \exp(-br^{\gamma}) = Nar^{\alpha} \exp\left[-\frac{\alpha}{r}\left(\frac{r}{r_{mod}}\right)\right] \tag{6.10}$$

$$R_{\text{eff}} = \frac{\int r^3 \dfrac{\mathrm{d}N}{\mathrm{d}r}\mathrm{d}r}{\int r^2 \dfrac{\mathrm{d}N}{\mathrm{d}r}\mathrm{d}r} \tag{6.11}$$

式（6.10）和式（6.11）中，参数 a、b、α 和 γ 均为正实数，描述了粒径谱的形状。修正的伽马分布适用于描述单峰分布的粒子谱分布，表 6.1 给出了 5 种模式下水相态云的谱分布参数[18]和有效半径，响应的谱分布图如图 6.5 所示。水相态云的谱分布特征使其谱分布曲线都呈现出偏态，如大陆层云（STOO），其粒径在 0.02～5μm 时，浓度下降迅速；而粒径在 5～50μm 时，粒径下降缓慢。5 种水相态云谱分布虽然各不相同，但是都满足这一基本规律。在计算中水相态云粒子半径分布范围一般为 0.02～50μm。

表 6.1 出了 5 种水相态云粒子的有效半径，其中大陆层云为 7.33μm，海洋层云为 11.30μm，可以看出海洋上空的层云其有效粒子半径要大于大陆上空，说明它的组成粒子尺度较大。其他类型的水相态云的具体的粒子谱分布特征见表 6.1。

表 6.1　5 种水相态云类型的粒径谱分布特征参量

水相态云类型	英文简称	α	γ	a	b	R_{eff} / μm
大陆层云	STOO	5	1.05	0.00979200	0.93800	7.33
海洋层云	STMA	3	1.30	0.00381800	0.19300	11.30
大陆清洁积云	CUCC	5	2.16	0.00110500	0.07820	5.77
大陆污染积云	CUCP	8	2.15	0.00081190	0.24700	4.00
海洋积云	CUMA	4	2.34	0.00005674	0.00713	12.68

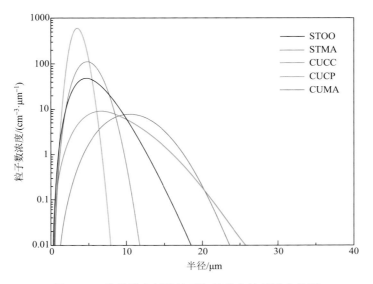

图 6.5　5 种类型水域的修正伽马分布粒子谱曲线图

6.1.3　冰相态云光学厚度反演

在冰相态云光学厚度反演中，由于冰相态云粒子本身构成较为复杂，其粒子的散射特性通过平常使用的米氏散射和 T-matrix 散射模型均无法准确获得。冰相态云主要由冰晶粒子组成，其中冰晶粒子本身的形状较为复杂，它们大多数呈现为非球形，而且冰晶粒子的形状和大小随着环境温度的改变而发生改变。基于长期地基雷达观测及国外开展的大型卷云观测项目成果，大致将冰晶粒子的形状近似表示为如下形状：板状、实心柱状、空心柱状、子弹玫瑰状、聚集体状和过冷水滴等，同时冰晶粒子的大小在 2～9500μm 浮动变化。

卷云与一些中云高部的冰晶粒子尺度谱分布不易描述，Fu 和 Liou[19] 使用了一组公式较为简单地描述了冰晶粒子的粒径谱分布，公式如下所示：

$$n(r) = Nfa_1 x^{b_1} I, \quad x < x_0 \tag{6.12}$$

$$n(r) = Nfa_2 x^{b_2} I, \quad x > x_0 \tag{6.13}$$

式（6.12）和式（6.13）中，x 为粒子的最大尺度；N 为粒子的数浓度；I 为含水量；f 为可调节参数；描述参量 a_1、a_2、b_1 和 b_2 与卷云的温度有关。这种描述方法与实际测量中的冰相态云粒子谱分布相差较大。美国威斯康星-麦迪逊大学空间科学和工程中心根据多次飞机探测试验[20-23]，提供了 14000 多种冰相态云粒子的谱分布。其均服从伽马分布，具体的函数表达式如式（6.14）所示：

$$n(D_{\max}) = N_0 D_{\max}^{\mu} e^{-\lambda D_{\max}} \tag{6.14}$$

式中，$D_{\max}$ 为粒子最大尺度参数；$n(D_{\max})$ 为单位体积中的粒子浓度，N_0、λ、μ 为伽马分布描述参数。威斯康星-麦迪逊大学空间科学和工程中心于 1999～2007 年在美国、澳大利亚等地多次开展了试验。具体试验结果如表 6.2 所示，包括文件名、测量地点、谱分布数和测量年份。在提供的冰相态云微观物理参量数据库中，

表 6.2　冰相态云粒子谱分布试验概况

文件名	测量地点	谱分布数	测量年份
ARM-IOP	俄克拉何马州，美国	1420	2000
TRMM KW AJEX	夸贾林环礁，马绍尔群岛	201	1999
SCOUT	达尔文，澳大利亚	358	2005
ACTIVE-Monsoons	达尔文，澳大利亚	4268	2005
ACTIVE-Squall Lines	达尔文，澳大利亚	740	2005
ACTIVE-Hector	达尔文，澳大利亚	2583	2005
MidCiX	俄克拉何马州，美国	2968	2004
Pre-AVE	休斯敦，得克萨斯州	99	2004
MPACE	阿拉斯加州	671	2004
TC-4	哥斯达黎加	877	2006

主要的参量包括云的温度、谱分布参数、冰水含量、平均质量直径和最大粒子直径。

Baum 等[22]在 2013 年利用 T-matrix 法、离散偶极子近似法和改进几何光学法联合计算，同时在冰粒子表面严格粗糙和随机取向的假设条件下，获得了从紫外波段 0.2μm 到远红外波段 100μm 的 445 个单独波长（UV to Far-IR）的实心柱状模型（solid columns，SC）、聚合物实心柱状模型（aggregate of solid columns，ASC）和混合模型（general habit mixture，GHM）这三种冰相态云的体散射模型。冰相态云粒子的三种体散射库主要包括冰粒子的消光效率因子、单次反照率、不对称因子和 6 种不同的相函数组合。其中 SC 体散射模型仅由随机取向的、表面严格粗糙的、实心柱单一形状的冰晶粒子组成；ASC 体散射模型仅由随机取向的、表面严格粗糙的、实心柱聚集体形状的冰晶粒子组成；GHM 体散射模型是由 9 种不同形状的、随机取向的、表面严格粗糙的冰晶粒子组成，主要包括过冷水滴、盘状、实心柱状、空心柱状、实心子弹玫瑰状、空心子弹玫瑰状、柱状聚集体、大的盘状聚集体和小的盘状聚集体。研究上述冰相态云的三种体散射模型，目的是找到与自然条件下的冰相态云微观物理和偏振特性一致性较好的粒子散射和吸收模型，提高来自不同卫星传感器数据反演获得的冰相态云光学厚度及粒子大小的精确性。

至于大气分子与气溶胶混合层的光学厚度、单次反照率和散射相矩阵，可以通过式（6.15）进行计算：

$$\begin{cases} \tau = \tau_a + \tau_m + \tau_{abs} \\ \omega = (\tau_m + \omega_a \tau_a) / \tau \\ P = (\tau_m P_m + \omega_a \tau_a P_a) / (\tau_m + \omega_a \tau_a) \end{cases} \quad (6.15)$$

式中，τ_a、τ_m 和 τ_{abs} 分别为气溶胶光学厚度、大气分子光学厚度和吸收气体的光学厚度；ω_a 为气溶胶的单次反照率；P_a 和 P_m 分别为气溶胶和大气分子的散射相矩阵。

卫星接收到的总辐射信息和偏振辐射信息由归一化的辐亮度和归一化的偏振辐射亮度进行描述，其中归一化的辐射亮度和归一化的偏振辐射亮度计算公式如下：

$$\begin{cases} L_I = \dfrac{\pi I}{E_0} \\ L_P = \dfrac{\pi \sqrt{Q^2 + U^2}}{E_0} \end{cases} \quad (6.16)$$

式中，L_I 和 L_P 分别为归一化的辐射亮度和归一化的偏振辐射亮度；I、Q 和 U 为斯托克斯参量；E_0 为大气层顶太阳辐射通量密度。由归一化的辐射亮度和归一化的偏振辐射亮度可以通过式（6.17）获得对应的大气层顶的反射率和偏振反射率，公式如下

$$\begin{cases} R_{\mathrm{I}} = L_{\mathrm{I}} / \mu_{\mathrm{s}} \\ R_{\mathrm{P}} = L_{\mathrm{P}} / \mu_{\mathrm{s}} \end{cases} \tag{6.17}$$

式中，R_{I} 为大气层顶的反射率；R_{P} 为偏振反射率；μ_{s} 为太阳天顶角的余弦值。其中冰粒子的散射矩阵可以完整地描述粒子的散射特性，它是云重要的光学参数之一。散射相矩阵主要是由粒子的尺寸大小、形状、尺度谱分布、复折射指数等微观物理特性决定的。散射相矩阵中的第一个元素 P_{11}（标量）为散射相函数 P，它表示光子被散射到散射角为 Θ 的特定方向上的概率；$-P_{21}/P_{11}$ 表示在非偏振辐射入射条件下对应的线偏振度。下面将用散射相函数 P_{11} 和 $-P_{21}/P_{11}$ 来探究冰相态云粒子的三种体散射模型 SC、ASC 和 GHM 的特征。

图 6.6 表示在有效粒子半径设置为 $11\mu\mathrm{m}$ 下的 SC、ASC 和 GHM 三种冰粒子体散射模型的两种散射相函数曲线图，从图中可看出，三种冰粒子散射模型的前向散射是明显高于后向散射的。从图中可以明显看出，在 P_{11} 散射相函数下，当散射角大于 30° 时，三种模型的散射相函数有明显的差异，其中相对于 SC 和 GHM 这两种模型的散射相函数来说，ASC 的散射相函数最大；而在 30°～110° 散射角范围内，相对于 GHM 散射模型来说，SC 散射模型的散射相函数偏大，在 110°～180° 散射角范围内却偏小。散射相函数完整地描述了粒子的散射特性，从三种模型的散射相函数曲线可以看出选择不同的冰粒子散射模型对后面云光学厚度的反演会带来比较大的影响。而散射相函数 P_{11} 在三种冰粒子散射模型中的差异在 $-P_{21}/P_{11}$ 中更加明显，总体趋势上与 P_{11} 曲线较为一致。

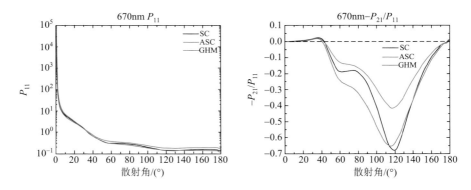

图 6.6　三种冰粒子体散射模型的 P_{11} 和 $-P_{21}/P_{11}$ 散射相函数曲线图

如图 6.7 所示，在完成三种冰粒子体散射模型的散射相函数对比后，对比三种冰粒子体散射模型在不同的有效粒子半径下的散射相函数 P_{11} 的差异。从图 6.7 中可以看出，由于卫星观测中以后向散射为主，所以选取 60°～180° 散射角的范围进行讨论。当散射角大于 60° 时，在不同有效粒子半径下，SC 和 GHM 冰粒子散射模型的散射相函数 P_{11} 存在明显的曲线波动，当有效粒子半径从 10μm 增加到 50μm 时，散射相函数 P_{11} 也随之出现明显的增长，特别在 120°散射以后，不同有效粒子半径对应的散射相函数 P_{11} 存在明显的差异；而 ASC 散射模型在 60°～180°散射角范围内，散射相函数 P_{11} 受有效粒子半径变化的影响较小，曲线基本上保持重合。

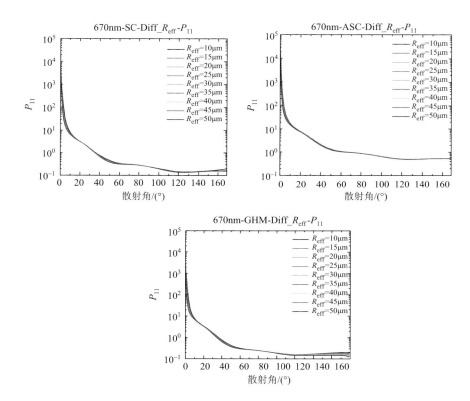

图 6.7　三种冰粒子体散射模型在不同有效粒子半径下的散射相函数 P_{11} 曲线图

　　图 6.8 是在不同有效粒子半径条件下，SC、ASC 和 GHM 三种冰粒子散射模型与不对称因子的关系图，从图中可以看出三种冰粒子散射模型的不对称因子随着有效粒子半径的增大而增大，但是 SC 和 GHM 模型的增幅明显高于 ASC 散射模型，其中在有效粒子半径为 10～50μm 的范围内，ASC 散射模型不对称因子增幅在 0.0045，SC 和 GHM 散射模型的增幅均大于 0.01，可以说明 ASC 相对于 SC 和 GHM 散射模型受到有效粒子半径的影响是比较小的，相对而言更适用于冰相态云光学厚度的反演。

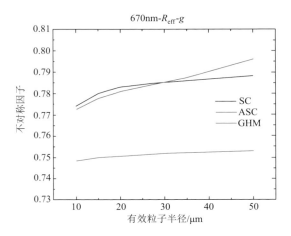

图 6.8　不对称因子与有效粒子半径的关系图

从上述的分析中可以看出，三种冰粒子的散射库对应的散射特性差异较大，其中单一形状粒子的 SC 散射库相对于 ASC 和 GHM 差异明显，由于组成粒子形状的单一性，所以未考虑反演区域的复杂情况。在下面的云光学厚度反演中，主要选择 ASC 和 GHM 两种冰粒子散射模型进行云光学厚度反演研究。

6.2　DPC 数据云光学厚度反演算法流程

基于 6.1 节提供的云光学厚度反演原理，构建遥感数据云光学厚度反演算法模型。其中在云光学厚度反演中，最为重要的一步是构建云反演的查找表。在查找表的构建中采用 UNL-VRTM 模型计算云光学厚度与大气表观反射率一一对应的查找表。其中水相态云粒子谱分布采用伽马分布，气溶胶分布采用双峰对数正态分布，云有效粒子半径设置为 10μm，冰相态云散射模型选择 ASC 和 GHM 两种模型（提供冰相态云粒子的散射特征参量），水相态云采用水滴模型并使用米氏散射计算水相态云液滴的散射特征参量，查找表的参数设置如下所示：

（1）波长选择：670nm（陆地上空）、865nm（海洋上空）。

（2）地表类型：两种地表类型（分别为陆地和海洋）。

（3）云相态类型：水相态云和冰相态云。

（4）太阳天顶角：0～80°，对应的余弦值范围为 0.2～1.0，步长设置为 0.025（共 33 个）。

（5）观测天顶角：0～75°，对应的余弦值范围为 0.325～1.0，步长设置为 0.025（共 28 个）。

（6）相对方位角：0～180°，步长设置为5°（共37个）。

（7）地表反照率：0～0.9，步长设置为0.01（共90个）。

（8）云光学厚度：0～60，其中当光学厚度在0～5时，步长设置为0.1；当光学厚度在5～20时，步长设置为0.2；当光学厚度在20～60时，步长设置为0.5。

在完成上述构建查找表的前提下，基于图 6.9 所示的云光学厚度反演算法流程图进行云光学厚度的反演，将获得遥感数据的云光学厚度反演结果。表 6.3 中显示了不同云类型的光学属性值及关联特征。

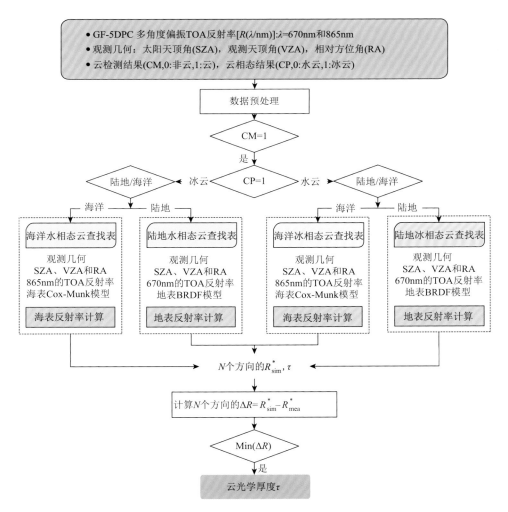

图 6.9　遥感数据（DPC 数据）的云光学厚度反演算法流程图

R^*_{sim} 为理论仿真获得值；R^*_{mea} 为卫星测量获得值

表 6.3　不同云类型的光学属性值及关联特征

	水相态云液滴（海洋）			水相态云液滴（陆地）			冰相态云冰晶粒子		
	443nm	670nm	865nm	443nm	670nm	865nm	443nm	670nm	865nm
$\tau_c(\lambda)/\tau_c(\lambda_0)$	0.980	0.991	1.000	0.987	1.000	1.011	1.000	1.000	1.000
$1-\omega_0(\lambda)$	4×10^{-7}	4.0×10^{-6}	5.2×10^{-5}	3×10^{-7}	3.2×10^{-6}	4.3×10^{-5}	1.7×10^{-6}	1.2×10^{-5}	2.1×10^{-4}
$g_c(\lambda)$	0.866	0.861	0.858	0.864	0.858	0.853	0.743	0.753	0.767

表 6.3 中，$\tau_c(\lambda)/\tau_c(\lambda_0)$ 为归一化的云光学厚度；$1-\omega_0(\lambda)$ 为单次散射反照率；$g_c(\lambda)$ 为不对称因子。上述的三个光学参量均是针对不同波段（443nm、670nm 和 865 nm）来进行计算的。

在云光学厚度反演中，利用了最小二乘残差 Δ_{res} 查找由反射率测量值 R_{mes} 在查找表中匹配的反射率模拟值 R_{simu}。在待反演像元的 N 个观测方向下，其云反演的残差值计算公式如下所示：

$$\Delta_{res} = \sqrt{\frac{\sum_{i=1}^{N}\left[R_{simu}(\theta_{s,i},\theta_{v,i},\phi,\tau) - R_{mes}(\theta_{s,i},\theta_{v,i},\phi)\right]^2}{N}} \qquad (6.18)$$

式中，$\theta_{s,i}$、$\theta_{v,i}$ 和 ϕ 为第 i 个观测方向的太阳天顶角、观测天顶角和相对方位角；τ 为模拟反射率值对应的云光学厚度。

利用遥感数据（DPC 数据）的一级数据进行云光学厚度反演，在反演前，需要进行海陆区分、云识别和云相态的反演，这三部分在 3.1.5 节和 4.1.3 节 DPC 数据的预处理中已经给出。基于 4.1.3 节获得的云产品，根据云相态（水相态云和冰相态云）选择构建的查找表，在选择好查找表后，将待反演像元的观测几何（观测天顶角、太阳天顶角和相对方位角）、地表类型（陆地和海洋）和地表反射率信息（地表反射率在陆地上空选择 BRDF 模型，海洋上空选择 Cox-Munk 模型，其中地表反射率是通过观测几何进行计算获得的）代入反演算法中，最终获得两种相态类型云的光学厚度反演结果。

根据图 6.9 提供的 DPC 数据的云光学厚度反演算法流程图，具体的云光学厚度反演流程如下所示：

（1）获取 DPC 数据中待反演像元的海陆标识、云识别结果和云相态结果。

（2）根据（1）中获得的云相态结果选择对应的水相态云或冰相态云类型的云光学厚度查找表，其中在陆地上空选择 670nm 反射率的云光学厚度查找表，在海洋上空则选择 865nm 反射率的云光学厚度查找表。

（3）通过观测几何、云类型及地表反射率获取查找表中模拟的反射率值 R_{sim} 及对应的光学厚度结果 τ，以此类推查找出有效观测方向上的模拟反射率值和光学厚度值，并将模拟结果对应的真实反射率观测值 R_{mea}，结合式（6.9）计算残差，获取最小残差项，对应获得云光学厚度结果。

6.3　DPC 数据云光学厚度反演结果验证

根据 6.2 节中构建的遥感数据（DPC 数据）的云光学厚度反演算法模型，选择了 DPC 数据进行云光学厚度的反演，数据选取如表 6.4 所示。

表 6.4　DPC 数据云光学厚度反演中所使用到的 DPC 数据相关信息

日期	DPC 数据轨道信息
2018-05-27	GF5_DPC_20180527_009901_L10000006601
2018-05-27	GF5_DPC_20180527_009901_L10000006607

根据上述选择的两轨 DPC 数据，利用前面构建的云光学厚度反演算法模型，在最终的云光学厚度结果中呈现，用冰相态云和水相态云单独色标来表示云光学厚度反演结果，并将两种结果叠加在一张图像中。云光学厚度的判识结果如图 6.10 所示。

[案例一]轨道号：6601

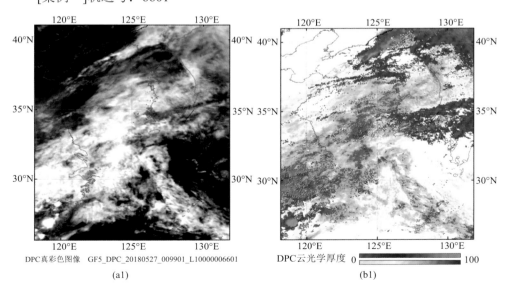

DPC真彩色图像　GF5_DPC_20180527_009901_L10000006601　　　　DPC云光学厚度　0  100

(a1)　　　　　　　　　　　　　　　　　　(b1)

[案例二]轨道号：6607

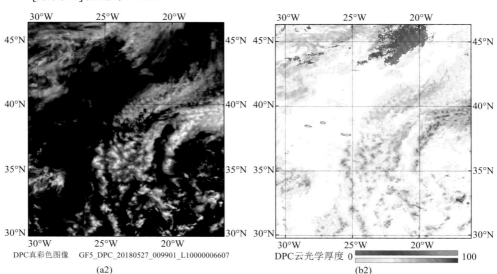

DPC真彩色图像 GF5_DPC_20180527_009901_L10000006607
(a2)

DPC云光学厚度 0 [_____] 100
(b2)

图 6.10　DPC 数据的云光学厚度反演结果图

（a）图为 DPC 数据的真彩色影像图；（b）图为 DPC 数据的云光学厚度反演结果

　　在图 6.10 中，给出了两轨 DPC 数据中两个区域的云光学厚度反演结果，其中（b）图色标中：上色标为冰相态云的光学厚度量级指示，下色标为水相态云的光学厚度量级指示。首先通过直观的定性比较，发现水相态云的光学厚度高值均出现在了云中间部分，并向边缘逐渐减少；冰相态云的光学厚度趋势也类似于水相态云。同时对比水相态云和冰相态云的光学厚度高值可发现，水相态云的光学厚度明显低于冰相态云的光学厚度，这与冰相态云分布高度较高有很大的关联性。为了进一步验证 DPC 数据的云光学厚度反演结果是否可信，将其与 MODIS 结果进行定量分析，对比两者反演结果在水相态云和冰相态云光学厚度的差异性，结果如图 6.11 所示。

　　通过将 DPC 数据的云光学厚度结果与 MODIS 结果进行对比，从图像的对比中可以直接看出，DPC 云光学厚度的反演结果与 MODIS 的反演结果趋势较为一致，分布位置也比较相近，但是从云光学厚度的颜色来看，DPC 数据反演获得的云光学厚度结果明显低于 MODIS 的反演结果，这可能与 DPC 数据的波谱信息限制有关。如表 6.5 所示，再将 MODIS 和 DPC 的云光学厚度结果进行像元级别的对比，发现在两个案例中，水相态云光学厚度反演结果的 R^2 相对于冰相态云较高，且水相态云的云光学厚度反演一致性达到了 0.85 以上，而冰相态云的光学厚度反演结果则达到了 0.80 以上，这也证明了 DPC 数据的云光学厚度反演结构的可信性。

[案例一验证]轨道号：6601

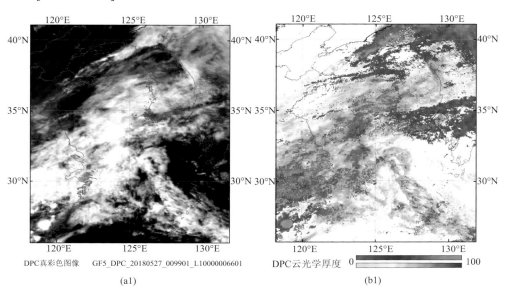

DPC真彩色图像　GF5_DPC_20180527_009901_L10000006601

(a1)

DPC云光学厚度　0 ▭ 100

(b1)

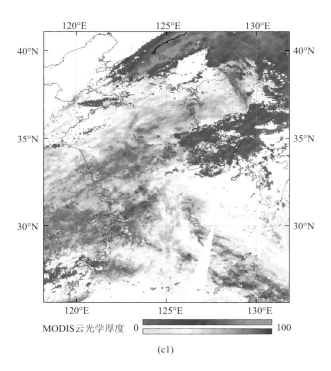

MODIS云光学厚度　0 ▭ 100

(c1)

[案例二验证]轨道号：6607

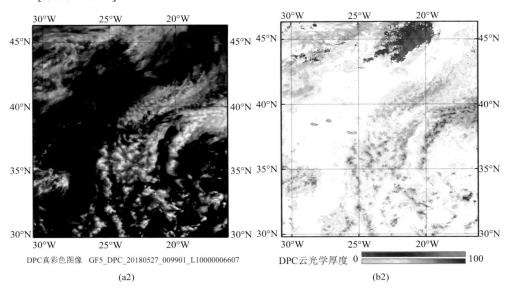

DPC真彩色图像　GF5_DPC_20180527_009901_L10000006607

(a2)　　　　　　　　　　　　　　　　　　　　(b2)

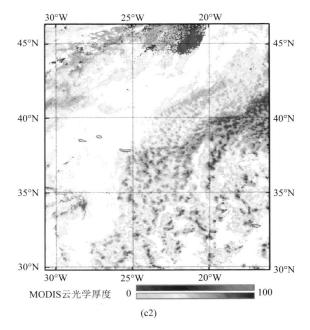

(c2)

图 6.11　DPC 和 MODIS 数据的云光学厚度反演结果对比图

（a）图为 DPC 数据的真彩色影像图；（b）图为 DPC 数据的云光学厚度反演结果；
（c）图为 MODIS 数据的云光学厚度反演结果

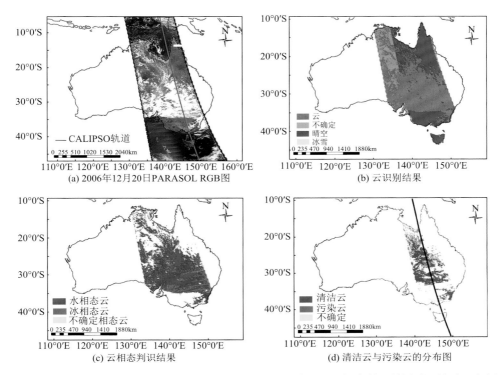

图 7.9　2006 年 12 月 20 日 PARASOL RGB 图、云识别结果、云相态判识结果以及清洁云与污染云的分布图

此时云为清洁云。考虑到 PARASOL 与 CALIPSO 的分辨率有很大差异。CALIPSO VFM 的分辨率是高度的一个函数，其最高分辨率 333m 对应于高度较低的位置，而 PARASOL 产品的分辨率为 6km×7km。首先利用经纬度对 POLDER 与 CALIPSO 像元进行匹配，当 POLDER 的像元中心点靠近 CALIPSO 像元中心点时，提取云类型（清洁云或污染云）像元，其结果如图 7.10（a）所示。图 7.10（b）给出了对应的气溶胶类型，图 7.10（c）表示的是云与气溶胶的高度信息。如图 7.10（b）所示，在 17°S 和 19°S 的 0~2km 的上空分布大量的烟灰气溶胶，对应图 7.10（c）发现烟灰气溶胶分布在低层水相态云周围。另外，在 20°S 和 35°S 分布大量的沙尘型与污染沙尘型气溶胶，此时图 7.10（a）中观测到大量的污染云。但是在 23°S 和 34°S，由于存在厚云，CALIPSO 无法检测气溶胶的类型。因为激光雷达对气溶胶和薄云比较敏感，而无法穿透厚云。在 38°S 检测到清洁海洋型气溶胶，而此时算法识别出清洁云。综合对比图 7.10（a）和图 7.10（b）不难发现，当云层底部检测到污染气溶胶，算法识别出污染云。相反的，当云层底部检测到清洁气溶胶，算法识别出清洁云。由此可以说算法在森林火灾污染区域达到了较好的效果，识别出的污染云与 CALIPSO 观测结果一致。

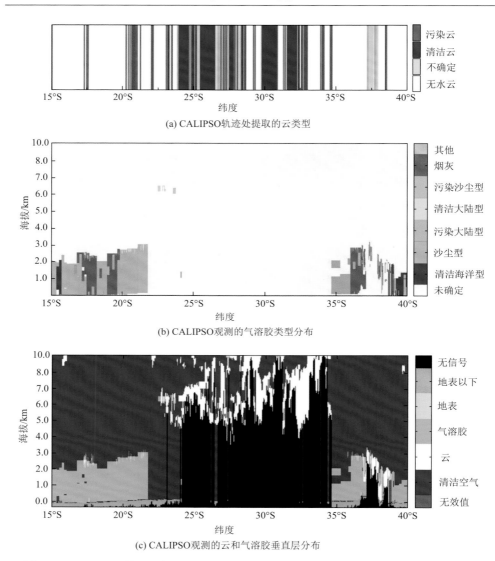

(a) CALIPSO轨迹处提取的云类型

(b) CALIPSO观测的气溶胶类型分布

(c) CALIPSO观测的云和气溶胶垂直层分布

图 7.10   CALIPSO 轨迹处提取的云类型以及 CALIPSO 观测的气溶胶和云的垂直层分布

　　尽管 CALIPSO 可以验证算法在某些位置识别结果的正确性，但是 CALIPSO 有自身的限制，其仅能观测窄条带上的信息，无法进行大范围的观测。另外，CALIPSO 无法穿透较厚的云层，因此无法检测厚云之下的气溶胶类型。为了克服以上缺点，这里选取了地面监测站 AQI 对污染云结果进行验证。以上提到，AQI 值越高，空气污染越严重，此时处于污染环境中的云极易受到污染。相反地，当 AQI 值越低，说明空气质量良好，此时的云为清洁云。2006 年 12 月 20 日的 AQI 见表 7.6，需要注意的是 POLDER 当时的过境时间为 04：30 UTC，对应于当地时

间为下午 2：30，AQI 的值为当地时间下午 1：00 到 2：30 的 AQI 平均值。表 7.6
中的云类型为最靠近空气质量监测站点的云类型。

表 7.6　2006 年 12 月 20 日新南威尔士州 AQI 信息

位置	AQI	纬度	经度	云类型
巴瑟斯特（Bathurst）	97	33.4°S	149.6°E	污染云
奥尔伯里（Albury）	332	36.0°S	146.9°E	污染云
沃加沃加（Wagga Wagga）	112	35.0°S	147.4°E	污染云
麦克阿瑟（Macarthur）	50	35.4°S	149.0°E	清洁云

　　如图 7.11 所示，对于站点 Bathurst、Albury、Wagga Wagga 和 Macarthur，前
三个观测站的 AQI 值都非常高，其值分别为 97、332、112，说明这三个站点空气
质量差。在这些站点处的云类型皆为污染云。对于 Macarthur 站点，AQI 值为 50，
说明周围空气良好，站点的云类型为清洁云。综上所述，在 AQI 高的站点检测到
污染云，AQI 低的站点检测到清洁云，侧面说明了算法识别的准确性。

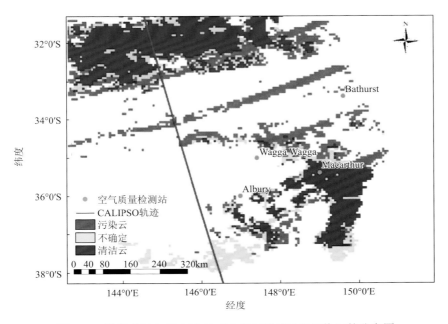

图 7.11　新南威尔士州 AQI 站点分布与清洁云和污染云的分布图

　　以上利用了 CALIPSO 观测结果和地面检测站的结果对污染云的识别结果进
行了验证。两者验证结果均说明算法对污染云有很好的识别效果，但是以上的验

证仅是对小面积的验证，没有从大范围的角度对算法识别结果进行评价。因而采用 MODIS 的观测结果对污染云的结果进行验证，尽管 MODIS 无法识别污染云，但是其可以检测云周围的气溶胶状况。一般当云受到污染后，云将变得破碎，故而 MODIS 可以检测碎云周围的气溶胶类型。当 MODIS 检测到云周围存在大量的污染气溶胶说明此时云为污染云。另外，MODIS 与 POLDER 卫星同属于 A-Train，对同一目标观测时间间隔较短，因此可对同一目标进行同步观测。图 7.12 是基于 MODIS 遥感影像提取的烟灰气溶胶。烟灰气溶胶的识别采用的是 Xie 等[9, 10]提出的多光谱方法。对比于算法检测的污染云的分布结果可以看出烟灰气溶胶与污染云的位置具有很好的相关性。在 140°E、25°S 左右，MODIS 观测到烟灰气溶胶，与此对应，在 POLDER 影像上算法识别出的污染云见图 7.9（d）。在澳大利亚东部沿海区域分布很多的烟灰气溶胶，与此同时 POLDER 影像在靠近东部地区也检测到污染云。

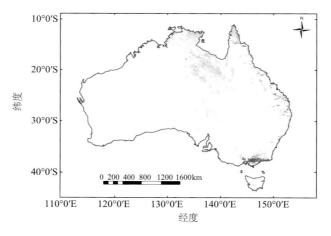

图 7.12　MODIS 影像检测的烟灰气溶胶

7.2.2　沙尘污染云

在此小节讨论沙尘污染地区的污染云识别结果。每年的春季中国西北地区都会遭受沙尘的影响。沙尘从西部的塔里木盆地一路被传输到中国境内。沙尘粒子的存在会对云的属性产生很大的影响。沙尘能够吸收太阳辐射加热大气气团，增加了云的蒸发，使得云量减小，有效半径减小，云的光学厚度减小。因此有必要对沙尘造成的污染云进行识别。本书选取了 2007 年 04 月 20 日的中国区域的 POLDER 数据，真彩色图见图 7.13（a），可以看出云主要覆盖在中国南部地区的上空。图 7.13（b）是本书算法识别出的清洁云与污染云的分布图。从图 7.13（a）中能够看出中国西北地区云量稀少，有大量沙尘存在，污染云主要分布在中国南部。总体上看，大约 51%的云为污染云，36%的云为清洁，其余为不确定像元。

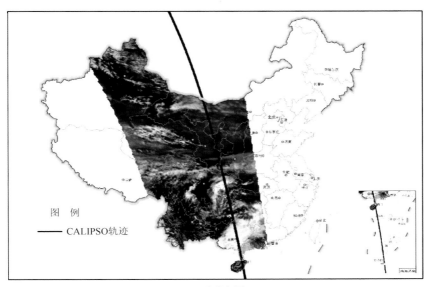

(a) 真彩色图

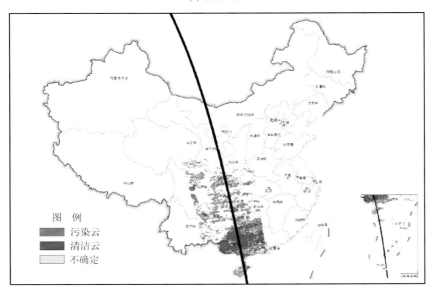

(b) 清洁云和污染云的分布图

图 7.13　2007 年 4 月 20 日 PARASOL 真彩色图以及本书算法识别出的清洁云与污染云的分布图

首先利用的是 VFM 对算法识别结果进行验证。图 7.14（a）是在 CALIPSO 像元中心点周围提取的云类型，图 7.14（b）是 CALIPSO 观测的气溶胶类型，图 7.14（c）是气溶胶与云的高度分布情况。综合对比图 7.14（a）、图 7.14（b）和图 7.14（c）发现，污染云出现的位置总是对应于有污染气溶胶出现且其上空有底层云分布时的位置。

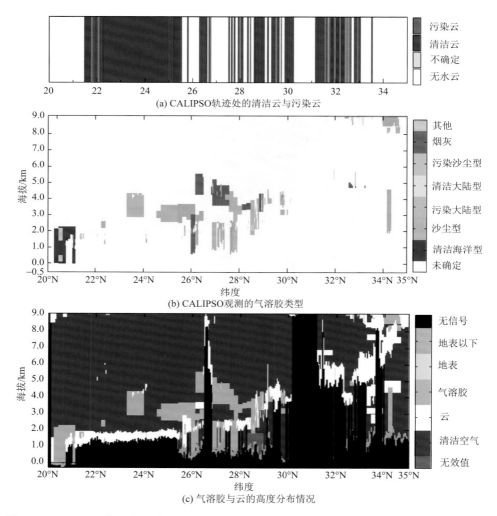

图 7.14　CALIPSO 像元中心点周围提取的云类型、CALIPSO 观测的气溶胶类型以及气溶胶与云的高度分布图

另外，对比图 7.14（a）和图 7.14（b）可以发现，在 22°N～25°N，CALIPSO 在高度 3～5km 处检测到污染沙尘气溶胶，在 1km 处检测到云层，该气溶胶位

于云层之上的 1～2km。此时云层不受上层污染沙尘气溶胶的影响，故为清洁云。同时说明本书的污染云识别算法有效避免了将云上气溶胶识别为污染云。在26°N～30°N，CALISPO 观测到大量的污染气溶胶包括沙尘、污染沙尘和烟灰，此时对应的云类型为污染云。在 30°N～34°N，CALIPSO 无法穿透厚云，因而不能探测气溶胶类型。总体来看，CALIPSO 的观测结果与算法的识别达到了较好的一致性。

　　同时用当日的 AQI 来验证其他区域。AQI 站点的分布在图 7.15 和表 7.7 中给出。当地时间为 POLDER 的过境时间加上 8h，即 UTC＋8h。表 7.7 中大约 78%的站点标识为"Poor"或者"Fair"，表示空气质量较差。在大多数站点如重庆、成都、泸州等，空气污染非常严重，主要原因是这些地区靠近沙尘污染源，来自西北的沙尘粒子是空气变差的主要因素。此处云的类型基本为污染云。在湛江、南宁和柳州，这些站点远离沙尘源且靠近海洋，来自海洋的清洁空气弱化了此处的污染。因而 AQI 值比较低，空气质量较好。识别出来的清洁云也说明了这一点。从表 7.7 中能够看出，云类型的结果与 AQI 有较好的一致性。AQI 值高时，识别出污染云，AQI 值低时，识别出清洁云。这再次说明了算法的正确性。另外，选取靠近 CALIPSO 轨道的 4 个 AQI 站点：南充、泸州、南宁、柳州，如图 7.15 的黑框 1 和黑框 2 所示。在 30.79°N 的南充与 28.88°N 的泸州（黑框 1）的 AQI 值较高，站点周围的云类型为污染云，此时 CALIPSO 观测到污染沙尘气溶胶，可以说明此处的云为沙尘污染云。其他两个站点南宁和柳州（黑框 2），其 AQI 值较低，CALIPSO 观测到清洁海洋型气溶胶，而此处的云为清洁云。

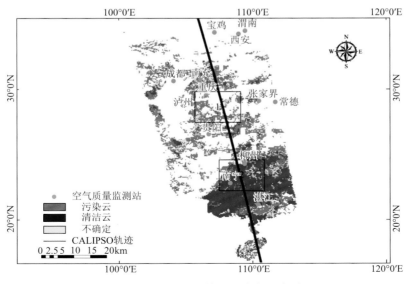

图 7.15　空气质量检测站点与云类型

表 7.7　2007 年 4 月 20 日下午 1：00 至 2：30 中国区域的平均 AQI

编号	站点	纬度	经度	AQI	类别	云类型
1	湛江	110.39°E	21.19°N	46	优	清洁云
2	南宁	108.31°E	22.81°N	46	优	清洁云
3	柳州	109.40°E	24.31°N	42	优	清洁云
4	重庆	106.51°E	29.56°N	104	差	污染云
5	成都	104.08°E	30.66°N	81	良	晴空
6	泸州	105.44°E	28.88°N	100	差	污染云
7	南充	106.08°E	30.79°N	98	良	污染云
8	贵阳	106.71°E	26.57°N	69	良	污染云
9	西安	108.95°E	34.26°N	97	良	污染云
10	宝鸡	107.14°E	34.38°N	83	良	污染云
11	渭南	109.50°E	34.50°N	108	差	污染云
12	常德	111.69°E	29.04°N	82	良	污染云
13	张家界	110.47°E	29.13°N	82	良	污染云

同样地对 MODIS 遥感影像的 11μm 与 12μm 的亮温差检测沙尘气溶胶的分布。由于沙尘气溶胶 12μm 通道的辐射比 11μm 通道的大，云与之相反，因而沙尘气溶胶和云在 11μm 与 12μm 的亮温差分别为负值和正值。其中在中国西北地区存在大量沙尘气溶胶，而在中国南部地区上空的云被周围沙尘气溶胶包围。从污染云的分布结果能够发现，沙尘的分布位置与污染云出现的位置较为一致，此可以说明算法的检测结果较为合理。

综上概述，在两种不同污染地区，算法识别的污染云与 CALIPSO 的检测结果一致，即当 CALIPSO 在云层之下检测到污染气溶胶，算法识别出污染云，反之亦然。地面站点 AQI 值能够说明当时的空气状况。AQI 值越高说明空气质量越差，污染越严重，云被污染概率越大。MODIS 的大面积观测结果也说明了算法的有效性。以上空基和地基的观测结果都验证了算法的正确性。

7.3　人为污染云和自然污染云的区分

污染云按污染的类型可分为人为污染云与自然污染云。人为污染云是指云处于人为活动产生的污染环境中形成的污染云。人为污染主要是排放出小粒子，如工厂排放的气体、汽车尾气以及生物质燃烧排放的烟灰粒子。自然污染云主要是云处于自然活动产生的污染环境，如火山喷发、沙尘暴等形成的污染云。本节主要探讨典型的人为污染云与自然污染云，其中人为污染云以烟灰污染云为例，自然污染云以沙尘污染云为例进行研究，并基于烟灰污染云和沙尘污染云的不同光谱反射率特征与偏振辐射亮度特征，分别提出了这两种云的识别算法。

7.3.1　烟灰污染云

人为产生的烟灰粒子对气候、云和空气质量产生潜在的影响。一般情况下这种粒子会在大气边界层存留几天甚至更长的时间。相较于自然气溶胶粒子，烟灰粒子半径更小，在紫外与可见光波段具有强吸收特性。当大量烟灰被排放到低空，若此时有云存在，那么云会受到来自生物燃烧气溶胶的污染。直观地说，气溶胶底层与云顶距离越近，更多的气溶胶粒子进入云层。吸收性较强的烟灰粒子性质十分活跃，此类小粒子进入云层，充当云的凝结核，致使云含有更多小粒子，导致云的半径减小，云滴数增加。此时的污染云称为烟灰污染云。有研究表明，烟灰会使得云变暗，改变云的单次反照率。尽管烟灰在大气中所占比例很小，但是其危害超乎想象。因此识别烟灰污染云具有十分重要的意义。另外，识别烟灰污染可为检测火源提供新的思路。

1. 烟灰污染云的光学特性

矢量辐射传输模型 VLIDORT 可以很好地模拟烟灰污染云场景。对于烟灰污染云，在此定义了一个双模态谱分布，模态一为云，模态二为烟灰气溶胶。气溶胶和云均一分布在 1～3km 的高度，利用米氏散射程序计算粒子的散射特性，最后通过 VLIDORT 计算出污染云的辐射结果。其中太阳天顶角设置为 57.5°，地表反射率为 0.01，大气模式为美国标准大气。散射角的范围为 80°～180°。云的谱分布用修正的 Γ 谱分布描述，有效半径为 10μm，有效方差为 0.06；烟灰气溶胶的谱分布用对数正态谱分布描述，其中均值为 0.15，方差为 0.17，权重值分别设置为（0.7，0.3）。由 7.1 节分析可知用辐射强度区分清洁云与污染云是比较困难的，而偏振辐射亮度提供了一个可行的方法。因此这里计算了烟灰污染云在波长 490nm、670nm 和 865nm 的偏振辐射亮度。为了与清洁水相态云的偏振辐射亮度变化情况对比分析，同时也计算了有效半径为 10μm，有效方差为 0.06 的清洁水相态云。计算结果如图 7.16 所示，其中图 7.16（a）和图 7.16（b）分别为清洁水相态云和烟灰污染云的偏振辐射亮度随散射角的变化图，由图可知，烟灰污染云与清洁水相态的偏振辐射亮度曲线存在明显不同。首先在散射角 80°～120°范围内，烟灰污染云在 670nm 和 865nm 处的偏振辐射亮度随散射角的增加而降低，而清洁水相态的偏振辐射亮度在此范围内完全相反，即清洁云的偏振辐射亮度随着散射角的增加而增加。烟灰污染云的偏振辐射亮度在散射角 80°～120°的斜率拟合值为负值，而清洁水相态云的斜率拟合值是正值，这是区分烟灰污染云的一个重要标志。而且在 865nm 处烟灰污染云的偏振辐射亮度一般大于 2%，清洁水相态云小于 2%。这是识别烟灰污染云的另一个特征。其次在散射角 140°左右时，两者的偏振辐射亮度都达到一个极大值，此为水相态云的"虹效应"。但是，烟灰污染云"虹效应"对应的偏振辐射亮度峰值比清洁水相态云低很多，这是因为烟灰小粒子的增加使云中多次散射概率增加，偏振信号主要来源于单次散射，因而污染云的偏振辐射亮度降低。再者，在散射角 145°～170°，烟灰污染云 865nm 的偏振辐射亮度的下降速度与清洁水相态云明显不同，表现在烟灰污染云下降得更慢，这与 7.1 节中探讨的污染云在 142°左右的最大偏振辐射亮度值和斜率值基本一致。经以上分析，获得了识别烟灰污染云的四个特征，在865nm，烟灰污染云的偏振辐射亮度在散射角 80°～120°时，其斜率拟合值为负值，并且污染云的偏振辐射亮度高于 0.02。另外两个特征是散射角度 142°左右的最大偏振辐射亮度值和散射角 145°～170°的斜率变化特征。后两者在污染云的识别中已经详细地进行了分析，这里不做具体探讨。图 7.17 表示模型模拟的 865nm 烟灰污染云偏振辐射亮度与 PARASOL 实测数据的对比。PARASOL 实测数据筛选的是 2006 年04 月 03 日的广西柳州，该地区在当天发生了重大的森林火灾。可以看出模型的模拟结果与实测数据两者在散射角 80°～120°的偏振辐射亮度都明显增加，模拟结果与实测数据具有很好的一致性，说明了模拟结果的正确性。

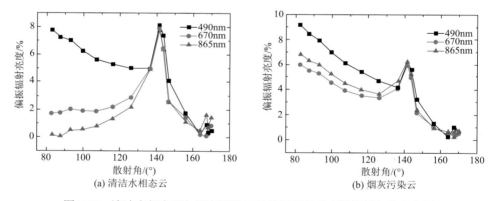

图 7.16　清洁水相态云与烟灰污染云的偏振辐射亮度随散射角的变化图

图 7.18 为 VLIDORT 模拟的 865nm 不同污染程度的人为污染云的偏振辐射亮度随散射角的变化图。使用的模拟条件与上述一致，云的光学厚度为 5。由图 7.18可见，当污染物浓度不同时，在散射角 80°～120°，偏振辐射亮度的曲线抬升情况不同。水相态云污染越严重，偏振辐射亮度的曲线抬升得越高，偏振辐射亮度值也就越大。另外，在散射角 142°左右，水相态云的"虹效应"对应的偏振辐射亮度峰值也随着污染浓度的不同而发生不同程度的衰减。烟灰污染云的污染程度越高，峰值衰减越严重。